物料管理及
ERP應用實訓

（第二版）

王江濤　編著

崧燁文化

前 言

實訓，即實習（實踐）、加培訓，源自於IT業的管理實踐和技術實踐。實訓的最終目的是全面提高學生的職業素質，最終達到學生滿意就業、企業滿意用人的目的。實訓是將企業等用人單位的內訓模式轉化為教育的模式，面向企業真實需求，自主研發課程，引入有企業從業背景和豐富實踐經驗的實訓教師，實施案例教學；按照企業實際用人需求，定向培養具有職業素質和行業領域知識的技能型人才。因此，實訓將是素質、技能、經驗的合成。

實驗與實訓教學是新時代高等教育改革發展方向，是提高學生的綜合素質、培養學生的創新意識與實踐能力的重要手段。

企業資源計劃（ERP）作為一種先進的管理思想和信息化的重要工具，提供了企業信息化集成的最佳方案，它將企業的物流、資金流、信息流統一進行管理，對企業所擁有的人力、資金、物料、能力和時間進行充分的綜合平衡和計劃，以最大限度地挖掘企業現有資源，取得更大的經濟效益。進入21世紀以來，隨著電子商務與現代物流的興起，企業資源計劃進一步整合，形成了由簡單網絡貿易向企業內柔性製造、面向訂單設計與製造相結合的局面，物料管理及ERP的應用效率進一步放大。

隨著電子商務的發展，供應鏈管理、企業生產管理能夠在不增加銷售額的前提下向內挖潛、提升企業競爭實力——這使得物料管理和ERP應用不但沒有被弱化，反而得到進一步發展。本將針對目前越來越受企業重視的物料管理和ERP應用，從實訓設計的角度，完成理論到實踐的過渡，讓莘莘學子通過實訓來切實掌握以往理論課中不易理解的內容；同時，通過精心設計的參考案例與實訓練習，使實訓者從實際操作入手，逐漸深入領會理論思想，在每章思考題的幫助下形成全局觀。

全書分為八章，從物料管理及ERP應用管理思想的概述開始，經過企業信息化規劃、企業系統需求分析與業務流程再造、企業信息系統業務功能設計、生產排程計劃編製、有效物料管理計劃、ERP成本計算、ERP項目實施進程管理等方面的綜合實訓，使學生實際掌握有關操作方法。本書在體系結構上注重循序漸進，同步提高實訓者的理論知識水準與實踐操作技能。在實際課時安排時，可以根據教學需求對其中的內容

進行適當裁剪，以滿足教學要求。每個實訓章節均有詳細的參考案例和實訓練習及實訓思考題，方便學生掌握實用技能。

本書適合於經濟管理專業學生畢業前校內綜合實訓；也適用於物流管理、電子商務、市場行銷、工商管理、貿易經濟等管理類、經濟類專業學生；也可模塊化組合，選擇實驗實訓項目。另外，希望跨越企業管理、項目管理、信息管理、軟件工程、物料管理等領域的學子，也有極為實用的參考價值。

本書第二版在原版基礎之上修訂了原章節中錯誤內容，並增補了針對Visio操作的新版內容、XMind思維導圖對職能域分析部分的實訓操作和項目實施部分的內容。

所列舉的企業名及人名均為化名，如有同名，純屬巧合。

由於編著者水準有限，書中不妥之處，懇請讀者批評指正。

王江濤

目 錄

1 物料管理及 ERP 應用管理思想概述 …………………………………… (1)
  1.1 供應鏈 ……………………………………………………………… (1)
  1.2 供應鏈管理 ………………………………………………………… (2)
  1.3 物料管理 …………………………………………………………… (3)
    1.3.1 物料管理的概念 …………………………………………… (3)
    1.3.2 物料管理和 5R 原則 ……………………………………… (4)
    1.3.3 物料管理部門的職能 ……………………………………… (6)
  1.4 ERP ………………………………………………………………… (7)
    1.4.1 ERP 核心理念 ……………………………………………… (7)
    1.4.2 ERP 的管理思想 …………………………………………… (8)

2 企業信息化規劃實訓 …………………………………………………… (10)
  2.1 實訓要求 …………………………………………………………… (10)
  2.2 實訓內容 …………………………………………………………… (10)
    2.2.1 企業信息資源規劃概念 …………………………………… (11)
    2.2.2 研製職能域模型 …………………………………………… (13)
    2.2.3 研製業務過程模型 ………………………………………… (15)
    2.2.4 業務活動分析 ……………………………………………… (19)
    2.2.5 用戶視圖分析 ……………………………………………… (28)
    2.2.6 數據結構規範化 …………………………………………… (31)
    2.2.7 數據流分析 ………………………………………………… (38)
    2.2.8 系統功能建模 ……………………………………………… (43)
    2.2.9 系統數據建模 ……………………………………………… (49)
  2.3 實訓思考題 ………………………………………………………… (57)

3 企業系統需求分析與業務流程再造實訓 (58)

3.1 實訓要求 (58)
3.2 實訓內容 (58)
  3.2.1 企業需求工程實訓 (58)
  3.2.2 企業業務流程再造實訓 (86)
3.3 實訓思考題 (125)

4 企業信息系統業務功能設計實訓 (126)

4.1 實訓要求 (126)
4.2 實訓內容 (126)
  4.2.1 企業系統業務流程圖繪製技法實訓 (126)
  4.2.2 企業信息系統業務功能設計實訓 (138)
4.3 實訓思考題 (149)

5 生產排程計劃編製實訓 (150)

5.1 實訓要求 (150)
5.2 實訓內容 (150)
  5.2.1 生產計劃編製實訓 (152)
  5.2.2 主生產計劃編製實訓 (164)
  5.2.3 物料需求計劃編製實訓 (174)
  5.2.4 能力需求計劃編製實訓 (184)
  5.2.5 車間作業計劃編製實訓 (194)
5.3 實訓思考題 (197)

6 有效物料管理計劃編製實訓 (198)

6.1 實訓要求 (198)
6.2 實訓內容 (198)
  6.2.1 供應商選擇與適當數量控制 (199)

  6.2.2 獨立需求訂購系統 ……………………………………… (209)

 6.3 實訓思考題 …………………………………………………… (222)

7 ERP 成本計算實訓 ……………………………………………… (223)

 7.1 實訓要求 ……………………………………………………… (223)

 7.2 實訓內容 ……………………………………………………… (224)

  7.2.1 成本計算方法及其特點 …………………………………… (224)

  7.2.2 產品成本計算 ……………………………………………… (227)

  7.2.3 作業成本計算 ……………………………………………… (236)

  7.2.4 成本差異分析 ……………………………………………… (241)

 7.3 實訓思考題 …………………………………………………… (241)

8 ERP 項目實施進程管理實訓 …………………………………… (242)

 8.1 實訓要求 ……………………………………………………… (242)

 8.2 實訓內容 ……………………………………………………… (242)

  8.2.1 ERP 實施概述 ……………………………………………… (242)

  8.2.2 ERP 實施進程管理 ………………………………………… (252)

 8.3 實訓思考題 …………………………………………………… (268)

1　物料管理及 ERP 應用管理思想概述

物料管理是生產管理中一個至關重要的環節，物料管理的好壞直接影響到一個企業的客戶服務水準以及企業在市場上的競爭力。面對日趨白熱化的全球性競爭，物料管理的地位和作用更是日益凸顯。

隨著世界經濟的一體化，中國逐漸演變為亞太地區乃至全世界的製造中心，在這一過程中，優化管理、提高競爭力是站穩世界經濟舞臺的重要工作。企業只有不斷降低成本，推出更具個性化的產品，更加敏捷地獲取生產信息和市場信息，更快地適應市場需求的變更，才能參加到激烈的國際競爭中來。這一切，都需要現代化的信息化管理手段，因此更離不開先進的管理系統——ERP。

企業資源計劃（Enterprise Resource Planning，ERP）體現了當今世界上最先進的企業管理理論，並提供了企業信息化集成的最佳方案。它將企業的物流、資金流和信息流統一起來進行管理，對企業所擁有的人力、資金、材料、設備、生產方法、信息和時間等多項資源進行綜合平衡和充分考慮，最大限度地利用企業的現有資源取得更大的經濟效益，科學高效地管理企業的人財物、產供銷等各項具體工作。

近年來，ERP 在中國獲得了迅速發展。眾多企業通過實施 ERP 收到了良好的成效，提高了管理水準，改善了業務流程，增強了企業競爭力。在以機械工業、電子工業為代表的製造業中，ERP 開展得尤其好，特別是一些大型企業實施 ERP 很有成效，如聯想、海爾等。但中國企業對 ERP 的認識和使用仍然有不足，迫切需要更多熟知 ERP 管理運作的人員參與其中。

ERP 以物流為主線，ERP 的應用則與物料管理息息相關。因此，通過實訓和實驗的方式，在理論學習的基礎上，提高動手能力，將能更好地適應未來物料管理及 ERP 應用管理工作的需要。

1.1　供應鏈

物流有 3 個階段：原材料從一個實體的系統流向製造型企業，然後通過製造部門的加工，最後成品通過實體的配送系統運送到終端客戶。通常，供應鏈由供需關係連接起來的許多企業構成。例如，某供應商的客戶購買產品，對其進行加工增加價值，然後再轉賣給另一個客戶。同樣地，一個客戶可能有好幾個供應商，反過來又供應好幾個客戶。只要有供應商、客戶關係鏈，他們就都屬於同一個供應鏈的成員。

狹義的供應鏈是指將採購的原材料和收到的零部件，通過生產的轉換和銷售等環節傳遞到企業用戶的過程。廣義供應鏈是圍繞核心企業，通過特定產業價值鏈系統中的不同企業的製造、組裝、分銷、零售等過程，將原材料轉化成產品到最終用戶的轉換過程，始於原材料供應商，止於最終用戶，是由原材料供應商、製造商、倉儲設施、產品、與作業有關的物流信息，以及與訂貨、發貨、貨款支付相關的商流信息組成的有機系統。

供應鏈具備以下一些重要特徵：

（1）供應鏈包括提供產品或服務給終端客戶的所有活動和流程。
（2）供應鏈可以將任何數量的企業聯繫在一起。
（3）一個客戶可能是另一個客戶的供應商，因此在總供應鏈中可能有多種供應商、客戶關係。
（4）根據產品和市場不同，從供應商到客戶可能會有直接的配送系統，避開一些中間媒介，如批發商、倉庫和零售商。
（5）產品或服務通常從供應商流向客戶，設計和需求信息通常由客戶流向供應商。

1.2　供應鏈管理

供應鏈管理（Supply Chain Management，SCM）是指在生產及流通過程中，為將貨物或服務提供給最終消費者，連接上游與下游企業創造價值而形成的組織網絡，是對商品、信息和資金在由供應商、製造商、分銷商和顧客組成的網絡中的流動的管理。供應鏈管理的應用是在 ERP 基礎上發展起來的，與客戶及供應商的互動系統，實現產品供應的合理、高效和高彈性。

在過去，企業管理者都將他們的主要注意力放在公司的內部事務上。供應商、客戶以及配送商只被他們當成外部的商業實體而已。採購專家、銷售專家、物流專家被安排來與這些外部實體打交道，並經常通過正式的、定期磋商的法律合約來進行，而這些合約代表的往往是短期的協議。甚至供應商被當作是企業的競爭對手，他們的工作就是如何使公司利益最大化。組織學家經常將與外部實體打交道的功能稱為「邊界扳手」。對組織中的大多數人來說，在他們的組織和其他的世界之間都有一個明確的、嚴格定義的邊界。

對供應鏈觀點的第一次重大變革可以追溯到及時生產（JIT）概念的發展階段，此概念在 20 世紀 70 年代由豐田汽車公司和其他日本企業首次發明。供應商夥伴關係是成功的及時生產的主要特徵。隨著這一概念的發展，供應商被當作是合作夥伴，而不是競爭對手。在這個意義上來說，供應商和客戶有著互相聯繫的命運，一方的成功緊連著另一方的成功。企業的重點放在夥伴之間的信任，很多正式的邊界行為被改變或取消。隨著夥伴關係概念的發展，在彼此的關係中發生了很多變化，包括：

（1）共同分析以降低成本。雙方一起檢查用於傳遞信息和配送零件的流程，其想法是雙方都將可以從中分享降低的成本。

（2）共同產品設計。過去客戶通常將完整的設計方案交給供應商，供應商必須按照設計來組織生產。由於成了夥伴關係，雙方共同協作，通常供應商將更多地瞭解如何製造某一特定產品，而客戶將更多地瞭解所從事設計的實際應用。

（3）信息流通的速度提升。準時生產的，要求大大地減少流程中的庫存及根據實際需求快速配送，信息準確流通的速度變得非常重要。正式的、基於紙張的信息傳送系統開始讓位於電子數據交換和非正式的交流方式。

目前，接受供應鏈概念的企業將從原材料生產到最終客戶購買的所有活動視為一個互相聯繫的活動鏈。為了取得客戶服務和成本的最佳績效，所有活動的供應鏈應該作為夥伴關係的延伸來管理。這包括許多問題，特別是物流、信息流和資金流，甚至回收物流。

供應鏈管理的主要方法屬於概念性方法，從原材料到最終客戶的所有生產活動都被認為是一個互相聯繫的鏈。最正確、最有效地管理鏈上所有活動的方法之一是將鏈中每個獨立的組織視為自己組織的延伸。

要管理一個供應鏈，我們不僅必須瞭解供應商和客戶在鏈上的網絡，而且必須有效地計劃物料和信息在每一節鏈上的流動，以最大限度地降低成本、提高效率、按時配送，以及提供靈活性。這不僅意味著在概念上對供應商和客戶採取不同的方法，而且意味著建立一個高度集成的信息系統，以及一系列不同的績效評估體系。總而言之，有效管理供應鏈的關鍵是快速、準確的信息流動和不斷提升的組織靈活性。

1.3 物料管理

1.3.1 物料管理的概念

物料管理（Materials Management）是企業管理中不可或缺的環節，是企業產銷配合的主要支柱。物料管理是將管理功能導入企業產銷活動過程中，希望以經濟有效的方法，及時取得供應組織內部所需的各種物料。

物料管理概念起源於第二次世界大戰中航空工業出現的難題。生產飛機需要大量單個部件，很多部件都非常複雜，而且必須符合嚴格的質量標準，這些部件又從地域分佈廣泛的成千上萬家供應商那裡採購，很多部件對最終產品的整體功能至關重要。

物料管理就是從整個公司的角度來解決物料問題，包括協調不同供應商之間的協作，使不同物料之間的配合性和性能表現符合設計要求；提供不同供應商之間以及供應商與公司各部門之間交流的平臺；控制物料流動率。計算機被引入企業後，更進一步為實行物料管理創造了有利條件，物料管理的作用被發揮到了極致。

以一個公司的發展為例：

一個小公司的發展可分為三個階段：完全整合、職能獨立、相關職能的再整合。一個公司初創時，幾乎所有的工作都是由總經理（通常是公司的所有者）或是組織領導小組的公司主要成員來完成的。

随著公司的發展和壯大，公司業務量和工作人員逐漸增多，相應的職能逐步獨立形成職能部門，例如，採購、倉儲、運輸、生產計劃、庫存控制和質量控制等職能都形成了獨立的部門，並致力於專門的管理工作，公司業務上的分工也日益專業化。

各職能部門獨立後，各部門之間的溝通機會越來越少，於是部門之間合作的問題經常出現，矛盾一點點加深。最終我們又可以清楚地看到，如果能減少由於溝通和合作而產生的問題，把相互之間有密切聯繫的職能部門重新加以整合，公司就可以極大地受益。於是，與物料管理有密切聯繫的各職能部門被重新整合到一起，這種整合就是物料管理理論的基礎。

通常意義上，物料管理部門應保證物料供應適時、適質、適量、適價、適地，這就是物料管理的 5R 原則，是對任何公司均適用且實用的原則，也易於理解和接受，後文將分別進行闡述。

1.3.2　物料管理和 5R 原則

1.3.2.1　適時（Right Time）

適時即要求供應商在規定的時間準時交貨，防止交貨延遲和提前交貨。

供應商交貨延遲會增加成本，主要表現在：

（1）由於物料延遲，車間工序發生空等或耽擱，打擊員工士氣，導致效率降低、浪費生產時間。

（2）為恢復正常生產計劃，車間需要加班或在法定假期出勤，導致工時費用增加。

因此應盡早發現有可能的交貨延遲，從而防止其發生；同時也應該控制無理由的提前交貨，提前交貨同樣會增加成本，主要原因為：

交貨提前造成庫存加大，庫存維持費用提高。

占用大量流動資金，導致公司資金運用效率惡化。

1.3.2.2　適質（Right Quality）

適質即供應商送來的物料和倉庫發到生產現場的物料，質量應是適當的，符合技術要求的。保證物料適質的方法如下：

（1）公司應與供應商簽訂質量保證協議。

（2）設立來料檢查職能，對物料的質量進行確認和控制。

（3）必要時，派檢驗人員駐供應商工廠（一般針對長期合作的穩定的供應商採用，且下給該供應商的訂單達到其產能的 30% 以上）；同時不應將某個檢驗人員長期派往一個供應商處，以防其間關係發生變化。

（4）必要時或定期對供應商質量體系進行審查。

（5）定期對供應商進行評比，促進供應商之間形成良性有效的競爭機制。

（6）對低價位、中低質量水準的供應商制訂質量扶持計劃。

（7）必要時，邀請第三方權威機構做質量驗證。

1.3.2.3 適量（Right Quantity）

採購物料的數量應是適當的，即對買方來說是經濟的訂貨數量，對賣方而言為經濟的受訂數量。確定適當的訂貨數量應考慮以下因素：

（1）價格隨採訂貨數量大小而變化的幅度，一般來說，訂貨數量越大，價格越低。
（2）訂貨次數和採購費用。
（3）庫存維持費用和庫存投資的利息。

1.3.2.4 適價（Right Price）

採購價格的高低直接關係到最終產品或服務價格的高低，在確保滿足其他條件的情況下力爭最低的採購價格是採購人員最重要的工作。採購部門的職能包括標準化組件、發展供應商、發展替代用品，評估和分析供應商的行為。為了達到這一目標，採購部門應該在以下領域擁有決策權：

（1）選擇和確定供應商。
（2）使用任何一種合適的定價方法。
（3）對物料提出替代品。採購部門通常能夠提供出目前在用物料的替代品，而且它也有責任提請使用者和申請採購者關注這些替代品。當然，是否接受這些替代品要由使用者／設計人員最終做出決定。
（4）與潛在的供應商保持聯繫。採購部門必須和潛在的供應商保持聯繫。如果使用者直接與供應商聯繫，而採購部門又對此一無所知的話，將會產生「後門銷售」，即潛在的供應商通過影響使用者對物料規格方面的要求成為唯一的供應商，或是申請採購者私下給供應商一些許諾，從而使採購部門不能以最低的價格簽訂理想的合同。如果供應商的技術人員需要和公司技術人員或生產人員直接交換意見，採購部門應該負責安排會談並對談判結果進行審核。

1.3.2.5 適地（Right Place）

物料原產地的地點應適當，與使用地的距離越近越好。距離太遠，運輸成本大，無疑會影響價格，同時溝通協調、處理問題很不方便，容易造成交貨延遲。

高科技行業對產品質量普遍要求很高，致使各企業對生產製造環節管理越來越精細，但對產品的物料管理環節卻依舊保持比較粗放的管理風格，使物料在很大程度上占用了企業資金，無形中導致成本增長、利潤下降。物料管理是企業內部物流各個環節的交叉點，銜接採購與生產、生產與銷售等重要環節，關乎企業成本與利潤的生命線；不僅如此，物料管理還是物資流轉的重要樞紐，甚至關係到一個企業存亡。有一個關於某公司的極端例子，據說其破產之際，庫存物料的金額高達上億元，可就是這麼多的物料中，居然無法組裝出一個完整的 DVD 成品，在驚嘆之餘，更激起人們對於製造企業物料呆滯及不合理管庫問題的思考。有資料表明，企業的存貨資金平均占用流動資產總額的 40%～50%，而高科技製造企業的庫存比例則遠高於此。物料存在兩套或多套編碼、物料混亂堆積在倉庫各個角落，成為許多製造企業倉庫的真實寫照。曾有人套用中央電視臺著名的廣告語「心有多大，舞臺就有多大」放在製造型企業身上，

演繹成「倉庫有多大，庫存就有多高」，形象地描述了普遍存在於製造型企業內部的庫存管理問題。

1.3.3 物料管理部門的職能

一般來說，物料管理部門的職能包括以下方面：

1. 物料的計劃和控制

即根據項目主合同交貨時間表、車間生產計劃和項目技術文件等確定物料需求計劃，並根據實際情況和項目技術更改通知等文件隨時調整物料需求數量，控制項目材料採購進度和採購數量。

2. 生產計劃

根據項目主合同交貨時間表和材料採購進度編製車間生產計劃，並根據實際情況和項目計劃隨時調整，使車間生產計劃與項目主合同交貨時間表保持一致。

3. 採購

根據車間生產計劃對生產所需要的物料進行準確的分析，並制訂完整的採購計劃；嚴格地控制供應商的交貨期和交貨數量。

4. 物料和採購的研究

搜集、分類和分析必要的數據以尋找替代材料；對主要外購材料的價格趨勢進行預測；對供應商成本和能力進行分析；開發新的、更為有效的數據處理方法，從而使物料系統更加高效地運轉。

5. 來料質量控制

對供應商的交貨及時進行來料檢查，及時發現來料的質量問題以便供應商有足夠時間處理或補發產品，保證車間及時得到物料供應，保證發送到車間現場的物料全部是合格產品。

6. 物料收發

負責物料的實際接收處理，驗明數量，通知質檢者做來料質量檢驗，以及將物料向使用地點和倉儲地點發送。

7. 倉儲

對接收入庫的物料以正確的方式進行保管、儲存，對儲存過程中可能變質或腐蝕的物料進行清理。

8. 庫存控制

定期檢查物料庫存狀況，加強物料進出庫管理；隨時掌握庫存變化情況，發現任何異常（包括呆滯料，庫存積壓或零庫存）情況，及時向採購通報。當然，並不是所有公司的物料管理部門都包括上述所有職能。根據公司規模大小，公司業務性質不同以及公司不同發展階段，物料管理部門的職能也不盡相同。

通過上述文字描述可知，與物料有密切聯繫的各職能部門被重新整合到一起，這種整合就是物料管理理論的基礎，所以物料管理較倉庫管理的範圍更為廣泛，其中也包括倉庫管理。

1.4 ERP

企業資源計劃（Enterpise Resource Planning，ERP）是指建立在信息技術基礎之上，以系統化的管理思想為企業決策層及員工提供決策運行手段的管理平臺。ERP 是 1990 年由 Gartner Group 諮詢公司提出，其最初的定義是：「一套將財務、分銷、製造和其他業務功能合理集成的應用軟件系統。」中國在 ERP 評測規範中對其做了如下定義：「ERP 是一種先進的企業管理理念，它將企業各個方面的資源充分調配和平衡，為企業提供多重解決方案，使企業在激烈的市場競爭中取得競爭優勢。ERP 以製造資源計劃 MRP Ⅱ 為核心，基於計算機技術的發展，進一步吸收了現代管理思想。在 MRP Ⅱ 側重企業內部人、財、物管理的基礎上，擴展了管理範圍，將客戶需求和企業內部的製造活動以及供應商的製造資源整合在一起，形成一個完整的供應鏈，並對供應鏈上的所有環節所需資源進行統一計劃和管理，其主要功能包括生產製造控制、分銷管理、財務管理、準時制生產 JIT、人力資源管理、項目管理、質量管理等。」

因此，ERP 與物料管理本質上是密不可分的，都是基於供應鏈的管理思想。ERP 是在 MRP Ⅱ 的基礎上擴展了管理範圍，把客戶需求和企業內部的製造活動以及供應商的製造資源整合在一起，體現了按用戶需求製造的思想。

為此，可以從管理思想、軟件產品、管理系統三個層次給 ERP 定義：

（1）ERP 是由美國計算機技術諮詢和評估集團 Garter Group Inc. 提出的一整套企業管理系統體系標準，其實質是在「製造資源計劃（MRP Ⅱ）」的基礎之上進一步發展而成的面向供應鏈的管理思想。

（2）ERP 是綜合應用了客戶機-服務器體系、關係數據庫結構、面向對象技術、圖形用戶界面（GUI）、第四代語言（4GL）、網絡通信等信息產業成果，以 ERP 管理思想為靈魂的軟件產品。

（3）ERP 是整合了企業管理理念、業務流程、基礎數據、人力物力、計算機硬件和軟件於一體的企業資源管理系統。

1.4.1 ERP 核心理念

ERP 核心理念就是平衡，平衡是營運合理化的基本思想。所謂平衡就是資源和需求的平衡，這種平衡包括基礎的物料資源（數量、結構）與需求的平衡，也包括更高的能力資源（數量、結構）與需求的平衡，以及物料與能力在時間維度上與需求的平衡，即與時間資源的平衡。

企業的現實生產營運也是按平衡思想來組織和驅動的，實際上，ERP 就是把這種業務邏輯轉化成軟件邏輯，這是理解 ERP 的基礎。從物料清單（BOM）開始就孕育著平衡的思想，從最終產品的數量和結構反推出所需物料的數量和結構，實現第一個層次在靜態上的平衡。從 MRP、MRP Ⅱ 到 ERP，平衡的理論在向深度和廣度演化，平衡的可靠性和實現能力也在發展。毛需求和淨需求的概念就體現了平衡思想的向上演化，

使平衡的範圍進一步擴大，從物料到能力，再到時間資源。APS（高級計劃與排程）使基於有限排程的平衡達到了前所未有的高度。隨著 ERP 縱向和橫向的演化，資源和需求的平衡將突破企業邊界，擴展到供應鏈，實現供應鏈上資源與需求的動態平衡。

1.4.2　ERP 的管理思想

ERP 的管理思想主要體現了供應鏈管理的思想，還吸納了準時制生產、精益生產、並行工程、敏捷製造等先進管理思想。ERP 既繼承了 MRP II 管理模式的精華，又在諸多方面對 MRP II 進行了擴充。ERP 管理思想的核心是實現了對整個供應鏈的有效管理，主要體現在以下三個方面：

1. 管理整個供應鏈資源

在知識經濟時代僅靠自己企業的資源不可能有效地參與市場競爭，還必須把經營過程中的有關各方如供應商、製造工廠、分銷網絡、客戶等納入一個緊密的供應鏈中，才能有效地安排企業的產、供、銷活動，滿足企業利用全社會一切市場資源快速高效地進行生產經營的需求，以期進一步提高效率和在市場上獲得競爭優勢。換句話說，現代企業競爭不是單一企業與單一企業間的競爭，而是一個企業供應鏈與另一個企業供應鏈之間的競爭。ERP 系統實現了對整個企業供應鏈的管理，適應了企業在知識經濟時代市場競爭的需要。

2. 精益生產同步工程

ERP 系統支持對混合型生產方式的管理，其管理思想表現在兩個方面：一是「精益生產（Lean Production，LP）」的思想，它是由美國麻省理工學院提出的一種企業經營戰略體系。即企業按大批量生產方式組織生產時，把客戶、銷售代理商、供應商、協作單位納入生產體系。企業同其銷售代理、客戶和供應商的關係，已不再簡單地是業務往來關係，而是利益共享的合作夥伴關係，這種合作夥伴關係組成了一個企業的供應鏈，這即是精益生產的核心思想。二是「敏捷製造（Agile Manufacturing，AM）」的思想。當市場發生變化，企業遇有特定的市場和產品需求時，企業的基本合作夥伴不一定能滿足新產品開發生產的要求，這時，企業會組織一個由特定的供應商和銷售渠道組成的短期或一次性供應鏈，形成「虛擬工廠」，把供應和協作單位看成是企業的一個組成部分，運用「同步工程（SE）」，組織生產，用最短的時間將新產品打入市場，時刻保持產品的高質量、多樣化和靈活性，這即是「敏捷製造」的核心思想。

3. 事先計劃與事中控制

ERP 系統中的計劃體系主要包括：主生產計劃、物料需求計劃、能力計劃、採購計劃、銷售執行計劃、利潤計劃、財務預算和人力資源計劃等，而且這些計劃功能與價值控制功能已完全集成到整個供應鏈系統中。

ERP 系統通過定義事務處理相關的會計核算科目與核算方式，以便在事務處理發生的同時自動生成會計核算分錄，保證了資金流與物流的同步記錄和數據的一致性。從而實現了根據財務資金現狀，可以追溯資金的來龍去脈，並進一步追溯所發生的相關業務活動，改變了資金信息滯後於物料信息的狀況，便於實現事中控制和即時做出決策。

此外，計劃、事務處理、控制與決策功能都在整個供應鏈的業務處理流程中實現，要求在每個流程業務處理過程中最大限度地發揮每個人的工作潛能與責任心，流程與流程之間則強調人與人之間的合作精神，以便在有機組織中充分發揮每個人的主觀能動性與潛能。實現企業管理從「高聳式」組織結構向「扁平式」組織結構的轉變，提高了企業對市場動態變化的回應速度。

2　企業信息化規劃實訓

　　企業信息化建設的主體工程是建設現代信息網絡,而現代信息網絡的核心與基礎則是信息資源網。企業信息資源規劃,就是信息資源網建設的規劃,是企業信息化建設的基礎工程和先導工程。ERP 是一個大型的管理系統,其中也必然存在著類似的情形。在開發之前,進行必要的項目規劃,包括信息資源規劃和業務流程規劃等工作,以引導出相對完整、合理、滿足當前及未來一段時間需求的方案,為後期系統設計與開發工作打下基礎。

2.1　實訓要求

　　通過本章的實訓,首先讓學生瞭解企業信息化規劃的基本原理,然後從信息資源規劃、ERP 業務流程規劃等方面入手,讓學生掌握具體規劃的方法,提升規劃與需求分析能力。本章實訓的目的在於提升學生 ERP 前期規劃工作的能力。

　　企業信息資源規劃是一個企業信息化過程中一個重要的前期工作,具有全面、統籌、可操作化的特點。不同於一般的設計工作那樣精細,亦不同於傳統規劃工作中的那種定性研究。通過企業信息資源規劃,在企業導入正規的系統需求分析、概要設計、詳細設計之前,企業內部員工已經通過這種規劃過程,將信息化管理中的思維習慣引入到了工作之中,對於未來專業 IT 公司更準確的需求調研與需求分析、更翔實明確的系統分析與設計、更專業高效的開發與實施工作打下了堅實的基礎。

2.2　實訓內容

　　企業信息化規劃實訓將主要從研製職能域、業務過程、業務活動、用戶視圖分析、數據結構規範化、數據流分析、系統功能建模、系統數據建模等幾方面進行。

　　本章在實訓過程中,特別強調學生要拓展思路,結合自己熟悉的領域,多做練習,以提升自己的綜合能力。

2.2.1 企業信息資源規劃概念

2.2.1.1 企業信息資源規劃起源

企業信息資源規劃工作來源於信息工程的基本原理。約翰·柯林斯（John Collins）在為世界第一本信息工程專著所寫的序言中說：「信息工程作為一個學科要比軟件工程更為廣泛，它包括了為建立基於當代數據庫系統的計算機化企業所必需的所有相關的學科。」

「信息工程」的產生，是為了解決「數據處理危機問題」的必然結果，這是發達國家建立計算機企業初期和發展過程中曾遇到的問題，在迎接計算機時代到來的發展中國家，同樣涉及類似的情況。突出的問題大體表現在：數據混亂、應用積壓嚴重、應用開發效率低、系統維護困難等方面。

一些企業曾經花費大量人力、財力、物力購買並應用的系統，經過一段時間的使用後卻發現系統不適用而不得不放棄。美國國防部開發的十個自動化系統，1977年的研究表明，這十個系統都存在著要修改的問題，而且這種修改耗資巨大。時至今日，一些企業中輕視信息規劃工作而導致損失的事情仍時有發生。

一些企業中，無用的或效率很低的應用程序越積越多，即形成「應用積壓」的問題。一方面，計算機系統的功能沒有正常、高效地發揮出來，大量的應用程序或功能處於「無用」狀態；另一方面，計算機部門或開發公司對於盡快滿足最終用戶的需求無能為力，許多用戶需要的很有價值的應用項目，卻因為計算機部門或開發公司負擔過重而不能及時開發。開發人員承擔著最終用戶新需求壓力日益增加、舊應用堆積嚴重且維護愈加困難的雙重壓力。

為了解決此類問題，計算機業界不斷推出更好、更快的開發工具、管理思想，如面向對象開發工具、軟件工程思想等。然而，這些工具和思想方法主要是從開發者的角度出發，提出的有利於完善開發過程、提高開發效率、盡量避免未來可能出現的各種衝突的一種權宜之計。例如，開發方的系統分析人員會不斷誘導最終客戶，讓其所提出的功能需求盡可能往自己已開發的功能方面靠攏；在需求管理方面，通過嚴格簽字手續等方式約束最終客戶過多的需求增長等。誠然，這些做法有利於保證最終雙方約定功能的穩定性和系統的健壯性，但卻不利於滿足企業不斷增長的正常需求，於是存在著系統用一段時間就顯得「過時了」的情形。

2.2.1.2 信息工程基本原理

信息工程（Information Engineering，IE）是美國管理及信息技術專家詹姆斯·馬丁（James Martin）在20世紀80年代初提出的一整套建立「計算機化企業」的理論與方法。信息工程的基本原理有以下幾點：

1. 數據位於現代數據處理系統的中心

借助於各種數據系統軟件，對數據進行採集建立和維護更新。使用這些數據生成日常事務單據，如打印發票、收據、運單和工票等。當企業需要進行信息諮詢，對這些數據進行匯總或分析，得出一些圖表和報告。為幫助管理人員進行決策，要用這些

數據來回答「如果怎樣，就會怎樣」一類問題。數據庫管理人員檢查某些數據，以確信是否有問題。所有這些都是以數據為中心的。

2. 數據是穩定的，處理是多變的

一個企業所使用的數據類很少變化。具體來說，數據實體的類型是不變的，除了偶爾少量地加入幾個新的實體外，變化的只是這些實體的屬性值。對於一些數據項集合，我們可找到一種更好的方法來表達它們的邏輯結構，即穩定的數據模型。這種模型是企業所固有的，問題是如何把它們提取出來，設計出來。這些模型在其後的開發和長遠應用中很少變化，而且避免了破壞性的變化。在信息工程中，這些模型成為建立計算機化處理的堅實基礎。雖然企業的數據模型是相對穩定的，但是應用這些數據的處理過程卻是經常變化的。

事實上，最好是系統分析員和最終用戶可以經常地改變處理過程。只有建立了穩定的數據結構，才能使行政管理或業務處理上的變化能被計算機信息系統所適應，這正是面向數據的方法所具有的靈活性，而面向過程的方法往往不能適應管理上變化的需要。

3. 最終用戶必須真正參加開發工作

企業高層領導和各級管理人員都是計算機應用系統的用戶，他們都在計算機終端上存取和利用系統的數據，是最終用戶。正是他們最瞭解業務過程和管理上的信息需求，所以從規劃到設計實施，在每個階段上都應該有用戶的參與。在總體規劃階段，有充分理由要求企業高層領導參加。

首先，信息資源規劃是企業的重要資源，對於如何發揮信息資源作用的規劃工作，高層領導當然要親自掌握；其次，總體規劃要涉及企業長遠發展政策和目前的組織機構及管理過程的改革和重新調整，而只有高層領導才能決定這些重大事情。各管理層次上的業務人員對業務過程和信息需求最熟悉，單靠數據處理部門無法搞清用戶的需求；最後，要使頻繁的業務變化在計算機信息處理上得到及時的反應，滿足管理上的變化要求，也是數據處理部門所不能完全勝任的。這樣，用戶的數據處理部門的關係應加以改變，用戶要參與開發，由被動地使用系統變為積極地開發系統；數據處理部門由獨立開發變為培訓、組織、聯合用戶開發。

2.2.1.3　信息資源規劃方法論

從上述的基本原理和前提出發，馬丁闡述了一套自頂向下規劃（Top-Down Planning）和自底向上設計（Bottom-Up Design）的方法論。他指出：建設計算機化的企業需要該組織的每一成員都為這一共同目標進行一致的努力，這就包括採用新方法論的總體策略，並要求每一成員對此應用有清楚的理解。幾經修改，他在《信息系統宣言》一書中提出了組成「信息工程」的13塊構件（見圖2.1）。這13塊構件是相互聯繫的，構成一個統一體——信息工程方法論的宏偉大廈。

信息資源規劃（Information Resource Planning，IRP）即是為解決此一問題提出的有效方案，它是指對企業生產經營活動所需要的信息，從產生、獲取，到處理、存儲、傳輸及利用進行全面的規劃。與軟件工程不同，信息資源規劃的需求分析強調對全企

業、企業的大部分或企業的主要部門進行分析，是一種全局性的分析，需要有全局觀點。同時，分析過程需要業務人員參與，特別強調高層管理人員的重視和親自參與工作。要求業務人員在需求分析階段起主導作用，系統分析人員起協助輔導作用，整個需求分析過程是業務人員之間、業務人員與計算機人員之間的研討過程。信息資源規劃的數據需求分析要建立全局的數據標準，這是進行數據集成的基礎準備工作。即全局性的數據標準化工作要提前開始並集中統一地進行，不是等到應用項目各自完成後再分散地進行（此時將無法進行標準化控制）。

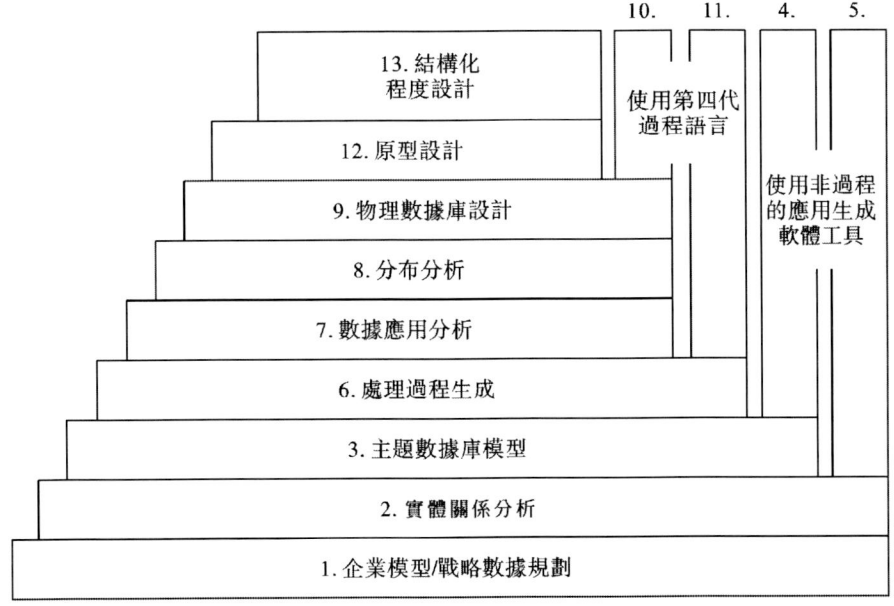

圖 2.1　訊息工程方法論的組成

大體來說，信息資源規劃包括需求分析階段和系統建模階段兩大部分。其中，需求分析階段包括功能需求分析（定義職能域、定義業務過程、業務活動分析）和數據需求分析（用戶視圖分析、數據流分析、數據結構規範化）等工作，系統建模階段包括系統功能建模（定義子系統、定義功能模塊、定義程序模塊、價值流分析）和系統數據建模（定義主題數據庫、定義基本表、子數據模型、全域數據模型）等工作。

2.2.2　研製職能域模型

在信息工程方法論中，用「職能域—業務過程—業務活動」這樣的層次結構來把握企業功能，稱為企業模型（Enterprise Model）或業務模型（Business Model）。

業務模型的研製可分為三步：

第一步，企業的職能域模型。

第二步，擴展上述模型，識別定義每個職能域的業務過程。

第三步，繼續擴展上述模型，列出每個過程的各項業務活動。

建立正確的業務模型，是一項複雜而又細緻的認識活動。主要依靠企業高層領導和各級管理人員來分析企業的現行業務和長遠目標；按照企業內部各個業務的邏輯關係，將它們劃分為若干職能區域，弄清楚各職能區域中所包含的全部業務過程；再將各個業務過程細分為一些業務活動。

職能域（Function Area）是指一個企業或組織中的一些主要業務活動領域，如工程、市場、生產、科研、銷售等。

★小提示：研究職能域的注意事項

研究定義職能域是信息資源規劃第一階段的一項重要任務，不能簡單地將職能域理解為現在企業的機構部門名稱，而是從業務發生的角度來進行重新認識和分析。

應更多關注現有和未來的業務需求，不要過多地被現有的部門名稱所約束。職能域應該理解為一個實現某些職能的業務集群。

【參考2.1】某餐飲企業的職能域模型。

某餐飲企業，為顧客提供早餐、中餐和晚餐。公司高級廚師領導一個新菜系研究小組，負責每月創新至少一個新菜式。其他工作有：帳務組，負責收款找零、每日將餘款存銀行；清洗組，負責洗菜、洗碗、洗鍋窯等工作；服務組：負責傳菜、收拾餐館、輪值打掃衛生；採購組，負責採購菜品或與供貨商聯繫供貨；倉儲組，負責保證菜品材料的用量和新鮮，倉儲組有時也會配合跟採買組一起去進貨；烹調組，負責按照高級廚師研製的、客戶點餐的菜品烹調，高級廚師在不研製新菜系時也與普通廚師一起做烹調。公司未來還考慮與一些知名的團購網合作，提供團購點餐，未來也考慮有自己的網上訂餐業務。

根據上述情況，考慮未來的業務發展，可以將職能域做如下考慮（見表2-1）：

表2.1　　　　　　　　　　　某餐館企業的職能域模型

職能域編碼	職能域名稱
F01	新菜系研究
F02	帳務
F03	清洗
F04	服務
F05	採購
F06	倉儲
F07	烹調
F08	網上訂餐

【實訓練習2.1】根據以下文字材料，研究天華電動自行車製造廠的職能域模型。

天華電動自行車製造廠主要從事電動自行車生產製造工作，其材料從市場採購，另外還有一個配套廠家為其生產發動機，企業的財務部門負責全部的財務管理工作，倉庫負責材料與半成品、成品的收、發、保管等工作，採購與倉儲目前皆由一個叫「物資處」的機構管理，不過物資處雖有權決定採購的材料，卻在倉儲管理方面無法細

化。企業另外有一個研究所，專門研究和開發新型的電動自行車和改進已有的老型號。企業的生產車間是企業的最大部門，負責製造、組裝各類電動自行車。企業的全部銷售工作交給企業另設的銷售公司打理，他們負責企業的外地市場和本地市場。外地市場主要是建立批發點或尋找總代理商，本地市場則是尋找二級代理或進駐相應的市場，未來他們打算開拓網絡市場，可能會以 B2C 或 B2B 的方式進軍電子商務領域。企業的老總們主要是考慮企業的經營計劃和未來發展戰略等工作。另外有一個後勤部門負責後勤工作，人事部門主要負責企業的人力資源管理（包括薪資管理、人員培訓等工作）。由於培訓工作越來越受重視，企業未來可能將培訓工作獨立出來形成獨立的培訓部以滿足知識型企業管理的要求。企業很重視物料管理工作，對於物資的配送設有專門的配送部門，對外的配送也與第三方物流公司聯繫緊密。由於電動自行車在有些城市交通中處於受限制的領域，國家對於電動自行車的標準（超過標準就算機動車，需要納入機動車管理，用戶手續上更複雜）有要求；另外，為了保護自有的研究成果（專利產品）以規避未來可能的經濟和法律風險，企業決定未來要在法律方面成立專門的機構。

請根據上述資料，研究該企業的職能域，並以 Excel 表格的方式列出你認為合適的職能域。

【實訓練習 2.2】根據你熟悉的某個領域（如餐飲業、手機業、平板電腦業、化妝品業、金融業、人力資源業、蔬菜種植業、水果種植業、鮮花種植業、畜牧業、園藝業、徒步運動業、酒店業、漁業、酒類業、小商品業、醫藥品業、汽車業、房地產業、旅遊業、影視業、休閒食品業等）的情況，以 Excel 表格的方式定義一套的職能域。

2.2.3 研製業務過程模型

每個職能域都包括一定數目的業務過程（Process），業務過程是職能域的細化，小型企業通常職能域在 10 個以內，涉及約 30~100 個業務過程；中型企業職能域則可能在 10 多個，涉及更多的業務過程（見表 2.2）。

【參考 2.2】一個中型製造廠的職能域和業務過程。

表 2.2　　　　　　　　一個中型製造廠的職能域和業務過程

職能域編號	職能域	職能域描述	業務編號	業務過程
F01	經營計劃	根據董事會和總經理辦公會，確定經營事務	F0101	市場分析
			F0102	產品範圍考察
			F0103	銷售預測
F02	財務	財務計劃與管理工作	F0201	財務計劃
			F0202	資本獲取
			F0203	資金管理
F03	產品計劃	產品計劃與管理工作	F0301	產品設計
			F0302	產品定價
			F0303	產品規格說明

表2.2(續)

職能域編號	職能域	職能域描述	業務編號	業務過程
F04	材料	材料管理相關事宜	F0401	材料需求
			F0402	採購
			F0403	進貨
			F0404	庫存管理
			F0405	質量管理
F05	生產計劃	生產計劃管理工作	F0501	生產能力計劃
			F0502	工廠調度
			F0503	工序安排
F06	生產	生產控制與加工管理工作	F0601	材料控制
			F0602	鑄造成型
			F0603	下料
			F0604	機加工
F07	銷售	銷售管理與客戶服務管理	F0701	異地銷售管理
			F0702	本地銷售管理
			F0703	客戶服務中心
F08	配送	配送管理及相關業務	F0801	訂貨服務
			F0802	包裝
			F0803	發運
			F0804	倉儲
F09	財務	財務計劃與管理	F0901	帳務管理
			F0902	成本管理
			F0903	財務計劃與控制
F10	人事	人力資源管理工作，保證公司的人力資源需求	F1001	招聘
			F1002	培訓與晉升
			F1003	福利與保險
			F1004	工資管理

　　職能域和業務過程的確定，應該獨立於當前的組織機構。因此，為強調這一點，應稱為「邏輯職能域（Logical Functional Area）」。組織機構可能變化，但企業仍然會執行同樣的職能和過程。有的企業的組織機構形式每隔幾年就改變一次，但一些主要的業務過程卻是保持不變的。職能域與業務過程的確定，主要應該考慮獨立於當前組織機構的職能，因而會有這樣兩種情況：

　　（1）經邏輯分析而得出的職能模型中可能包括這樣的職能域，它橫跨兩個或多個現行系統的業務部門。

　　（2）對現行系統所列出的業務過程可能會有這樣的一些過程，它們分別屬於不同的職能域，但功能相同或相近。

　　識別業務過程一般來說缺乏較好的形式化方法，主要依靠有經驗的業務人員和分

析人員進行反覆提煉。不過，也可以提出一種參考模式，它能幫助以套用在當前企業上，發現並列出其業務過程。這種參考模式就是：「產品、服務和資源等各類型企業的四階段物料生命週期」模式，任何企業或組織都可歸入產品型、服務型或資源型（見表 2.3）。

表 2.3　　　　　根據企業物料生命週期劃分的參考業務過程

企業物料生命週期階段	參考業務過程
計劃	需求
	設計
	度量
	控制
	核算
	市場研究
	預測
	生產能力計劃
	評估
獲取	採購
	補充人員
	實施
	創建
	加工製造
	開發
	工程施工
	生產調度
	檢測
保管	成品入庫
	庫存管理
	維護
	保障
	跟蹤
	改進
	質量管理
	包裝
	修理

表2.3(續)

企業物料生命週期階段	參考業務過程
處置	銷售
	交貨
	訂貨服務
	發運
	車隊管理
	收付款
	退貨
	設備配置
	廢品管理

業務過程的確定可以對照組織中各部門負責人來考慮，可以以矩陣表的形式，確定進行業務過程調查的訪問對象。矩陣表的橫向標題為各職能域和細化的業務過程，縱向標題則為各部門的負責人，表中間則體現出參與狀態（主要負責、主要參與、部門參與）。這種方式可以幫助建立業務過程而不致遺漏，並使每個業務活動的確定都能找到相應的負責人。

規劃小組應該力求確定出所考察的企業或部門的全部業務過程，列出一張表；再從表中刪去重複的業務過程。不應該為減少業務過程的數目而人為地合併一些業務過程。通常，一個大型企業會有100個或更多的業務過程。

從事過企業模型分析工作的人，通常有一些體驗，值得初次從事這方面工作的人員借鑑：

（1）開始以為業務過程的定義沒有毛病，可是規劃工作進行一段時間再來復查時，會發現有許多不妥之處，還要繼續修改。

（2）業務過程應該按照自頂向下規劃的目的來確定，這些業務過程是企業營運的基本工作，應該不受報告層次或個體負責人變動的影響。

（3）一些業務部門的職能相互覆蓋，其表現是有相同的或相似的業務過程，因此，職能域和業務過程的定義是一種邏輯模型化，不能簡單地按現有機構、部門、職務來定義職能域和業務過程。

（4）在建立企業模型工作中，高層管理人員和最終用戶的參與是很重要的，只有他們才知道這個企業是怎樣真正工作的。許多規劃負責人開始總是希望計算機系統分析人員起較重要的作用，其實不然，用戶所扮演的角色要比他們最初想像的重要得多。

【實訓練習2.3】根據上一節中完成的天華電動自行車製造廠的職能域模型表，參考上述兩表的業務過程模型，定義出該企業的業務過程，並以Excel表格方式表現（請參考表2.2）。

【實訓練習2.4】根據上一節中你熟悉的某個領域的情況定義的職能域，定義該領域各職能域的業務過程，並以Excel表格方式表現（請參考表2.2）。

2.2.4 業務活動分析

2.2.4.1 業務活動分析概述

在每個業務過程中，都包含一定數目的業務活動（Activity）。業務活動是企業功能分解後最基本的、不可再分解的最小功能單元。對業務活動命名可採用一個動賓結構，以表示該活動所執行的操作。

例如，前面提到的「F0402 採購」業務過程可以包含下述業務活動：
- 提出採購申請單
- 選擇供應商
- 編製採購訂單
- 根據訂單監督各項交貨
- 處理異常情況
- 記錄供應商執行合同情況
- 分析供應商執行合同情況

一般每個業務過程含有 5~30 個業務活動，在一個小型的公司裡可能有幾百個業務活動，而在一個大型複雜的公司中可能有幾千個業務活動。

在做業務分析時，一般是把職能域分解成多個功能，每個功能再分解成更低層的功能，這樣逐級向下分解，直到產生最基本的活動為止。

某企業製造部功能逐級向下分解實例（見表 2.4），其中不能分解的最低層的功能就是業務活動。

需要注意的是，表 2.4 中的「功能分解」有的分解出三層，有的分解出兩層，由於對一個職能域只能統一分解出兩層——業務過程、業務活動，所以需要做一些調整。調整的基本原則是合併同類項、將業務活動升級到業務過程或將業務過程降級到業務活動。

職能域的劃分、業務過程的識別和定義、業務活動的分析和確定，都需要規劃人員與企業從高層管理人員到基層業務人員的共同努力，由粗到細地加以完成。當初步的企業模型以圖表形式得出以後，最後還要進行認真的復查和審核。

例如，對「材料」職能域調整後見表 2.5。

表 2.4　　　　　　　　　　　某企業的功能分解初步

企業部門	職能域	功能分解		
製造部	計劃	市場分析	客戶分析	部件估價
		產品範圍考查	……	……
	材料	採購	提出採購申請單	
			供應商	記錄供應商完成數量
				分析供應商特點
				選擇供應商
			生成採購訂單	
			生成付帳信息	
			記錄供應商完成數量	
			分析供應商特點	
		進貨驗收	……	……
	倉庫	需求量測定	預測需求	
		保管	監控庫存物資	
			檢查貨物清單	
			領取貨物	
		發運	裝配單	
			包裝單	
			記錄裝運	
			修改庫存	

表 2.5　　　　　　　　調整後的業務過程和業務活動（局部）

職能域	業務過程	業務活動
材料	供應商	記錄供應商完成數量
		分析供應商的特點
		選擇供應商
	採購	抽出採購申請單
		生成採購訂單
		生成付帳信息
	進貨驗收	記錄供應商完成數量
		分析供應商完成特點
		……

2.2.4.2 業務活動分析的凝聚性特徵

K.溫特爾博士總結了活動分析工作，提出活動模型中每一活動應該是凝聚性活動（Coherent Activity），為尋求這樣的活動，列出如下特徵：

1. 一個凝聚性活動產生某種清晰可識別的結果

這種結果可以是銷售一件產品、一個想法、一個決策、一組方案、一份工資單、一次顧客服務等，應該通用一個簡單的例子來說明這個活動的目的或結果。相比之下，一個非凝聚性的活動，總是產生不可確定的結果，或者幾個無關的結果。

2. 一個凝聚性活動有清楚的時空界限

在這個確定的時間和空間裡，可清楚地指出，誰在這個活動中工作和誰不在這個活動中工作。活動有時間性，可以確定開始時間和結束時間，可以測定超過的時間。凝聚性的活動之間的轉換具有清楚的標誌，而非凝聚性的活動則互相重疊混雜，不能確定在何時何地進行。

3. 一個凝聚性的活動是一個執行單元

它明確規定一個人或一個小組去產生結果，活動的管理職責也有類似的明確規定，由一個人或一組人負責。而一個沒有明確定義的活動可能由一些不確定的人去執行，誰應該做什麼是不明確的，他們的工作雖有某種協同，但不是作為一個整體去工作，互相之間缺乏良好聯繫和配合。

4. 一個凝聚性的活動在很大程度上是獨立於其他活動的

如果一個活動按某種方式與另一個活動相互作用十分緊密，就可以把它們看作一個活動。在執行一個活動的同一組人之間的聯繫，當然要比在不同活動中的聯繫頻繁得多。

分析比較表2.4中所有列出的基本活動，會發現有的活動不具備凝聚性特徵，這就需要進行調整；有的活動是重複的或者相當接近的，就要清除重複活動的多餘部分，合併相似的活動，才能得出良好的業務活動模型。

經過對業務活動的分析以及識別所有的凝聚性活動，再按相互聯繫的緊密程度分組，就可以積聚成一些業務過程。對業務過程再組合，可以形成若干個邏輯職能域，以作為業務功能的信息系統基礎。也就是說，邏輯職能域是對按企業的部門劃分的職能域的修正。同樣，按業務活動分析組合起來的業務過程模型，是對按業務人員的經驗初步建立起來的業務過程模型的修正。這個過程又是一個從細到粗的逆過程，是對前兩節中從粗到細的順過程的迭代。

復查要在核心小組的組織下，除充分發揮用戶分析員的作用外，還要有層次地與管理人員對話，請他們進行仔細的審查。復查可以從上向下進行，也可以從下向上進行，或交替進行。從上到下進行，是指首先看職能域劃分和定義有沒有問題，再看業務過程的識別和定義有沒有問題，有問題就進行修正；從下向上進行，是指首先復查業務活動功能是否分解到基本活動，每一活動是否符合凝聚性特徵？有無冗餘的活動需要刪除、有無類似的活動可以合併？當這些都確定之後，再看哪些活動組合在一起作為一個業務過程？與以前確定的過程有何矛盾？如果有矛盾就需要調整，最後再由

業務過程組合成職能域。經過復查，可以認為所建立的企業模型已經是一種邏輯模型，這種業務模型應該具有下述特點：

（1）完整性

這種模型應該是表示組成一個企業的各個職能域，各種過程和活動的完整圖表。

（2）適用性

這種模型應該是理解一個企業的合理有效的方法。在每一個分析層次上職能和活動的確定，對於參與工作的管理人員來說都應該是覺得自然和正確的。

（3）永久性

只要企業的目標保持不變，這種模型就應該是正確的和長期有效的。有些企業定期對自己的組織機構進行調整，或定期改變管理工作方式，但無論怎樣，一些相同的職能必須繼續執行。這種企業模型是企業改組時很有用的，而與數據的管理方式是無關的，即不管數據是文件、數據庫還是紙質的。

建立正確的業務模型，是一項複雜而細緻的認識活動。主要依靠企業高層領導和各級管理人員來分析企業的現行業務和長遠目標；企業內部各種業務的邏輯關係，將它們劃分為若干職能域，弄清楚各職能域中所包含的全部業務過程；再將各個業務過程細分為一些業務活動。這是一個多人參與的反覆過程，因此，進行業務分析建立業務模型的過程，是對現行業務系統再認識的過程。

提出業務模型是建設計算機化企業的基礎性工作。所謂企業的計算機化，是指將人工的業務過程和業務活動，變為以計算機為信息存儲處理工具的過程和活動。由於電腦和人腦各自的特性，並非簡單將日常手工工作照搬到電腦中來，而是在新的工作方式中各自得到發揮，使原來的過程和活動發生某些根本性的變化。因此，首先搞清楚現行系統的業務過程和業務活動，然後再考慮引進計算機系統對這些活動進行調整和改進，才是業務模型分析工作的實質。

【實訓練習 2.5】根據上兩節中完成的天華電動自行車製造廠的職能域模型表、上一節中定義的業務過程，定義出的該企業的業務活動，並以 Excel 表格方式表現（請參考表 2.2、表 2.3、表 2.4、表 2.5）。

【實訓練習 2.6】根據上兩節中你熟悉的某個領域情況定義的職能域，上一節中定義的該領域各職能域的業務過程，定義出該企業的業務活動，並以 Excel 表格方式表現（請參考表 2.2、表 2.3、表 2.4、表 2.5）。

2.2.4.3　職能域—業務過程—業務活動的思維建構實訓

雖然通過電子表格工具可以分別就職能域、業務活動、業務過程進行分析，但直觀性不夠。為了能夠更直觀地進行建構，我們引入思維導圖的建構方法，使職能域的建構工作更加直觀化、條理化。

1. 思維導圖工具 XMind 簡介

思維導圖繪製工具很多，常見的有 XMind（下載地址：http://www.xmindchina.net）、億圖思維導圖軟件 MindMaster（下載地址：http://www.edrawsoft.cn/mindmap）、Mindmanager（下載地址：http://www.mindmanager.cc）、FreeMind 等，用戶可根據自己的需

要選擇下載。

本書以目前流行度最高的 Xmind 為建構軟件，引導讀者學會方便地構建職能域—業務活動—業務過程。

XMind 採用 Java 語言開發，具備跨平臺運行的性質，且基於 EclipseRCP 體系結構，可支持插件。XMind 的程序主體由一組插件構成，包括一個核心主程序插件、一組 Eclipse 運行時插件、一個幫助文檔插件和一組多語種資源文件插件。Eclipse 用戶會對它的界面感到非常親切。

XMind 應用 EclipseRCP 軟件架構，可以支持其他開發人員為其編寫插件，為 XMind 增添新的功能或改進其設計。由於大部分插件是用 Java 語言編寫，用本地語言編寫的代碼也針對各不同操作系統有不同版本，所以 XMind 理論上可以運行在幾乎所有操作系統上，包括所有 64 位的操作系統，XMind 支持 Windows、Mac、Linux、iOS 以及瀏覽器。

XMind 的文件擴展名為「. xmind」。「. xmind」本質上是由 XML+ZIP 的結構組成的，是一種開放的文件格式，用戶可以通過 XMind 開放的 API 為其開發插件或進行二次開發。

XMind 能與用戶其他的 Office 軟件緊密集成，收費版的「. XMind」文件可以被導出成 Word、PowerPoint、PDF、TXT、圖片格式等，也可以在導出時選擇「僅圖片」「僅文字」或圖文混排，所得到的成果可以直接納入用戶的資料庫，或用其他編輯軟件打開並編輯。此外，XMind 還支持導入用戶的 MindManager 和 FreeMind 文件，使得大量用戶在從這兩個軟件轉向 XMind 時，不會丟失之前繪製的思維導圖。

2. 用 XMind 建構的基礎

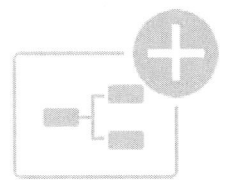

圖 2.2　Xmind 新建空白圖

安裝好 XMind 之後，打開時先顯示出「新建空白圖」的界面，如圖 2.2 點擊此按鈕以創建一個新的空白圖，並且在屏幕出現一個「中心主題」的字樣。我們可以把此「中心主題」理解為最頂層（第 1 層）、肇始端，緊接著，按幾下 Enter 鍵，就分別在其下建立了「分支 1」「分支 2」「分支 3」等層次——這些分支可以理解為第 2 層（如圖 2.3）。

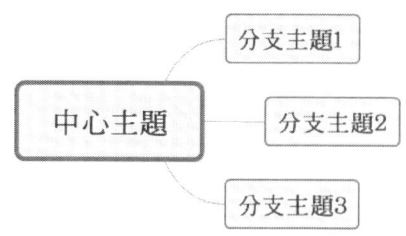

圖 2.3　XMind 中按下 Enter 鍵創建下級分支

　　如果要繼續建立更深的層次（如第 2、3 層）則不能再按 Enter 鍵。而是要首先選擇需要擴展的分支（例如選中「分支 1」），再按下鍵盤上的 Insert 鍵，則出現了一個「子主題 1」，如果要建立「子主題 2」則有兩種操作：一種是繼續保持選中「分支主題 1」按 Insert 鍵；第二種是選中「子主題 1」按 Enter 鍵。

　　通過 Enter 和 Insert 鍵的多次操作之後，可以形成複雜的層次結構關係（如圖 2.4）。

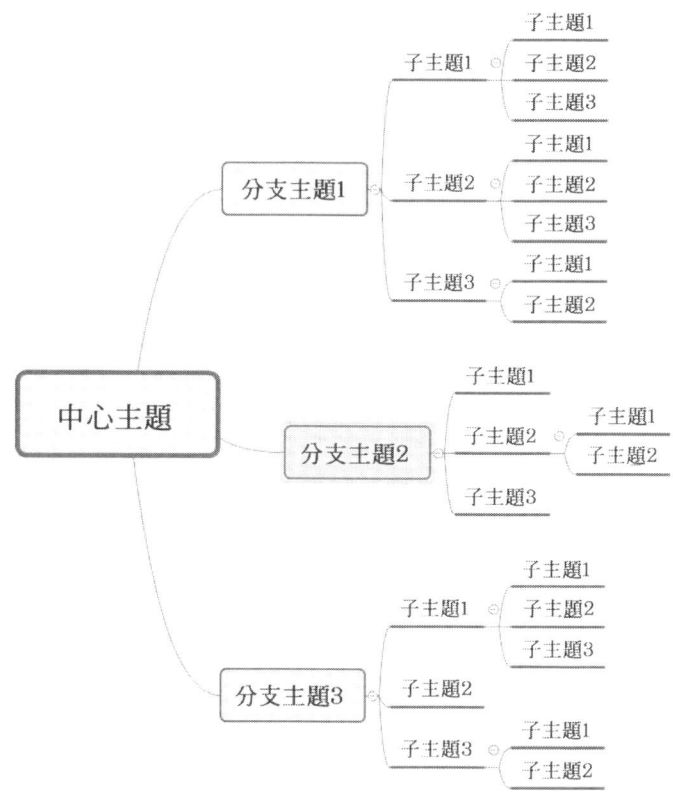

圖 2.4　Xmind 中結合 Enter 和 Insert 鍵創建的多層分支

3. XMind 格式編輯

雖然做出了 XMind 的層次結構，但其格式其實可以更豐富。

（1）主題格式。

選中任一主題，點擊屏幕右側工具欄中一個刷子形狀的按鈕，可以展示出主題與分支主題的定義（如圖 2.5，左側為選中中心主題時的格式、右側為選中子主題時的格式）。

其中「結構」可以定義為「組織結構圖」「樹狀圖」「邏輯圖」「水準時間軸」「垂直時間軸」「魚骨圖」「矩陣」等多種類型。

其中「我的樣式」則可以選擇多種系統預定義的樣式組合，以表現不同的風格。

其中「文字」可以選擇字體、字號、大小寫、字體顏色等跟文字定義相關的內容。

其中「外形和邊框」則對中心主題或的外形或邊框的形狀、顏色、粗細等進行設置。

其中「線條」指對連接線的設置，可以設置粗細、線型、線條顏色。

其中「編輯」是對分支主題或子主題的設置，可以設置為多級編號、分隔符等。

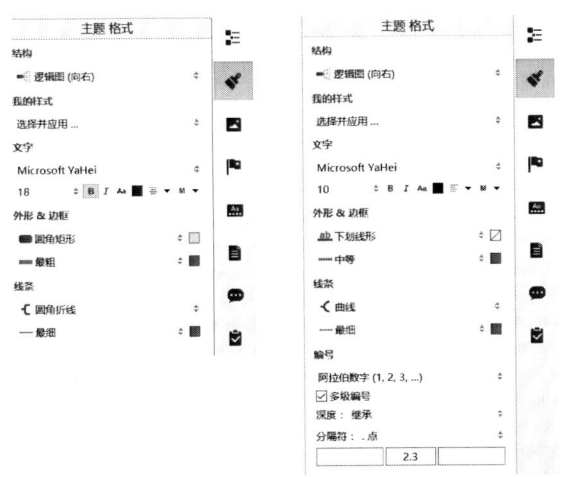

圖 2.5　XMind 中主題與分支主題格式的定義

（2）畫布格式。

除了對主題格式的設置以外，還可以對畫布格式進行設置。點擊畫面中空白處（不要選擇任何主題），格式裡面將顯示畫布格式的設置。

其中包括「背景色」設置、「牆紙」設置、「圖例」設置、「高級」設置（線條漸細、漸變色效果）、「彩虹色」設置、「信息卡」設置，這些設置能夠使畫面的表現效果更加豐富。

4. XMind 分析實例

這裡以某運動 App 的設計與開發為例，分析了所需要完成的工作（如圖 2.7），分析的過程應該是「由粗到精」，並且分析的過程應該既可以獨立思考又可以小組討論的方式進行。

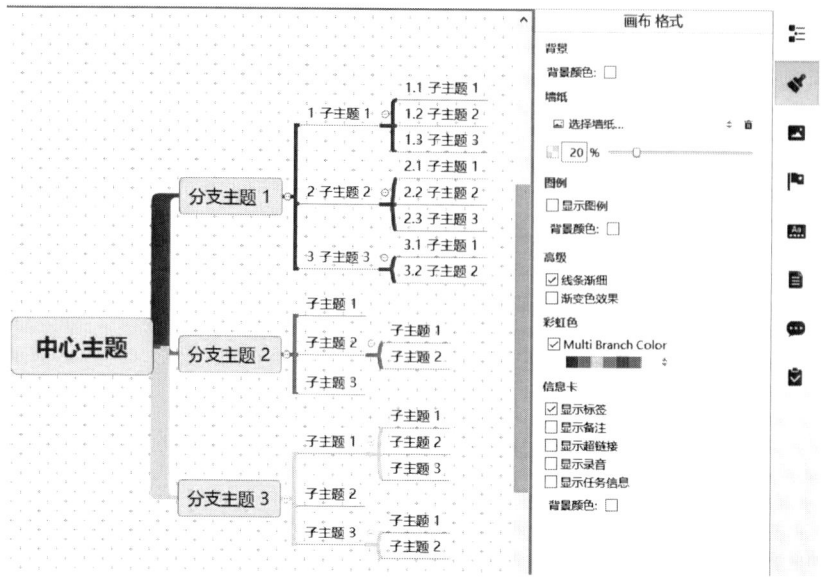

圖 2.6　XMind 中畫布格式的定義

　　完成後點擊「文件—保存新的版本」（或按熱鍵 Ctrl+S）以保存 .xmind 文件；然後，再點擊菜單「文件—導出—圖片」，再點擊「下一步」，並定義「至文件」的路徑以保存為一張圖片文件。讀者可以參考此示例，獨立完成自己的職能域—業務過程—業務活動甚至更細節功能的分析與繪製。

　　直接保存的 .xmind 文件是源文件，可以繼續修訂，並在設計開發小組內分享；導出的圖片文件則主要用於發布於外部用戶，讓外部用戶在沒有安裝 .xmind 文件的情況下也能分享。

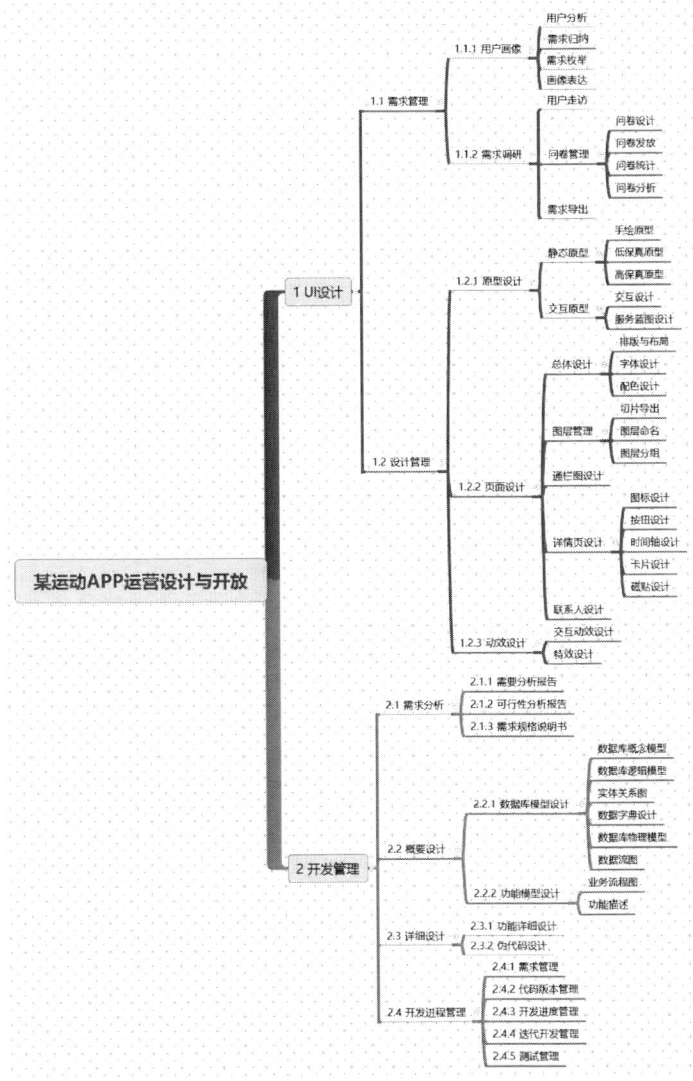

圖 2.7　XMind 繪製某運動 App 營運設計與開放

★小提示：如何管理複雜圖形

　　XMind 繪製的圖形如果非常複雜，會不利於用戶觀看。為了能夠管理複雜圖形，可以從以下三方面著手：

　　一是縮放功能，在畫布右下角默認顯示為 100%，可以點擊此百分比左右兩側的加減符號以縮放整個畫布。

　　二是折疊功能，在每個子主題之前的連接線上有一個帶圓圈的減號，點擊此減號，則整個子主題的分支都被折疊起來，原來帶圓圈的減號也變為帶圓圈的加號了。

　　三是新增畫布功能，在整個畫布的左下角，有一個「畫布 1」的頁標，用鼠標右鍵點擊此頁標，將會彈出「複製畫頁」「新畫布」「彩色標籤」等選項的彈出菜單；根據需要定義不同的畫布，將複雜的功能分散到不同的畫布中可以有效降低複雜度。

2.2.5 用戶視圖分析

數據需求分析是信息資源規劃中最重要、工作量最大且較為複雜的分析工作，要求對企業管理所需要的信息進行深入的調查研究。信息工程的數據需求分析與軟件工程的數據需求分析的區別在於：信息工程的數據需求分析強調對全企業或企業的大部分進行分析，就像業務分析一樣，要有全局的觀點，要建立全局的數據標準，進行數據集成的奠基工作；而軟件工程的數據需求分析並不這樣要求，只是根據具體的應用開發項目的範圍進行調查，即使範圍較大（涉及多個職能域）也是分散地進行各程序模塊所需數據調查，因此它無須建立全局的數據標準。

信息工程的數據需求分析體現了面向數據的思想方法，從用戶視圖的調查研究入手，要求管理和計算機技術兩類人員密切合作，認真分析企業各管理層次業務工作的信息需求，同時進行正規的信息資源管理工作，建立起各種基礎標準。

用戶視圖（User View）是一些數據的集合，它反應了最終用戶對數據實體的看法。基於用戶視圖的信息需求分析，可大大簡化傳統的實體—關係（E-R）分析方法，有利於發揮業務分析員的知識經驗，建立起穩定的數據模型。

用戶視圖的定義與規範化表達包括：用戶視圖標示、用戶視圖名稱、用戶視圖組成和主碼。

2.2.5.1 用戶視圖分類與登記

用戶視圖作為企業裡各管理層次最終用戶的數據實體，是一個非常龐雜的對象集合。在手工管理方式下，各種各樣的單證、報表、帳冊不僅是數據的載體，而且還是數據傳輸的介質，甚至還是數據處理的工具。上級管理人如不經嚴格分析就「設計」出一些結構不科學的表格要求下級填報，儘管大家整天都在填表，但仍然做不到及時、準確、完整，有很多工作又顯得重複與浪費，無法實現即時信息處理。進行數據分析，就是要從根本上結束這種局面，為此必須較徹底地清理一下長期以來一直忽視的那堆「亂表」，做好簡化與規範工作。為此，首先要有一套科學的方法對所有用戶視圖進行分類。

用戶視圖分為三大類：輸入大類、存儲大類、輸出大類。

每大類下分為四小類：單證/卡片小類、帳冊小類、報表小類、其他小類（記錄顯示）。

進行用戶視圖登記，需要做好如下規範：

（1）用戶視圖編碼規則。

用戶視圖標示是指它的一種編碼，這對全企業的用戶視圖的整理和分析理學必要。

用戶視圖標示的編碼規則，如表 2.6 所示。

表 2.6　　　　　　　　　　　　　用戶視圖標示編碼規則

D	XX	X	X	XX
用戶視圖代碼	職能域編碼	大類（流向）編碼	小類（類型）編碼	序號

其中：

大類（流向）編碼取值：1＝輸入，2＝存儲，3＝輸出

小類（類型）編碼取值：1＝單證，2＝帳冊，3＝報表，4＝其他。

序號：01～99。

（2）用戶視圖名稱。

用戶視圖名稱是指用一條短語表示用戶視圖的意義和用途。

例如：

用戶視圖標示：D041309。

用戶視圖名稱：材料申報表。

這裡用戶視圖標示編碼的具體意義：「04」代表第四域「物資」，「1」代表「輸入」，「3」代表「報表」，「09」代表同一大類同一小類中的第9個。

（3）用戶視圖生存期。

用戶視圖生存期是指用戶視圖在管理工作中從形成到失去作用的時間週期。用戶視圖生存週期類型為：動態、日、周、旬、月、季、年、永久。用戶視圖生存週期可細分為「用戶視圖生命週期」和「用戶視圖保存週期」兩個子項，其中前者是指該數據項的生效時間範圍，而後者指保存的時間範圍。有些用戶視圖的數據雖然已經失效，但其數據仍然具有歷史統計意義，在未來某個時間可能會用於數據挖掘或數據分析工作，因此保存週期應該是一個較長的時間，一般至少為「年」，甚至為「永久」。

（4）用戶視圖記錄數

用戶視圖記錄數是指把它理解為一張表的行數，記錄這個數據主要用於最後統計相關的數據量。最終得到統計的數據量將可用於規劃與統計整個系統的數據量，甚至最終可以作為購置硬件的理論依據。

統計用戶視圖的數據量由用戶視圖數據項表（見表2.7）和用戶視圖生存週期與數量統計表（見表2.8）來完成。為了今後統計方便，這兩個表最好使用Excel電子表格來完成。

例如，「D041309 材料申報表」是月表，每月計有5張表，每張表平均有30行，那麼，該視圖的記錄數應該是：5×3＝150

2.2.5.2 用戶視圖數據項組成與數據量統計

用戶視圖主要來源於對該企業的調查，具體來說可以從搜集該企業現存的報表開始，深入分析該企業應該使用的數據項。有時，搜集到的企業報表將會非常複雜，甚至表中套表；有時，多張表之間又會有內容重複或混淆的地方；有時，企業實際存在的數據根本沒有任何單據或報表的存在，只是口頭說說……諸如此類紛繁複雜的數據項需要認真清理、分析，最後以用戶視圖數據項表的形式，逐一完善、整理並最終形成可用的表格（見表2.7）。

表 2.7　　　　　　　　「D031101 圖書證表」用戶視圖數據項表

視圖編碼	視圖名	數據項簡稱	數據類型	長度	中文描述	主鍵
D031101	圖書證表	TSZH	字符型	8	圖書證號	√
		SCRQ	日期型	6	生成日期	
		CJR	字符型	8	創建人	
		XM	字符型	10	姓名	
		XH	字符型	10	學號	
		YX	字符型	20	院系	
		YB	邏輯型	1	性別	
		BJ	邏輯型	1	班級	
		XSH	邏輯型	1	學生會	
		QGB	邏輯型	1	勤工辦	
		SYXH	邏輯型	1	攝影協會	

　　表 2.7 中「D031101 圖書證表」用戶視圖總計有 11 個數據項，這些數據項的長度合計是 67。根據圖書證表的辦理人數估計（假設每人只辦一個證，總共最多有 200,000 人辦理），那麼年數量應該是 $67 \times 200,000 = 13,400,000$。

　　同理，假設「D031102 圖書借閱記錄」用戶視圖總計有 9 個數據項，這些數據項的長度合計是 119，而年記錄數是 500,000，那麼年數量應該是 $119 \times 500,000 = 59,500,000$。再假設「D031103 圖書日查詢記錄」用戶視圖總計有 12 個數據項，這些數據項的長度合計是 82，而日記錄數是 12,000，那麼年數據量應該是 $82 \times 12,000 \times 365 = 359,160,000$（見表 2.8）。

表 2.8　　　　　　　　用戶視圖生存週期與數據量統計表

視圖編碼	視圖名	生命週期	保存週期	數據項數	數據項長度	記錄數	年數據量
D031101	圖書證表	永久	永久	11	67	200,000	13,400,000
D031102	圖書借閱記錄	年	永久	9	119	500,000	59,500,000
D031103	圖書日查詢記錄	日	永久	12	82	12,000	359,160,000
……	……	……	……	……	……	……	……
……	……	……	……	……	……	……	……

　　最後，將整個系統的全部視圖的年數據量進行匯總，即可估算出所需開銷的數據大小。這些數據可以用於程序設計時進行數據處理效率的考慮，也可以用於考慮購買硬盤等存儲設備的大小。

> ★小提示：主鍵與數據類型
>
> ・主鍵
> 　　主鍵是被挑選出來，作表的行的唯一標示的候選關鍵字。一個表只有一個主關鍵字。
> 　　主鍵（Primary Key）中的每一筆資料都是表格中的唯一值。換言之，它是用來獨一無二地確認一個表格中的每一行資料。主鍵可以包含一個或多個數據項。當主鍵包含多個數據項時，稱為組合鍵（Composite Key）。
> 　　每張二維表中的主鍵是唯一確定的、非空的數據項，主要用於該表的唯一編碼，有時用兩個或兩個以上的數據項共同組成組合鍵以達到更複雜的唯一性。
> ・數據類型
> 　　數據類型的出現，是因為電腦內存有限。把數據分成所需內存大小不同的數據，編程的時候需要用大數據的時候才需要申請大內存，就可以充分利用內存。
> 　　為了今後更好地將用戶視圖移植到數據庫設計中，可以先簡單地將數據類型做基本的定義，簡單地劃分為：字符型（長度為1~255）、數值型（總長，小數位長）、日期型（固定為8）、時間型（固定為6）、邏輯型（長度固定為1）、文本型（長度255以上）。
> 　　在以後的數據庫設計中，將充分依據這些基本的類型，設計出更加複雜、更能提高程序運行效率、更好地滿足數據庫複雜性要求的、更精細的數據類型來。

【實訓練習 2.7】參考前幾節中完成的天華電動自行車製造廠的職能域模型表、業務過程、業務活動，以Excel表格方式編製該企業的整個系統所有用戶視圖數據項表和用戶視圖生存週期與數據量統計表（請參考表2.7、表2.8）。

【實訓練習 2.8】參考前幾節中你熟悉的某個領域情況定義的職能域、業務過程、業務活動，以Excel表格方式編製該領域的整個系統所有用戶視圖數據項表和用戶視圖生存週期與數據量統計表（請參考表2.7、表2.8）。

2.2.6 數據結構規範化

完成用戶視圖之後，很多人會認為自己的數據項結構是合理的，其實細分析之下，可能還不規範；不規範的數據項結構是無法用於最終的程序設計等方面的。這就需要進行數據結構規範化。管理工作中經常有一些複雜的表格，有的是表中套表，因此用戶視圖編製時需要進行分析一定程度的規範化工作。前一節中僅提到了用戶視圖項的編製，並未對其進行深入細緻的規範，適當的規範不僅有利於計算機處理，還有利於數據庫設計，同時也符合人類思維邏輯的理解。

用戶視圖可以理解為關係數據庫的雛形，而關係數據庫則是以關係模型為基礎的數據庫，它利用關係描述現實世界。一個關係既可用來描述一個實體及其屬性，也可用來描述實體間的一種聯繫。關係模式是用來定義關係的，一個關係數據庫包含一組關係，定義這組關係的關係模式的全體就構成了該庫的模式。

關係實質就是一張二維表，它是所屬性的笛卡爾積的一個子集。從笛卡爾積中選取哪些元組構成該關係，通常是由現實世界賦予該關係的元組語義來確定的。關係之間存在著數據依賴，它是通過一個關係中屬性間值的相等與否體現出來的數據間的相互關係，是現實世界屬性間相互聯繫的抽象，是數據內在的性質。

比如，一個專業有若干學生，而通常一個學生只屬於一個專業；一個系有多個專業，而一個專業只屬於一個系；一個學院有多個系，而一個系只屬於一個學院；一個學生可以選修多門課程；每個學生每門所學課程都有一個成績。

在企業信息化規劃初期，由於未進行相關思維訓練，極易將這種數據間的依賴關係搞混，並且容易形成將多個數據依賴關係未加區分地揉進一個用戶視圖（二維表）中，形成人為的數據項混亂。為了規避這種情況，需要對數據結構按範式進行重新規劃。

範式是符合某一種級別的關係模式的集合，關係數據庫中的關係必須滿足一定的要求。滿足不同程度要求的為不同範式。目前主要有六種範式：第一範式、第二範式、第三範式、BC 範式、第四範式、第五範式。滿足最低要求的叫第一範式，簡稱 1NF。在第一範式基礎上滿足一些要求的為第二範式，簡稱 2NF，依次類推。

為了在信息規劃的實踐工作中簡化範式，通常在只規範到第一、第二、第三範式。

數據項之間的關係有：一對一、一對多、多對多三種情形。對用戶視圖的所有數據項用這些基本關係進行分析，就會發現它們之間在結構上的問題。

2.2.6.1 從單個用戶視圖導出第一範式（1NF）

第一範式是指一個關係模式中的所有屬性都是不可再分的基本數據項，如果存在複合數據項，那麼還需求繼續細分出來，直到不可再分為止。在任何一個關係數據庫系統中，第一範式是對關係模式的一個最起碼的要求，不滿足第一範式的數據庫模式不能稱為關係數據庫。

為了能夠更好地理解第一範式，下面以某公司的「月工資表」結構來說明，細分到哪個程度的數據項才符合第一範式（見表 2.9）。

表 2.9　　　　　　　　　　某公司月工資表基本結構　　　　　　　　單位：元

工號	姓名	基本工資	獎金項目金額	扣款項目金額	實發金額
0101	張明	600			
0102	周偉	800			
0103	尚娟	1,200			
0104	劉達	800			
0105	羅煒	900			
0106	唐果	1,000			
0107	羅小鳳	1,200			
0108	林全	1,500			
0109	漆逸	800			
0110	王佳	600			
0111	王琴	1,300			
0112	彭東	1,500			
0113	李霞	1,200			
0114	葉萍	900			
0115	趙凱	700			

表2.9(續)

工號	姓名	基本工資	獎金項目金額	扣款項目金額	實發金額
0116	張瑞依	600			
0117	鄭靜	800			
0118	李雪梅	800			
0119	代文芳	1,000			
0120	李悅	1,100			
0121	羅燦飛	1,200			
0122	曾廣瓊	1,000			
0123	黃娥	1,100			
0124	段小娜	1,000			
0125	劉曉	1,200			
0126	童曉燕	800			
0127	王慧	1,000			
0128	張曉萍	1,200			
0129	周薈薈	1,100			
0130	譚文君	1,000			
0131	彭豔	1,200			
0132	王梅兒	1,300			
0133	廖娟	1,500			
0134	陳君	1,000			
0135	黃佳	1,500			
0136	馮璐	1,800			
0137	李晶晶	1,500			
0138	劉豔	1,300			
0139	李靜	1,500			
0140	楊燕	1,200			

　　這裡「獎金項目金額」和「扣款項目金額」都是複合數據項，這類項目是經常變動的，可能增加項目可能減少項目，如果只是簡單地將複合數據項展開，預先多留一些獎金或扣款項目，那麼必然會造成某些月份某些數據項用不上而導致的「橫向冗餘」。無論增加或刪除這些複合項目所內含的數據項，必然改變數據庫結構，必然會同時影響程序的健壯性。

　　因此，凡有複合數據項的都需要重新組織，將其分解成幾個表。為了分解複合項目，將含有複合項目的工資表（見表2.9）分解為不再含有複合項目，並且各有唯一主鍵的關係型數據庫表（見表2.10）。

表 2.10　　　　　　　　　消除複合數據項後的職工工資用戶視圖表

視圖編碼	視圖名	數據項簡稱	數據類型	長度	中文描述	主鍵
D051301	職工編號—姓名對照表	ZGBH	字符	8	職工編號	√
		XM	字符	8	姓名	
D051302	收入代碼—收入名稱對照表	SRDM	字符	8	收入代碼	√
		SRMC	字符	8	收入名稱	
D051303	扣除代碼—扣除名稱對照表	KCDM	字符	8	扣除代碼	√
		KCMC	字符	8	扣除名稱	
D051304	收入登記表	ZGBH	字符	8	職工編號	√
		SRDM	字符	8	收入代碼	√
		SRJE	數值型	8,2	收入金額	
D051305	扣除登記表	ZGBH	字符	8	職工編號	√
		ZCDM	字符	8	支出代碼	√
		ZCJE	數值型	8,2	支出金額	

按照這種新的數據結構組織起來的實際工資數據如表 2.11、表 2.12、表 2.13、表 2.14、表 2.15：

表 2.11　　　　　　　　　D051301 職工編號—姓名對照表

※職工編號	姓名
0101	張明
0102	周偉
0103	尚娟

表 2.12　　　　　　　　　D051302 收入代碼—收入名稱對照表

※收入代碼	收入名稱
S01	基本工資
S02	全勤獎
S03	質量獎

表 2.13　　　　　　　　　D051303 支出代碼—扣除名稱對照表

※支出代碼	支出名稱
Z01	缺勤扣
Z02	劣質扣
Z03	違規扣

表 2.14　　　　　　　　　　D051304 收入登記表

※職工編號	※收入代碼	收入金額
0101	S01	600
0101	S02	200
0101	S03	1,200
0102	S01	800
0102	S02	150
0102	S03	800
0103	S01	1,200
0103	S02	200
0103	S03	1,500

表 2.15　　　　　　　　　　D051305 扣除登記表

※職工編號	※支出代碼	支出金額
0101	Z01	0
0101	Z01	100
0101	Z01	200
0102	Z02	100
0102	Z02	100
0102	Z02	300
0103	Z03	0
0103	Z03	0
0103	Z03	0

上述各表中，如何確定各行數據記錄呢（表中「※」表示主鍵）？

表 2.11 通過「職工編號」的不同值，唯一確定每一行數據。

表 2.12 通過「收入代碼」的不同值，唯一確定每一行數據。

表 2.13 通過「支出代碼」的不同值，唯一確定每一行數據。

表 2.14 通過「職工編號」+「收入代碼」的不同值，唯一確定每一行數據。

表 2.15 通過「職工編號」+「支出代碼」的不同值，唯一確定每一行數據。

這裡的「+」就是將兩個數據項連接起來，求共同唯一，這也是複合主鍵（組合鍵）的用法。

雖然「收入登記表」和「支出登記表」的代碼表達方式不太符合人類的閱讀習慣，卻是數據庫處理時沒有冗餘的、高效的存儲方式，在呈現在人類面前時，可以通過視圖將職工編碼、收入代碼、支出代碼分別顯示為該代碼對應的職工姓名、收入名稱、支出名稱。所以，實質上這種方式最終在電腦系統中實現時，並不影響人類的閱

讀習慣。

2.2.6.2 導出第二範式（2NF）

例如：某學校存在著「學院教師信息表」結構（如表2.16）：

表 2.16　　　　　　　　　　　　學院教師信息表

※學院編碼	※教師編碼	教師姓名	教師簡介	學院簡介

這個表的問題在於，把「學院編號」+「教師編碼」作為共同主鍵，而其中「教師姓名」和「教師簡介」兩個數據項僅依賴於「教師編碼」一個數據項，而不是共同主鍵的全部。這樣的數據結構將會出現多種異常，導致錯誤的數據存儲。

為了消除這種不完全的數據項依賴，可以重新組織成三個表（表2.17，表2.18，表2.19），這樣就導出了二範式（2NF）結構：

表 2.17　　　　　　　　　　　　學院信息表

※學院編碼	學院簡介

表 2.18　　　　　　　　　　　　學院教師關係表

※學院編碼	※教師編碼

表 2.19　　　　　　　　　　　　教師信息表

※教師編碼	教師姓名	教師簡介

> ★小提示：怎樣符合第二範式
>
> 如果一個數據結構的全部非主鍵的數據項都完全依賴於整個主鍵，那麼這個數據結構就是符合第二範式（2NF）的。對於含有「不完全依賴」的數據結構，應該加以消除另行組織，從而導出二範式。

2.2.6.3 導出第三範式（3NF）

例如：某學院存在著著「教師社保登記表」的結構（如表2.20）：

表 2.20　　　　　　　　　　　　教師社保登記表

※教師編碼	專業	※社保號	社保記錄	教師姓名

這個表的數據結構存在著「傳遞依賴」的問題：「社保號」依賴於「教師編碼」，而「教師姓名」又依賴於「社保號」，這也是一種不好的數據結構。

為了消除這種「傳遞依賴」，重新組織以下四個表（表2.21，表2.22，表2.23，表2.24），這樣就導出了第三範式（3NF）。

表 2.21　　　　　　　　　　　教師編碼社保號關係表

※教師編碼	※社保號

表 2.22　　　　　　　　　　　社保記錄表

※社保號	社保記錄

表 2.23　　　　　　　　　　　教師編碼姓名表

※教師編碼	教師姓名

表 2.24　　　　　　　　　　　教師專業表

※教師編碼	專業

這四個表分別存在著不同的依賴關係，通過這種拆分的方式，將原有的「依賴傳遞」拆分開來，有利於處理不同的數據關係。

> ★小提示：怎樣才能符合第三範式
>
> 　　如果一個數據結構的全部非主鍵數據項都完全依賴於主鍵，而不依賴於其他的數據項，就說明這個數據結構是三範式（3NF）的。對於含有「傳遞依賴」的數據結構，應該加以消除後另行組織，即導出了三範式。

2.2.6.4　整理用戶視圖登記的注意事項

用戶視圖的搜集、分析與整理，是保證信息需求分析和其後系統建模的基礎，業務分析員和系統分析員必須認真工作，還要注意下列事項：

（1）凡可作「輸入」或「存儲」大類的，以及可作「輸出」或「存儲」大類的，一律歸類為「存儲」大類。

（2）「存儲」大類的用戶視圖應規範化到三範式，並定義其主鍵，其他大類視圖則不必如此。

（3）「存儲」大類的用戶視圖經過規範化，有的由原先一個用戶視圖分化為幾個規範化的用戶視圖，稱它們為「同族用戶視圖」。

（4）加強各職能域用戶視圖的交叉復查，等價用戶視圖只需要登記一次。

（5）不斷修訂數據項（包括增減、類型類化、長度變化等），以滿足系統的需要。

【實訓練習 2.9】天華電動自行車製造廠在規劃初期搜集到的用戶視圖如表 2.25，請參考前面的數據結構規範化方法，對其進行規範。

表 2.25　　　　　　　　　　物料編碼—物料類別編碼信息表

※物料編碼	物料名稱	※物料類別碼	物料類別名	備註信息

物料類別可以有前叉、車架、車輪、外胎、內胎、齒盤、飛輪、鏈條、花鼓、龍頭、貨架、前後夾器、曲柄、腳踏、坐管、變速控制杆、車把、鋼絲、加工設備、加工工具。

表 2.26　　　　　　　　　　物料編碼相關信息表

※物料編碼	物料名稱	※設計圖號	設計參數	※生產工藝號	生產參數	※保管方式號	保管參數

設計參數可以有體積、重量、彈性、抗裂度、馳動力、滾動阻力、行進空氣阻力、加速阻力、坡道阻力、驅動扭矩、驅動半徑、輸出扭矩、煞車摩擦力等數據項。

生產參數可以有管徑、預應力、焊接方式、加工溫度等數據項。

保管參數可以有存儲溫度、空氣濕度、氣壓等數據項。

表 2.27　　　　　　　　　　員工信息總表

※員工號	員工姓名	※職位號	職位名	※工作地號	工作地名	※身分證號	※內訓號

員工號與職位號的關係：同一職位可以有多名員工，一名員工只能有一個職位。

員工號與工作地號的關係：同一工作地可以有多名員工，每名員工可以因工作調動擁有多個工作地。

員工號與身分證號的關係：一個身分證號只能有一個員工號，員工離職後原員工號可以分配給新員工，即一個員工號歷史上可能會對應多個身分證號，但某一時間內只能一一對應。

員工號與內訓號的關係：一個員工號可以因為多次不同的內訓有多個內訓號。

職位號與內訓號的關係：某種職位必須經過某種內訓才能晉升。

【實訓練習 2.10】參考前幾節中你熟悉的某個領域情況，進行初期調研，完善並規範其用戶視圖的數據結構。

2.2.7　數據流分析

本書所謂的數據流是指用戶視圖的流動，數據流分析工作的結果是數據流程圖

（Data Flow Diagram，簡稱 DFD），它是一種能全面地描述信息系統邏輯模型的主要工具，可以用少數幾種符號綜合地反應出信息在系統中的流動、處理、存儲情況。數據流程圖具有抽象性和概括性特徵，是描述系統數據流程的工具，它將數據獨立抽象出來，通過圖形方式描述信息的來龍去脈和實際流程。

分析數據流的方法是：

·繪製各職能域的一級數據流程圖和二級數據流程圖。

·完成數據流程圖中所標註的用戶視圖的組成登記。

·將上述兩項工作結合起來，進行數據流的量化分析。

數據流程圖是結構化分析的重要方法，在信息工程中應用 DFD 經過了一定的簡化，即一種標準化的一級數據流程圖（1-DFD）和二級數據流程圖（2-DFD）。通過數據流程圖的繪製：有助於用戶表達功能需求和數據需求及其聯繫，使業務系統和信息系統人員能夠在統一的、便於理解的框圖中溝通現行與未來的系統框架，清晰地表達了數據流的情況，同時也有利於系統建模。

許多年前，當人們開始繪製分析模型時，總是希望找到一種技術，可以把所有的內容全都包容進去，以形成一個完整的需求描述。而事實上，人們最終只能得出這樣一個結論：不存在一個包羅萬象的模型或圖。早期的結構化系統分析的目標，是用比敘述文本更正式的圖形表示來替換整個分類功能規格說明；然而，經驗告訴我們：分析模型應該增強自然語言的需求規格說明，而不是替換。於是，逐漸誕生並完善出來了一系列簡單、易繪、易溝通理解的需求圖形化表示模型。

需求圖形化表示的模型包括數據流圖、實體關係圖、狀態轉換圖、活動圖、對話圖和類圖等。在需求分析方面或設計方面是否使用模型取決於建模的定時和目的，在需求開發中通過建立模型來確信自己理解了需求——而數據流程圖正是結構化系統分析的基本工具。

一個數據流程圖確定了系統的轉化過程、系統所操縱的數據或物質的搜集、過程、存儲、外部實體之間的數據流或物質流。數據流模型把層次分解方法運用到系統分析上，這種方法很適用於事務處理系統和其他功能密集型應用程序。

數據流程圖是當前業務過程或新系統操作步驟的一種表示方法。數據流程圖可以在一個抽象的廣泛範圍內表示系統。在一個多步驟活動中，高層數據流程圖對數據和處理部分提供一個整體的統攬，這是對包含在軟件需求規格說明中的、詳細敘述的補充。數據流程圖描述了軟件需求規格說明中的功能需求怎樣結合在一起，使用戶可以執行指定的任務，從圖中迅速反饋的信息有助於所有探討任務流的理解、加工和提煉。

2.2.7.1 一級數據流程圖

一級數據流程圖（1-DFD）是建立業務模型、調查記錄某一職能域的內外信息流情況的手段。結合用戶視圖的定義，復查一級數據流程圖，記錄每個職能域的輸出、存儲和輸入數據流，保證全企業的數據流一致性，是重要的數據分析工作。一級數據流程圖（1-DFD）的基本符號如圖 2.8 所示。

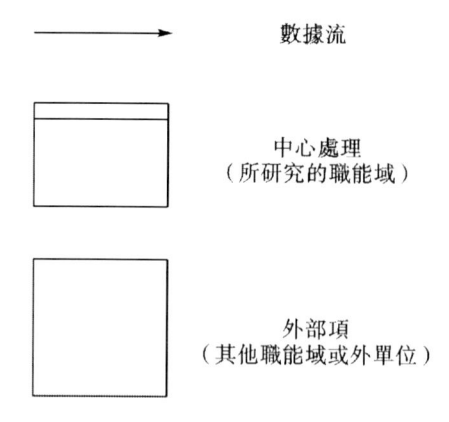

图 2.8 一级数据流图（1-DFD）基本符号

在需求分析开始階段，一旦定義了職能域，就要開始一級數據流程圖的繪製工作：每個職能域繪製一張一級數據流程圖，該職能域即為中心處理框，居中；左方為數據輸入來源單位，右方為數據輸出去向單位；在進出數據流的箭杆上下（或中間）標出有關的用戶視圖標示或名稱。這個過程，可以在調研中邊研討邊繪製，直到草圖相對完善後用電腦繪製（通常使用 Microsoft Visio 軟件繪製，如圖 2.9 所示）。

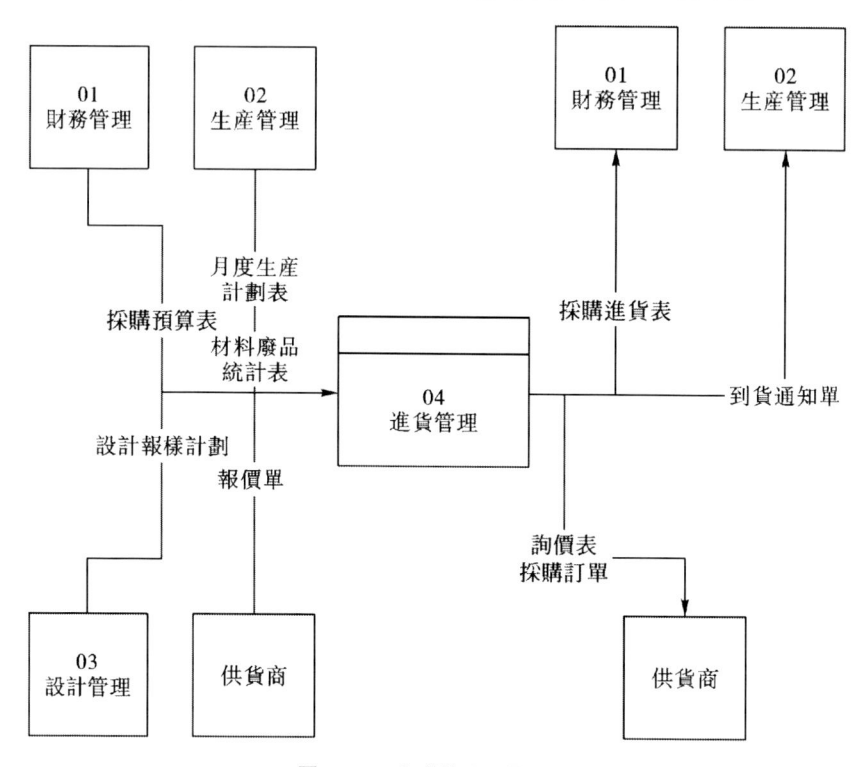

图 2.9 一级数据流程图示例

一級數據流程圖是從全企業的高度，綜合、整體地觀察每一個職能域，通過數據流將一些職能域聯結起來，使分析人員形成對全企業的整體認識。

2.2.7.2 二級數據流程圖

二級數據流程圖（2-DFD）的基本符號如圖 2.10 所示。二級數據流程圖中的處理框代表業務過程，存儲框代表存儲類用戶視圖。

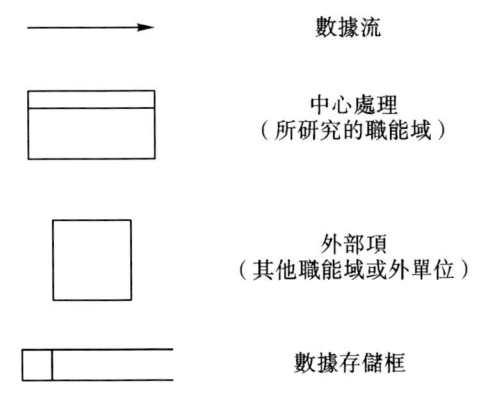

數據流

中心處理
（所研究的職能域）

外部項
（其他職能域或外單位）

數據存儲框

圖 2.10　二級數據流程圖基本符號

二級數據流程圖是某一職能域中業務過程和數據需求的進一步調查的記錄，關鍵是業務過程的識別與定義，以及存儲類用戶視圖的定義與規範化。類似地，它是業務模型調研和用戶視圖調研的「草圖」。

★小提示：二級數據流程圖規範
對於二級數據流程圖有一個必須遵循的規範： 任何兩個處理框的連線必須經過存儲框。 任何兩個存儲框的連線必須經過處理框。

因此，圖 2.11 中的兩個連接是不允許的。

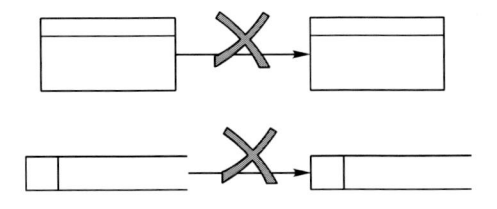

圖 2.11　錯誤的數據流程圖連接方式

當一張圖上呈現不下的時候，一二級數據流程圖可以分別畫在幾張圖上，其邏輯關係關聯起來還是一個整體。

二級數據流程圖是一級數據流程圖的求精、細化。通過這種細化的工作，可以讓一級數據流程圖中的大致的、粗略的表格群細化為一張張明確的表，各流程、實體之間的關係也更加明確無誤（見圖 2.12）。

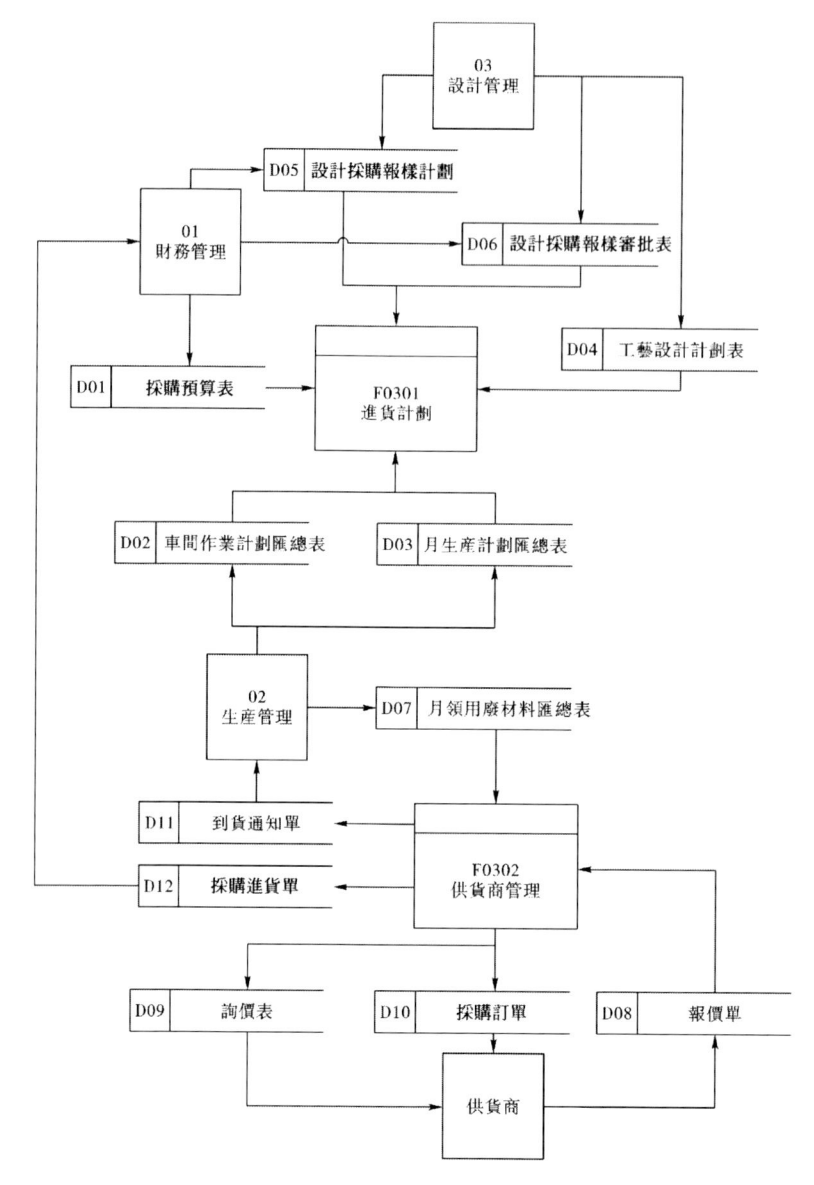

圖 2.12　二級數據流程圖示例

2.2.7.3　數據流的量化分析

從用戶視圖的調研到數據流程圖的繪製，都是在做數據流的分析，但還沒有進行量化的分析。只有進行了數據流的量化分析，才能制定出科學的數據分析規劃，進而提出數據存儲設備和網絡通信方案所需要的數據流數據。

為此，首先要規範一些編碼。我們將職能域編碼進一步擴充，補上外單位的編碼，採用兩位大寫英文字母，如表 2.28 數據流程圖示例中用到的。

表 2.28　　　　　　　　　　　　職能域編碼名稱

職能域編碼	職能域名稱
GHS	供貨商
01	出貨管理
02	存貨管理
03	進貨管理

記錄數據流的一般格式是：來源代碼—去向代碼—用戶視圖代碼。

規劃組分別簡單地將各職能域的輸入、輸出數據流錄入電子表格中，通過公式定義，可以確定相關輸入、輸出數據量。具體做法，可以參照表 2.7 和表 2.8 進行統計。

【實訓練習 2.11】參考前述資料，試繪製天華電動自行車製造廠一二級數據流程圖（建議使用軟件：Microsoft Visio）。

【實訓練習 2.12】根據你熟悉的某個領域情況，試繪製其一二級數據流程圖（建議使用軟件：Microsoft Visio）。

2.2.8　系統功能建模

企業信息資源規劃的主要成果就是建立起全企業集成化的信息系統模型——功能模型、數據模型。需求分析是系統建模的準備，系統建模是需求分析的繼續和定型。只有建立起全企業優化的信息系統模型，在這種總體模型的指導、控制和協調下，才能實現企業信息化的總體目標。

系統功能建模就是要解決「系統做什麼」的問題。經過功能需求分析所得出的業務模型，在很大程度上是當前業務流程的反應。要想得到現代信息技術支持下的新的業務流程，還需要做進一步的分析工作。

2.2.8.1　功能模型的概念和表示法

系統的功能模型是對規劃系統功能結構的概括性表示，採用「子系統—功能模型—程序模塊」的層次結構來描述。經過功能需求分析，在業務模型的基礎上建立功能模型，實際上就是用兩類人員都能理解的表述方式，對要開發的信息系統的功能結構做出簡明準確的定義。

為科學表達系統功能模型的層次結構，並便於建立計算機化的文檔，需要對功能模型進行編碼，其編碼規則如表 2.29 所示。

表 2.29　　　　　　　　　　　　功能模塊編碼規則

X	XX	XX	XX
系統標示： 英文大寫字母	子系統序號： 01～99	功能模塊序號： 01～99	程序模塊序號： 01～99

末 4 位空格為系統標示，末 2 位空格為功能模塊標示，完整 7 位為程序模塊標示。

2.2.8.2 功能建模分析

由業務研製出功能模型的主要分析工作是對業務過程和業務活動作計算機化的可行性分析。業務模型是對現行系統功能的概括性認識，功能模型是對新系統功能的概括性認識，兩者大體存在如圖 2.13 所對應的關係。

```
業務模型：職能域──業務過程──業務活動
           ↓         ↓         ↓
功能模型：子系統──功能模塊──程序模塊
```

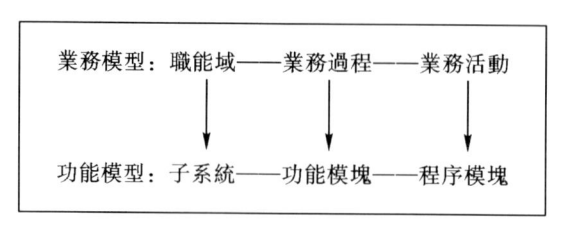

圖 2.13　業務建模與功能建模對應關係

> ★小提示：功能模型不是業務模型的簡單對應
>
> 　　需要注意的是，圖 2.13 中的業務模型和功能模型的關係，絕對不是一種簡單的對應關係。因為除了規劃人員在調研階段和建模階段的認識有所不同而導致兩個模型的關鍵成分、相互關係和內部邏輯順序有所不同之外，更重要的是功能模型和研製要進行更為深入的分析研究工作，其中包括運用計算機與信息系統的若干專業知識。

對於業務過程和活動進行計算機化可行性分析，是指識別和區分：
A 類：業務過程、業務活動可以由計算機自動進行。
I 類：人—機交互進行。
M 類：需要人工完成。

這樣一來，功能模型的建立就需要改造那些人工活動部分，並對某些過程或活動進行必要的分解與綜合，包括重新設計。

2.2.8.3　功能建模過程

系統功能建模的開始階段，強調各規劃小組繼承職能域功能分析的成果──業務模型、進行計算機化的可行性分析。當有了功能模型初稿之後，一方面要組織有關業務負責人做好復查工作；另一方面要做好綜合協調工作，從各子系統的定義到功能模塊的定義，力求準確完整，各功能模塊的程序模塊分解也要求比較恰當。

1. 定義子系統

定義子系統是建立功能模型的首要工作，就像建立業務模型首先要研究職能域的定義一樣。首先，規劃核心小組要通過討論提出子系統的劃分；然後適當調整規劃小組，按子系統分工研究提出子系統的初步定義。

> **★小提示：定義子系統的注意事項**
>
> 在研究提出子系統定義的過程中，要注意研究和回答如下的問題：
> ·子系統的目標是什麼，即需要對系統總體目標進行分解，作更具體的界定；
> ·說明子系統的邊界，即覆蓋哪個職能域或跨職能域，為哪個管理層次或跨管理層服務；
> ·確定信息加工處理深度或信息系統類型，如事務處理（TPS）、管理信息系統（MIS）、聯機即時處理分析（OLTP/OLAP）、決策支持系統（DSS）、主管信息系統（EIS）、戰略信息系統（SIS）等；
> ·列出子系統的主要功能，注意運用「關鍵成功因素」和「價值流」分析思想，在業務過程計算機化可行性分析的基礎上加以識別。
> 綜合以上幾方面的內容，用一短文準確概括描述，即為子系統的定義。

2. 定義功能模塊和程序模塊

在子系統劃分定義工作完成後，就要對每一子系統定義其功能模塊和程序模塊。在定義過程中，需要對一些問題特別關注（見表 2.30）。

表 2.30　　　　　定義功能模塊和程序模塊需要關注的問題

關注項	關注描述
①由功能模塊體現子系統的目標	對子系統的目標進行分解，落實到具體的功能模塊上
②說明功能模塊的邊界	它屬於哪個職能域或跨職能域，為哪個管理層次或跨管理層服務
③信息加工處理深度或模塊類型	屬於事務處理、信息形成模塊，還是屬於即時處理分析或更高決策支持系統、主管信息系統、戰略信息系統
④突出關鍵性功能模塊	借助「關鍵成功」和「價值流」分析來識別
⑤確定功能模塊—程序模塊層次	通過分解與集結的平衡來確定，分解要注意控制細化程度，集結要注意控制綜合程度
⑥分析選取已經開發和使用的模塊	分析選取類似系統的有用模塊，降低開發工作量
⑦短文描述	對每一功能模塊需要用短文加以描述，而程序模塊則不必描述

現以某企業的「物料管理」為例，說明由業務模型到功能模型規劃工作中程序模塊的定義工作。經過業務域分析，得出業務模型如表 2.31 所示。

表 2.31　　　　　某企業「物料管理」業務模型局部

業務過程	業務活動
F0401 物料計劃管理	F040101 編審物料需求計劃
	F040102 編審採購計劃
	F040103 編審採購資金計劃

表2.31(續)

業務過程	業務活動
F0402 物料採購	F040201 供應商信息
	F040202 訂貨通知單
	F040203 確定採購限價
	F040204 確定自購比率
	……

對這些業務活動作計算機化可行性分析，發現「編審物料需求計劃」業務活動對於原先的人工處理來說，是任務明確的、可行的，但對計算機信息系統來說，則是任務不明確、不可行的。因為，編排物料需求計劃和審查物料需求計劃是兩種信息處理過程，其中，編排物料需求計劃，首先需要採集各基層單位的物料需求信息，然後再進行匯總，並對照當前庫存信息；而審查物料需求計劃，首先需要採集各基層單位的物料需求是否合理——這是非結構化或半結構化處理，不易實現自動化的計算。「編審採購計劃」和「編審採購資金計劃」等業務活動，也有類似情況。

一般來講，對業務活動作計算機化可行性分析，一方面應該根據企業管理的實際情況，借助信息技術建立新的管理機制；另一方面要考慮信息技術的運用，這既有當前信息技術能達到什麼程度的考慮，也有採用某種信息技術的開發費用和投資方面的考慮。因此，在對業務活動做計算機化可行性分析的工作中，要發揮信息技術人員的作用。

在本例中，經過分析，兩類人員達成共識：對基層單位物料需求的審查，繼續沿用人工審查方法；系統設「編製基層物料需求計劃」程序模塊，以採集、維護基層單位的物料需求信息；系統再設「匯總基層物料需求」程序模塊，以自動分類匯總計算各計劃期的材料總需求，作為編製採購計劃的初稿，系統設有人—機交互的程序模塊——「編製採購計劃」……。經過這些具體分析和規劃，得出的功能模塊如表2.32。

表 2.32　　　　　某企業「物料管理」功能模型局部

功能模塊	功能模塊描述	程序模塊
P0401 物料計劃	按計劃期審查並編製基層物料需求數據，自動分類匯總計算物料總需求作為編製採購計劃的初稿，以人—機交互界面編製和修訂採購計劃	P040101 編製基層物料需求計劃
		P040102 匯總基層物料需求
		P040103 編製採購計劃
		……
P0402 物料採購	按實際供應商調查結果人工編製供應商信息，並按實際採購需求情況人工編製採購信息；計算機實現存儲、打印功能，並按需分類打印訂貨通知單	P040201 編製供應商信息
		P040202 編製採購信息
		P040203 打印訂貨通知單
		……

通過這樣一番研討、修訂、細化工作，業務模型就順利轉化為功能模型，這對今後的程序設計提供了很大的支撐依據。

3. 系統功能模型討論復查

上述定義子系統和定義功能模塊、程序模塊的工作，首先由各個規劃小組研究制定，作為子系統功能模型初稿按期提交給核心小組。

在核心小組研究的基礎上，召開全體規劃組討論會，交叉討論提出修訂稿。交叉討論的要點是：

・跨管理層次、跨業務部門的子系統和功能模塊有無問題。

・關鍵功能模塊的認定（在相應的子系統說明中描述）。

・共用或類似程序模塊的認定（在相應的功能模塊說明中描述）。

・去除冗餘模塊。

經過交叉討論和修訂，應及時提交給中高層業務負責人進行復查認定。復查要點是：

・子系統劃分定義的準確性。

・關鍵功能模塊識別定義的準確性。

・跨管理層次、跨業務部門的子系統和功能模塊對建立信息管理制度的影響和對策。

・對意見不易統一的部分提出原型研究的要求。

2.2.8.4 功能建模的資源與功能模型的運用

信息資源規劃組在進行系統功能建模時，要充分利用需求分析資料和有關的信息系統知識、經驗，這些都是系統功能建模的重要資源。

1. 認真做好需求分析資料的復查工作

與功能建模直接相關的包括業務分析結果（即業務模型，重點是職能域和業務過程的定義）的復查和數據流程圖（一、二級數據流程圖相匹配，並與業務模型相一致）的復查。復查工作決不能僅限於系統分析員和業務代表中進行，一定要使業務部門負責人參與復查工作，形成共識。

2. 認真復查職能域業務模型與子系統功能模型的對應關係

如圖 2.14 中的虛線箭頭部分，再經過計算機化可行性分析，將大部分的業務模型納入系統功能模型中（經過分析，並不是所有業務模型都全部納入系統功能模型，有少部分可能只需要人工處理或暫時不做系統開發的將不納入）。

3. 企業已有應用系統中有效的功能模塊或程序模塊應該予以繼承

如圖 2.14 中的實績箭頭部分，還有其他應用軟件中的有用模塊也應該吸收，這些模塊也被加進系統功能模塊中。

需要著重說明的是，功能建模擬定義的子系統是「邏輯子系統」（面向規劃、設計人員），而不是「物理子系統」（面向最終用戶）。

許多計算機應用系統都是按照當前的組織機構和業務流程設計的，系統或子系統名目繁多。機構或管理一發生變動，計算機應用系統就得修改或重做。而事實上，只

要企業的生產經營方向不變，企業基本的職能域就相對不變，而基於職能域的業務過程和數據分析可以定義出相對穩定的功能模塊和程序模塊，這樣建立起來的系統的功能模型是對機構管理變化有較強的適應性的。

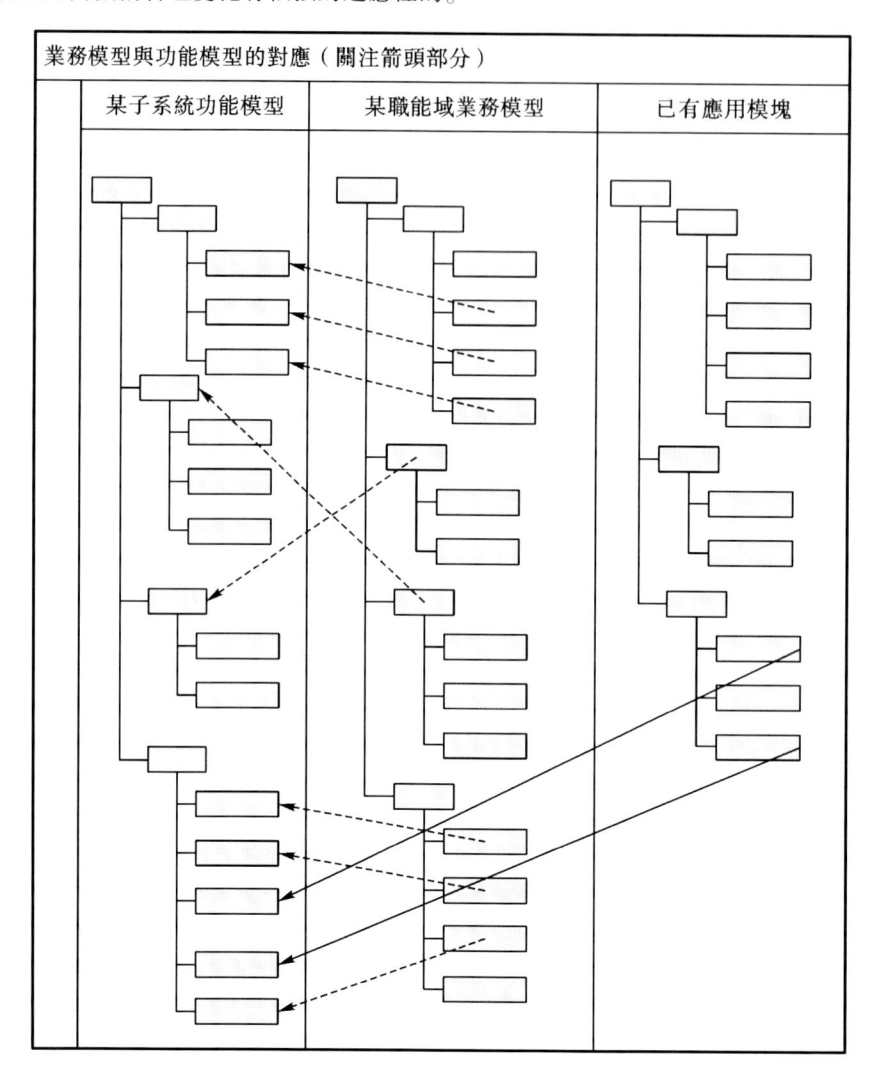

圖 2.14　功能建模的資源利用——業務模型與已有應用模塊

因此，「邏輯子系統」作為這些功能模塊和程序模塊的一種分類，是對全企業信息系統功能宏觀上的把握。以後，可以在應用開發過程中參照面向對象軟件工程，加強可重用模塊的開發和類庫建設，這些模塊和類庫部件都以存取主題數據庫為基本機制，以實現以最終用戶為對象的、模塊化、可繼承的組裝「物理子系統」——以廣泛適應機構變化而不必重開發的工作需求。

這樣，可以從根本上長期改變計算機應用系統跟不上管理變化的被動局面，樹立起企業規範、自適應的管理思想。

【實訓練習 2.13】參考前述資料，試為天華電動自行車製造廠進行系統功能建模。
【實訓練習 2.14】根據你熟悉的某個領域情況，試為其進行系統功能建模。

2.2.9 系統數據建模

系統數據建模就是要解決系統的「信息組織」問題。這是信息資源規劃的核心部分，是數據環境重建的根本保障。

2.2.9.1 數據建模基礎

理解數據模型概念及其建模方法，需要一些基本概念和有關知識，以達成數據建模的基礎。數據建模的目的是為了全面考慮數據庫設計實施問題，如果能把數據建模與數據庫的設計實施聯繫起來，就會更好地做好數據建模工作。

1. 實體與關係

在數據組織的各種模式中，「關係模式」特別適合企業管理數據環境的建設。按照關係模式的觀點，現實世界中有聯繫的一些數據對象就構成了一個「數據實體」或簡稱為「實體」（Entity）。

例如：「物料」這個實體，是物料編碼、物料名稱、物料供貨廠家、生產日期、適用產品等數據對象的抽象，這些數據對象稱為實體的「屬性」（Attributes）。

實體與實體之間存在著關係（Relationship）。有三種基本的關係：一對一（1：1）、一對多（1：n）及多對多（m：n）。

例如：

班級與班長是一對一關係（一個班級有一位班長）：班級（1）——班長（1）。

班級與學生是一對多關係（一個班級由多個學生組成）：班級（1）——學生（n）。

課程與學生是多對多關係（各門課程可以被多名學生選修）：課程（m）——學生（n）。

2. 表及其屬性

表是數據分析工作中常用的概念，它是一組有聯繫的數據集合。數據分析工作經常需要列出一個表所含的數據元素或數據項，而不具體考察每一行的數據項的值。

數據庫邏輯設計的主要任務，是仔細分析哪些是基礎數據，哪些是非基礎數據，怎樣將基礎數據組成「基本表」，如何根據基本表來設計非基本表（如各類歸檔表、中間表、臨時表、虛表、視圖等）。

3. 基本表

基本表是由企業管理工作所需要的基礎數據所組成的表，而其他數據則是在這些數據的基礎之上衍生出來的，它們組成的表是非基本表。基本表可以代表一個實體，也可以代表一個關係，基本表中的數據項是實體或關係的屬性。基本表應該具有以下基本特性：

原子性：即表中的數據項是數據元素。

演繹性：即可由表中的數據生成系統全部的輸出數據。

穩定性：即表的結構不變，表中的數據一處一次輸入，多處多次使用，長期保存。
規範性：即表中的數據滿足三範式（3NF）。
客觀性：即表中的數據是客觀存在的數據，是管理工作需要的數據，不是主觀臆造的數據。

4. 實體關係圖

概念模型的表示方法很多，其中最為常用的是實體—關係方法（Entity-Relationship Approach），該方法用實體關係圖（Entity-Relationship，E-R 圖）來描述現實世界的概念模型。每個局部應用都對應了一組數據流圖，局部應用涉及的數據都已經收集在數據字典中了。下一步，就需要將這些數據從數據字典中抽取出來。參照數據流圖，標定局部應用中的實體、實體屬性、標示實體的碼，確定實體之間的聯繫及其類型。E-R 圖提供了表示實體型、屬性和聯繫的方法：

・實體型：用矩形表示，矩形框內寫明實體名。
・屬性：用橢圓形表示，並用線段將其與相應的實體連接起來。
・聯繫：用菱形表示，菱形框內寫明聯繫名，並用線段分別與有關實體聯繫起來，同時也在線段上標註聯繫的類型（1∶1；1∶n；m∶n）。

需要注意的是，聯繫本身也是一種實體型，也可以有屬性。如果一個聯繫具有屬性，則這些屬性也需要用線段與該聯繫連接起來。

【參考2.3】根據數據流圖的分析，發現某系統的局部應用有五個實體型，分別是學生、班級、課程、教師、參考書，根據相關的分析，繪製出班級實體屬性圖（如圖2.15）和這五個實體之間的關係圖（如圖2.16）。

為了節省篇幅，E-R 圖中省略了各個實體的屬性描述。需要注意的是，E-R 圖繪製實體屬性前，應分別就各實體在不同子應用中的屬性進行合併。這些實體的屬性描述分別是（其中下劃線的部分為實體中的關鍵屬性）：

學生：{<u>學號</u>、姓名、性別、年齡}
班級：{<u>班級編碼</u>、班級名稱、所屬專業系}
課程：{<u>課程號</u>、課程名、學分}
教師：{<u>職工號</u>、姓名、性別、年齡、職稱}
參考書：{<u>書號</u>、書名、內容提要、價格}

有了班級信息的實體屬性圖之後，根據情況進行分析，以繪製班級信息的實體關係模型圖。根據情況分析，可得知道：

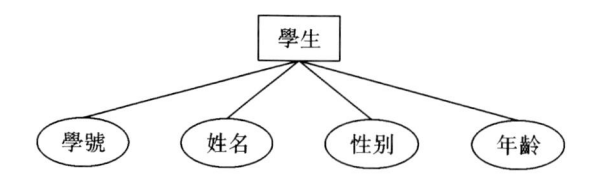

```
                          教師
          ┌────────┬──────┼──────┬────────┐
        職工號    姓名   性別   年齡    職稱

                          課程
              ┌───────────┼───────────┐
            課程號       課程名       學分

                         參考書
            ┌────────┬───────┴──┬────────┐
          書號     書名     內容提要    價格

                          班級
              ┌───────────┼───────────┐
          班級編碼    班級名稱    所屬專業系
```

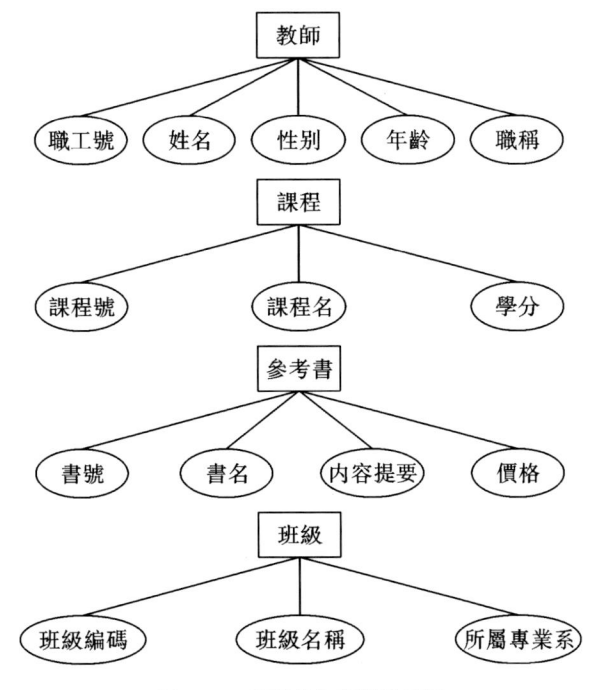

圖 2.15　班級信息實體屬性圖

一名教師將指導一個班級，所以教師與班級的關係是 1：1。

一名教師可以講授多門課程、同一門課程也可以被多名老師講授，因此教師與課程之間的關係是 n：m。

一名學生可以選多門課程、同一門課程也可以被多名學生選擇，因此學生與課程之間的關係是 m：n。

一個班級由多名學生組成，因此班級與學生之間的關係是 1：n。

一門課程可擁有多本參考書，因此課程與參考書之間的關係是 1：n。

【實訓練習 2.15】參考前述資料，並根據這些資料繪製天華電動自行車廠的實體屬性圖和實體關係圖，並根據實體屬性圖來列出實體的屬性描述（其中關鍵屬性加下劃線）。

【實訓練習 2.16】根據你熟悉的某個領域情況，自擬資料，繪製其實體屬性圖和實體關係圖，並根據實體屬性圖列出實體的屬性描述（其中關鍵屬性加下劃線）。

2.2.9.2　數據模型的概念和表示方法

1. 數據模型

數據模型（Data Model）是對用戶信息需求的科學反應，是規劃系統的信息組織框架結構。數據模型分為：

全域數據模型——整個集成系統的所有主題數據庫及其基本表。

子系統數據模型——某個子系統所涉及的主題數據庫及其基本表。

图 2.16 班级信息实体关系图

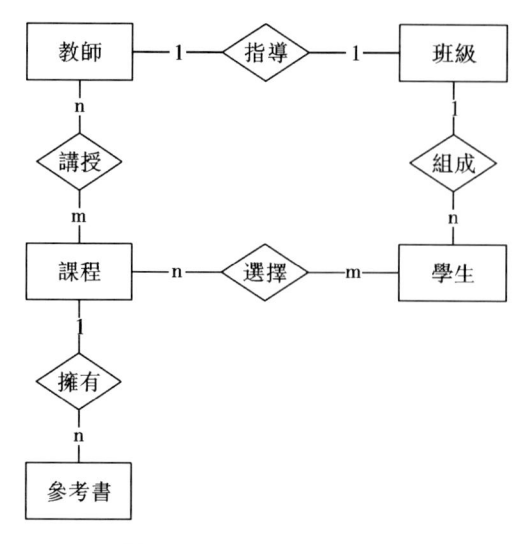

2. 概念数据模型

概念数据库（Conceptual Database）即概念数据模型，是最终用户对数据存储的看法，反应了用户的综合性信息需求。概念数据库一般用数据库名称及其内容（简单数据项或复合数据项）的列表来表达采取「离散集表达法」。

目前市面上主要的数据库类型为基于关系模型的关系型数据库，关系模型的逻辑结构是一组关系模式的集合。概念数据模型的表达法即为关系模式表达方法，即关系模式名（数据项列表……）。

3. 逻辑数据模型

逻辑数据库（Logical Database）即逻辑数据模型，是系统分析人员的观点，是对概念数据库的进一步分解和细化。在数据组织的关系模式中，逻辑数据库是一组规范化的基本表。

由概念数据库深化的逻辑数据库，主要工作是采用数据结构中的规范化原理和方法（参见前述「数据结构规范化」章节），将每个概念数据库分解、规范化成三范式的一组基本表。

4. 实体与联系转换到关系模式。

E-R 图是由实体、实体属性和实体之间的三个要素组成的。所以，将 E-R 图转换为关系模型实际上就是要将实体、实体的属性和实体之间的联系转化为关系模式，这种转换一般遵循如下原则：

（1）一个实体型转换为一个关系模式。

实体的属性就是关系的属性，实体的关键属性就是关系的主键。例如在图 2.16 的例子中，「教师」实体可以转换为如下关系模式，其中「职工号」为「教师」关系的主键：

教师（职工号，姓名，性别，年龄，职称）

（2）一個 m∶n 聯繫轉換為一個關係模式。

與該聯繫相連的各實體的關鍵屬性的碼以及聯繫本身的屬性均轉換為關係的屬性，而關係的主鍵則為各實體主鍵的組合碼：

講授（<u>職工號</u>，<u>課程號</u>，學分）

選擇（<u>學號</u>，<u>課程號</u>，學分）

（3）一個 1∶n 聯繫轉換。

可以轉換為一個獨立的關係模式，也可以與 n 端對應的關係模式合併。如果轉換為一個獨立的關係模式，則與該聯繫相連的各實體的主鍵以及聯繫本身的屬性均轉換為關係的屬性，而關係的主鍵為 n 端實體的主鍵。

例如，圖 2.16 中的「擁有」聯繫為 1∶n 聯繫，將其轉換為關係模式的一種方法是使其成為一個獨立的關係模式：

擁有（<u>課程號</u>，書號）。

其中「課程號」為「擁有」關係的主鍵，另一種方法是將其與「參考書」關係模式合併，這時「參考書」關係模式為：

參考書（<u>書號</u>、書名、內容提要、價格、課程號、學分）

（4）一個 1∶1 聯繫轉換。

可以轉換為一個獨立的關係模式，也可以與任意一端對應的關係模式合併，如果轉換為一個獨立的關係模式，則與該聯繫相連的各實體的主鍵以及聯繫本身的屬性均轉換為關係的屬性，每個實體的主鍵均是該關係的候選碼。如果與某一端對應的關係合併，則需要在該關係模式的屬性中加入另一個關係的主鍵和聯繫本身的屬性。

例如，圖 2.16 中的「指導」聯繫為 1∶1 聯繫，可以將其轉換為一個獨立的關係模式：

指導（<u>職工號</u>，班級編碼）或指導（<u>班級編碼</u>，職工號）

在「指導」關係模式中，職工號與班級編碼都是關係的候選碼。由於「指導」聯繫本身沒有屬性，所以相應的關係模式中只有主鍵，它反應了教師與班級之間的對應關係。

「指導」聯繫也可以與班級或教師關係模式合併，則需要在「班級」關係中加入「教師」關係的主鍵，即「職工號」：

班級（<u>班級編碼</u>，班級名稱，所屬專業系，職工號）

同樣，如果與「教師」關係模式合併，則只需在教師關係中加入班級關係的主鍵，即「班級編碼」：

教師（<u>職工號</u>，姓名，性別，年齡，職稱，班級編碼）

為了減少系統中的關係個數，如果兩個關係模式具有相同的主鍵，可以考慮將他們合併為一個關係模式。合併方法是將其中一個關係的全部屬性加入另一個關係模式中，然後去掉其中的同義屬性，並適當調整屬性的順序。

按前述原則，圖 2.16 中的關係可以合併為下列 7 個關係模式：

教師（<u>職工號</u>、姓名、性別、年齡、職稱、班級號）

學生（<u>學號</u>，姓名，性別，年齡，班級編碼）

班級（<u>班級編碼</u>，班級名稱，所屬專業系）
課程（<u>課程號</u>，課程名，學分）
參考書（<u>書號</u>，書名，提要，價格，課程號）
講授（<u>職工號</u>，<u>課程號</u>，學分）
選擇（<u>學號</u>，<u>課程號</u>，學分）

【實訓練習 2.17】參考前述天華電動自行車廠的資料及實體屬性圖、實體關係圖，將實體屬性圖和實體關係圖轉換為關係模式，並進行合併。

【實訓練習 2.18】根據你熟悉的某個領域情況和自擬資料繪製的實體屬性圖和實體關係圖，將實體屬性圖和實體關係圖轉換為關係模式，並進行合併。

2.2.9.3 數據建模方法

長期以來，人們一直在尋求數據建模和數據庫設計的自動化方法，但總沒有突破性的進展。其根本原因在於，數據建模和數據庫設計的有效方法，歸根到底是以業務知識和管理經驗為基礎的；採用某些軟件輔助工具，只是為了加強規範化，省去分析處理和人工繪製圖表等繁瑣工作，沒有能夠自動產生數據模型的工具。

數據建模過程，實質上是從用戶視圖到主題數據庫，從數據流程圖到 E-R 圖，從數據實體到基本表的研究開發過程。

1. 數據建模的基礎資料

各個職能域的用戶視圖及其組成；
各個職能域的數據流程圖（1-DFD、2-DFD）；
各個職能域的輸入數據流、輸出數據流和數據存儲分析報告；
全域的數據元素集；
全域的數據元素-用戶視圖分佈分析報告等。

2. 數據建模的基本工作步驟

（1）數據建模的基本工作。

識別定義業務主題，按主題將用戶視圖分組定義為實體大組，提出概念數據模型；
按業務需要進一步分析實體的屬性，規範化數據結構產生基本表，提出邏輯數據模型；
數據元素規範化，進一步審核基本表的組成。

（2）數據建模的工作步驟。

數據建模需要業務人員與系統分析人員深入密切地合作，大致分為三步進行工作：

第一步，進行實體-關係分析——可以從業務主題出發確定實體大組，識別各個實體；也可以從數據流程圖（DFD）出發，確定各個實體及關係，繪製 E-R 圖。這樣可以建立概念數據模型，並對邏輯數據模型的建立做好準備。

第二步，進行數據結構規範化分析——利用數據結構規範化的理論和方法，將每一實體規範化到三範式，即形成基本表，並確定基本表之間的關係，以建立邏輯數據模型。

第三步，進行數據元素規範化分析——利用數據元素規範化的理論和方法，建立較完整的類別詞表和基本詞表，以便控制數據元素的一致性，使基本表進一步規範化。

3. 一級表與二級表的劃分

數據元素規範化之後，將每一個主題數據庫（根據職能域中業務過程為依據劃分）分解為一組基本表，即「一級基本表」和「二級基本表」。主題數據庫與一級基本表之間的關係為「一對多」的關係，一級基本表與二級基本表之間的關係同樣為「一對多」的關係。最多只設置二級基本表，個別情況下只需要一級基本表。設置方法，如表 2.33 所示。

表 2.33 一級基本表與二級基本表的劃分

主題數據庫		一級基本表				二級基本表			
編號	中文名稱	英文表名	中文表名	主鍵	字段列表	英文表名	中文表名	主鍵	字段列表
01	設備管理主題	DEVICE	設備	設備編號	設備編號、設備名稱、設備類別、購買日期、陳舊程度、使用壽命、設備生產廠家、聯繫方式……	DEV_PARA	設備參數表	設備編號	設備編號、設備名稱、設備型號、功率、工作電壓、重量、體積、容量、速度……
						DEV_SERV	設備維護表	設備編號+維護記錄號	設備編號、設備名稱、維護記錄號、維護日期、維護內容、維護人、維護結論、維護耗費……
						DEV_BUILD	設備安裝表	工程號+設備編號	……
		DEVICE_SU	設備供貨商	供貨商碼	供貨商碼、供貨商名、廠商類別、主要客戶、材料來源、管理水準、技術水準、主要設備、工商執照、稅務登記、開戶銀行、對外帳號、聯繫電話、電子郵箱、供貨水準、備註事項……	……	……	……	……
		……							
02	工程管理主題	PROJECT	工程	工程號	……	……	……	……	……

在具體劃分一級基本表和二級基本表和定義其信息內容時，可以參考小提示，以幫助檢查有無差漏或不妥之處。

> ★小提示：一級表與二級表的區別
>
> 　　一級基本表和二級基本表之間具有一定的分類原則，為了能夠更好地進行區分與細分，以下從幾個方面分列出二者的區別，以供編撰者參考：
> ・按產生關係：一級表為基本信息，二級表為派生信息。
> ・按詳略程度：一級表為概要信息，二級表為詳細信息。
> ・按變化情況：一級表為靜態信息，二級表為動態信息。
> ・按時態關係：一級表為當前信息，二級表為歷史信息。

4. 基本表之間的外鍵關聯

為了符合前述的第三範式的要求，每個明細的基本表中並非如最終用戶視圖那樣裝載所有的內容。於是，關係型數據庫中的基本表通常採用外鍵（Foreign Key，FK）的方式，在當前基本表中定義一個代碼，並指向另一個基本表。一般來說，一個基本表的外鍵是另一個基本表的主鍵；通過外鍵的方式，可以將當前基本表的信息加以延伸（如圖2.17）。

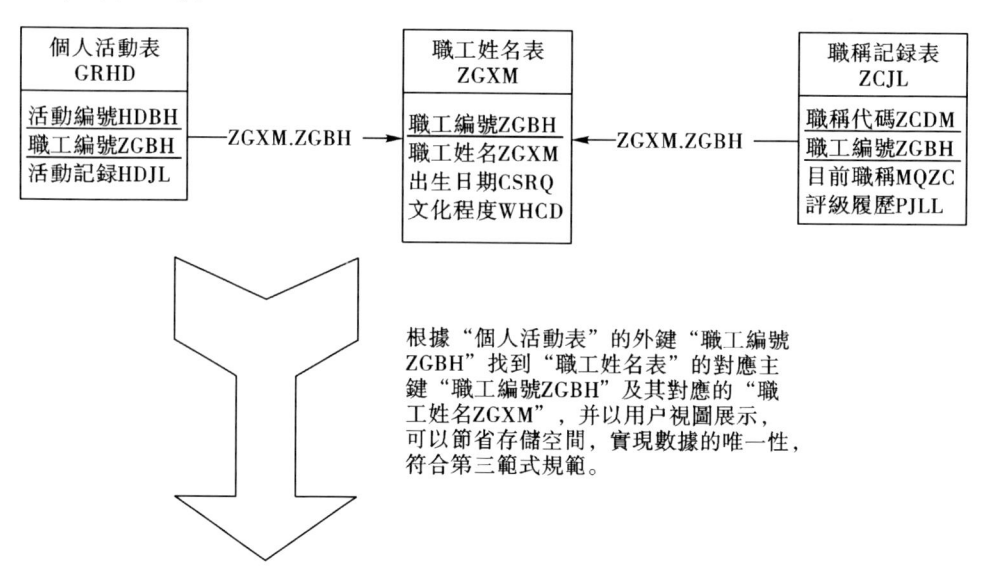

```
┌─────────────┐         ┌─────────────┐         ┌─────────────┐
│ 個人活動表  │         │ 職工姓名表  │         │ 職稱記錄表  │
│   GRHD      │         │   ZGXM      │         │   ZCJL      │
├─────────────┤         ├─────────────┤         ├─────────────┤
│ 活動編號HDBH│         │ 職工編號ZGBH│         │ 職稱代碼ZCDM│
│ 職工編號ZGBH│─ZGXM.ZGBH→│ 職工姓名ZGXM│←ZGXM.ZGBH─│ 職工編號ZGBH│
│ 活動記錄HDJL│         │ 出生日期CSRQ│         │ 目前職稱MQZC│
│             │         │ 文化程度WHCD│         │ 評級履歷PJLL│
└─────────────┘         └─────────────┘         └─────────────┘
```

根據"個人活動表"的外鍵"職工編號ZGBH"找到"職工姓名表"的對應主鍵"職工編號ZGBH"及其對應的"職工姓名ZGXM"，并以用戶視圖展示，可以節省存儲空間，實現數據的唯一性，符合第三範式規範。

個人活動表實際用戶視圖展示

活動編號 HDBH	職工姓名 ZGXM	活動記錄 HDJL
0302	張小萌	2012工會活動……
0504	張小萌	2013歌詠活動……
0504	趙衛國	2013歌詠活動……

圖2.17　外鍵引用在用戶視圖中展示

5. 全域數據模型與子系統數據模型的關係

為了能夠在全企業範圍內規範地進行數據建模工作，必須要有建立全域數據模型的意識。如果在全企業的範圍內進行，定義的主題數據庫是面向全部職能域或所有子系統的，數目較多；如果只在某一個職能域或子系統內進行，主題數據庫數目相對要

少得多。

全域數據模型應該先按全企業的要求定義主題數據庫，然後在各個子系統中定義相應的一級基本表和二級基本表，最終在全域範圍內檢視並包含所有的基本表。

★小提示：全域模型中相同基本表應遵循的原則

由於各個子系統可能會用到相同的基本表，通常需要遵循的原則是：

全域數據模型的某一主題或基本表可以存在於幾個子系統數據模型中，它們之間完全保持一致性（同一表）。

全域數據模型是對各個子系統數據模型的統攬，每一基本表的創建和維護必須由具體的子系統負責。通常情況是，一個子系統負責創建維護，多個子系統使用讀取。

【實訓練習 2.19】參考前述天華電動自行車廠的資料（職能域、業務過程、業務活動等）及實體屬性圖、實體關係圖、關係模式，試按數據建模方法定義該廠的主題數據庫、一級基本表、二級基本表（涉及圖形繪製時建議使用軟件：Microsoft Visio）。

【實訓練習 2.20】根據你熟悉的某個領域情況和自擬資料（職能域、業務過程、業務活動等）及實體屬性圖、實體關係圖、關係模式，試按數據建模方法定義該領域對象的主題數據庫、一級基本表、二級基本表（涉及圖形繪製時建議使用軟件：Microsoft Visio）。

2.3 實訓思考題

1. 企業信息資源規劃應該屬於企業信息化建設中哪個階段的工作？這項工作通常由什麼人來完成？
2. 職能域、業務過程、業務活動與系統功能建模之間的關係是怎樣的？
3. 數據結構規範化的內容是什麼，這樣做有什麼意義？
4. 如何進行數據流分析？
5. 如何進行系統功能建模？
6. 什麼是實體與實體關係？
7. 如何將實體與聯繫轉換到關係模式？
8. 數據建模的方法具體有哪些工作？

3 企業系統需求分析與業務流程再造實訓

在完成企業信息化規劃工作之後,需要進一步由專業人士在此基礎上進行企業系統需求分析,並根據分析的情況進行業務流程優化與再造。只有通過這兩個步驟之後,系統功能設計才能最大程度地滿足客戶需求,為後期軟件編碼和系統成功實施打下堅實的基礎。

3.1 實訓要求

通過本章的實訓,讓學生從需求獲取開始,逐步明了需求獲取、需求分析、需求建模、形成需求規格的一系列過程。再從業務流程優化的角度,學會對業務流程再造的方法,提升自己的水準和實踐經驗。

3.2 實訓內容

企業需求工程實訓包括需求獲取、需求建模、形成需求規格等。獲取需求時將涉及需求獲取的過程、項目視圖和範圍、用戶類、通過座談方式的需求獲取方法等;而需求建模則通過需求模型表現原則,通過 UML 方法進行需求建模並最終形成需求規格。

企業業務流程優化與再造是企業適應未來 ERP 信息系統並與之緊密融合的有力舉措。業務流程優化與再造將包括流程的相關定義與基本要素,並包括一系列流程優化與再造的方法與手段,並最終實現對現有業務根本性的改變。

本章在實訓過程中,強調學生多看案例與方法,並結合自己熟悉的領域,多做練習,以提升自己的綜合能力。

3.2.1 企業需求工程實訓

企業信息系統的應用過程中,除了信息資源規劃和業務流程規劃外,也必然會涉及軟件工程的子領域——需求工程(Requirements Engineering,RE)。需求工程是指應用已證實有效的技術、方法進行需求分析,確定客戶需求,幫助分析人員理解問題並定義目標系統的所有外部特徵的一門學科。它通過合適的工具和記號系統地描述待開

發系統及其行為特徵和相關約束，形成需求文檔，並對用戶不斷變化的需求演進給予支持。

軟件需求是指用戶對目標軟件系統在功能、行為、性能、設計約束等方面的期望。通過對應問題及其環境的理解與分析，為問題涉及的信息、功能及系統行為建立模型，將用戶需求精確化、完全化，最終形成需求規格說明，這一系列的活動即構成軟件開發生命週期的需求分析階段。

軟件產業存在的一個問題是缺乏統一定義的名詞術語來描述我們的工作。客戶所定義的「需求」對開發者似乎是一個較高層次的產品概念；而開發人員所說的「需求」對用戶來說又像是詳細設計的。因此，軟件需求包含著多個層次，不同層次的需求從不同角度與不同程度反應著細節問題。

關鍵問題是一定要編寫需求文檔的。由於客戶和開發人員理解上的偏差或者工作人員更換等緣故，沒有文檔的需求將無法指導後期的開發工作。如果雙方的需求文檔僅僅是一堆郵件、會議記錄等零散的內容，將無法指導實際的開發工作。

軟件需求包括三個不同的層次——業務需求、用戶需求和功能需求（見圖3.1）。

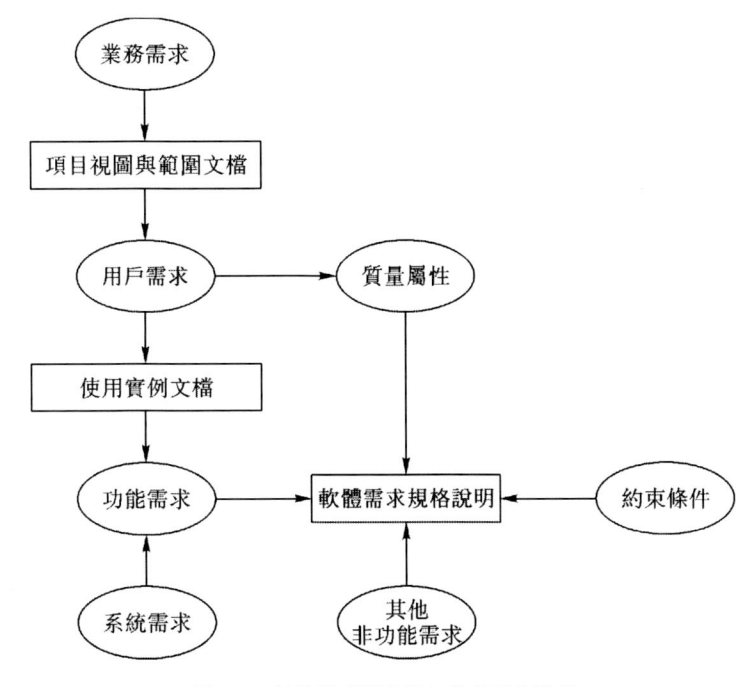

圖3.1 軟件需求層次及各組成部分關係

業務需求（Business Requirement）反應了組織機構或客戶對系統、產品高層次的目標要求，它們在項目視圖與範圍文檔中予以說明。

用戶需求（User Requirement）文檔描述了用戶使用產品必須要完成的任務，這在使用實例（Use Case）文檔或方案腳本（Scenario）說明中予以說明。

功能需求（Functional Requirement）定義了開發人員必須實現的軟件功能，使得用

戶能完成他們的任務，從而滿足了客戶需求。

在軟件需求規格說明（Software Requirements Specification，SRS）中說明的功能需求充分描述了軟件系統所應具有的外部行為。軟件需求規格說明在開發、測試、質量保證、項目管理以及相關項目功能中都起了重要的作用。作為功能需求的補充，軟件需求規格說明還應包括非功能需求，它描述了系統展現給用戶的行為和執行的操作等。具體包括產品必須遵從的標準、規範和合約；外部界面的細節；性能要求之設計或實現的約束條件（軟件產品設計和構造上的限制）及質量屬性（多角度對產品的特點進行描述，從而反應產品功能）。

需求分析是介於系統分析和軟件設計階段之間的橋樑。一方面，需求分析以系統規格說明和項目規劃作為分析活動的基本出發點，並從軟件角度對它們進行檢查與調整；另一方面，需求規格說明又是軟件設計、實現、測試直至維護的主要基礎。良好的分析活動有助於避免或盡早剔除早期錯誤，從而提高軟件生產率，降低開發成本，改進軟件質量。

需求工程是隨著計算機的發展而發展的，在計算機發展的初期，軟件規模不大，軟件開發所關注的是代碼編寫，需求分析很少受到重視。後來軟件開發引入了生命週期的概念，需求分析成為其第一階段。隨著軟件系統規模的擴大，需求分析與定義在整個軟件開發與維護過程中越來越重要，直接關係到軟件的成功與否。人們逐漸認識到需求分析活動不再僅限於軟件開發的最初階段，它貫穿於系統開發的整個生命週期。20 世紀 80 年代中期，形成了軟件工程的子領域——需求工程。進入 20 世紀 90 年代以來，需求工程成為研究的熱點之一。從 1993 年起每兩年舉辦一次需求工程國際研討會（ISRE），自 1994 年起每兩年舉辦一次需求工程國際會議（ICRE），在 1996 年 Springer-Verlag 發行了一新的刊物——《技術要求》（*Requirements Engineering*）。一些關於需求工程的工作小組也相繼成立，如歐洲的 RENOIR（Requirements Engineering Network of International Cooperating Research Groups），並開始開展工作。

最初，需求工程僅僅是軟件工程的一個組成部分，是軟件生命週期的第一個階段。雖然大家也都知道需求工程對軟件整個生命週期的重要性，但對它的研究遠遠沒有對軟件工程的其他部分的研究那麼深入。

在傳統軟件工程生命週期中，涉及需求的階段稱作需求分析。一般來說，需求分析的作用是：

·系統工程師說明軟件的功能和性能，指明軟件和其他系統成分的接口，並定義軟件必須滿足的約束。

·軟件工程師求精軟件的配置，建立數據模型、功能模型和行為模型。

·為軟件設計者提供可用於轉換為數據設計、體系結構設計、界面設計和過程設計的模型。

·提供開發人員和客戶需求規格說明，用於作為評估軟件質量的依據。

從當前的研究現狀來看，需求工程的內容遠不止這些。需求工程是系統工程和軟件工程的一個交叉分支，涉及軟件系統的目標、軟件系統提供的服務、軟件系統的約束和軟件系統運行的環境。它還涉及這些因素和系統的精確規格說明以及系統進化之

間的關係。它也提供現實需要和軟件能力之間的橋樑。

需求工程無疑是當前軟件工程中的關鍵問題，從美國於 1995 年開始的一項調查結果就足以看出這一點。在這項調查中，他們對全國範圍內的 8,000 個軟件項目進行跟蹤調查，結果表明，有 1/3 的項目沒能完成，而在完成的 2/3 的項目中，又有 1/2 的項目沒有成功實施。他們仔細分析失敗的原因後發現，與需求過程相關的原因占了 45%，而其中缺乏最終用戶的參與以及不完整的需求又是兩大主要原因，各占 13% 和 12%。

需求工程又是軟件工程中最複雜的過程之一，其複雜性來自客觀和主觀兩個方面。從客觀意義上說，需求工程面對的問題幾乎是沒有範圍的。由於應用領域的廣泛性，它的實施無疑與各個應用行業的特徵密切相關。其客觀上的難度還體現在非功能性需求及其與功能性需求的錯綜複雜的聯繫上，當前對非功能性需求分析建模技術的缺乏大大增加了需求工程的複雜性。從主觀意義上說，需求工程需要方方面面人員的參與（如領域專家、領域用戶、系統投資人、系統分析員、需求分析員等），各方面人員有不同的著眼點和不同的知識背景，溝通上的困難給需求工程的實施增加了人為的難度。

20 世紀 80 年代，赫伯·克拉斯納（Herb Krasner）定義了需求工程的五階段生命週期：需求定義和分析、需求決策、形成需求規格、需求實現與驗證、需求演進管理。近來，馬蒂亞斯·賈克（Matthias Jarke）和克勞斯·普爾（Klaus Pohl）提出了三階段週期的說法：獲取、表示和驗證。

綜合了幾種觀點，可以把需求工程的活動劃分為以下 5 個獨立的階段：

（1）需求獲取：通過與用戶的交流，對現有系統的觀察及對任務進行分析，從而開發、捕獲和修訂用戶的需求。

（2）需求建模：為最終用戶所看到的系統建立一個概念模型，作為對需求的抽象描述，並盡可能多的捕獲現實世界的語義。

（3）形成需求規格：生成需求模型構件的精確的形式化的描述，作為用戶和開發者之間的一個協約。

（4）需求驗證：以需求規格說明為輸入，通過符號執行、模擬或快速原型等途徑，分析需求規格的正確性和可行性。

（5）需求管理：支持系統的需求演進，如需求變化和可跟蹤性問題。

3.2.1.1　需求獲取

需求獲取將視需求來源而定，大體來說，可以分為這些方面：訪問並與有潛力的用戶探討；把對目前的或競爭產品的描述寫成文檔；系統需求規格說明；對當前系統的問題報告和增強要求；市場調查和用戶問卷調查；觀察正在工作的用戶；用戶角色分類及工作定義；用戶任務內容分析等。

需求獲取（Requirement Elicitation）是需求工程的主體。對於所建立的軟件產品，獲取需求是一個確定和理解不同用戶類的需求和限制的過程。獲取用戶需求位於軟件需求三層結構的中間一層。來自項目視圖和範圍文檔的業務需求決定用戶需求，它描述了用戶利用系統需要完成的任務。從這些任務中，分析者能獲得用於描述系統活動的特定的軟件功能需求，這些系統活動有助於用戶執行他們的任務。需求包括業務需

求，用戶需求和功能需求以及非功能需求，在需求開發之前，我們需要先定義好需求開發的過程，形成文檔，內容包括：需求開發的步驟，每一個步驟如何實現，如何處理意外情況，如何規劃開發資源等。

需求獲取是非常困難的，其主要原因有：
・缺乏領域知識，應用領域的問題常常是模糊的、不精確的。
・存在默認的知識，即難以描述的日常知識（常識問題）。
・存在多個知識源，而且多知識源之間可能有衝突。
・面對的客戶可能有偏見，如不能提供你需要瞭解什麼或不想告知你需要瞭解的事情。

1. 需求獲取的原則

需求獲取有可能是整個信息系統開發過程中最困難、最關鍵、最易出錯及最需要交流的方面，只有通過有效的溝通與合作才能成功。需求獲取容易被理解為客戶要求的記錄，實際上對需求問題的全面考察是一種技術，利用這種技術不但考慮了問題的功能需求，還可討論項目的非功能需求：

確定用戶已經理解：對於某些功能的討論並不意味著將在未來開發的系統中實現它。

對於想到的需求必須集中處理並設定優先級，以避免項目範圍不確定地擴大邊界。

通過高度合作的過程，分析人員透過客戶所提出的表面需求理解他們的真實意圖。

諮詢問題時要養成多問一句的習慣，確保通過擴充的問題、或另一個角度提出的問題更好地理解用戶目前的業務過程並知道新系統可能通過什麼方式來幫助改進他們的工作。

調查用戶任務可能遇到的變更，或者用戶需要使用系統其他可能的方式。

深入角色，想像自己是從事用戶工作的新人，需要完成什麼任務，有什麼問題，從這一角度指導需求的開發和利用。

探討例外情況：什麼會妨礙用戶順利完成任務？用戶對系統錯誤如何反應？如果出現××情況時，將會如何？以往用戶在業務過程中有什麼樣的問題？

2. 需求獲取的過程與方法

需求獲取的過程通常採用面對面座談為主，通過這種方式將客戶的意向逐一落實到紙面。座談應以較小的規模進行，比如一對一方式，可以避免其他事務干擾。通過與企業選拔出來的業務精英進行一對一「紙筆+口述」的面談，可以圖、文混合的方式理解業務中較為精深的內容。座談的內容應該從粗到細，並逐漸完善。

（1）需求獲取的過程。

①定義項目的視圖和範圍。

在需求開發前期，我們應該獲取用戶的業務需求，定義好項目的範圍，使得所有的涉眾對項目有一個共同的理解。

②確定用戶類，並為每個用戶類確定適當的代表。

確定用戶群和分類，對用戶組進行詳細描述，包括使用產品頻率，所使用的功能，優先級別，熟練程度等。對每一個用戶組確定用戶的代言人。對於大型項目，我們需

要先確定中心客戶組，中心客戶組的需求具有高級別的優先級，需要先實現的核心功能。

適當的用戶類代表通常是該類用戶中具有典型特點的用戶，或者該用戶中的骨幹精英人員，他們精通相關領域的業務。

③確定需求決策者和他們的決策過程。

客戶不能簡單等同於用戶，用戶是指系統的操作者、使用者；客戶則不一定，有時客戶可能是用戶的上司，他們對系統的需求有最終的決策權。如果需要最終落實需求，還需要決策者的簽字認可。

決策者的決策過程，有會簽的形式，也有順序簽字認可的形式。

④選擇合適的需求獲取技術或方法。

召開需求討論會議，觀察用戶的工作過程，採用問答式對話，採用誘發式需求誘導等。通過問題報告和補充需求建議檢查完善相關需求。

需求獲取的方法一般有問卷法、面談法、數據採集法、用例法、情景實例法以及基於目標的方法等，還有知識工程方法，如場記分析法、卡片分類法、分類表格技術和基於模型的知識獲取等。

⑤以實例承載業務過程或業務活動，並設置優先級。

與用戶代表溝通，瞭解他們需要完成的任務，得到用例模型。同時根據用例導出功能需求，用例描述應該採用標準模板。

⑥收集用戶的關於此業務的質量屬性和非功能需求。

例如用戶對於系統的處理速度、各項目的容量、多任務的需求、並行處理的要求等，最好能夠以量化的或者圖形化的表達方式來完善用戶對此業務的質量屬性和非功能需求。

⑦完善實例，除了正常實例外還要有例外實例，以充實功能需求。

實例的作用顯而易見，能夠讓雙方更明細地確切瞭解業務需求。如果有一些例外的情況，這裡最好也能夠用實例的方式來列舉，以充實功能需求。

⑧評審使用實例的描述和功能需求。

通過專門的評審過程，使業務需求進一步明確，使實例能夠滿足描述功能或數據存儲的需求。

⑨通過必要的溝通，澄清雙方對一些模糊事項的理解。

溝通可以採用多種方式相結合，比如電子郵件、即時通信工具，當然最好的溝通依然是面對面的細節溝通。多種溝通方式應該結合起來，以提高溝通的效率。

⑩繪製用戶界面原型以助想像未理解的需求。

通過手繪或者一些圖形軟件的繪製功能，繪製基本的用戶界面原型，使雙方獲得得以理解可視化的需求。

⑪從使用實例中開發出測試用例（包括正確的輸入、輸出、例外判定等內容）。

測試用例更強調數據的連貫性，比如輸入什麼數據，經過處理之後應該輸出什麼數據，在什麼樣的表現形式；如果出現例外情況，將會怎麼處理等。業務事件可能觸發用例，系統事件包括系統內部的事件以及從外部接收到信息，數據等，或者一個突

發的任務。

⑫用測試用例來論證使用實例、功能需求、分析模型和原型。

測試用例還可以用來做軟件測試、功能驗證之用，最基本的功能是能夠用來論證使用的實例、功能需求、分析模型和原型。

⑬在深入構造系統之前，重複⑥~⑫步。

通過反覆的循環過程，使需求獲取的過程得以迭代和精化，並最終滿足需求文檔撰寫的要求。

(2) 項目視圖和範圍。

項目視圖和範圍文檔（Vision and Scope Document）把業務需求集中在一個簡單、緊湊的文檔裡，這個文檔為以後的開發工作奠定了基礎。項目視圖和範圍文檔包括了業務機遇的描述、項目的視圖和目標、產品適用範圍和局限性的陳述、客戶的特點、項目優先級別和項目成功因素的描述（如表3.1）。

表 3.1　　　　　　　　　　項目視圖和範圍文檔模板

項目名稱	
背景企業	
項目經理	
項目發起人	
一、業務需求	（一）背景 （二）業務機遇 （三）業務目標 （四）客戶或市場需求 （五）提供給客戶的價值 （六）業務風險
二、項目視圖的解決方案	（一）項目視圖陳述 （二）主要特性 （三）假設和依賴環境
三、範圍和局限性	（一）首次發行的範圍 （二）隨後發行的範圍 （三）局限性和專用性
四、業務環境	（一）客戶概貌 （二）項目優先級
五、產品成功因素	（一）交付成果說明和完成任務可衡量標準 （二）判定產品成功的步驟和準則
撰寫人（簽字）	撰寫時間
審批人（簽字）	

為了能夠更好地理解項目視圖和範圍，下面將介紹表3.1文檔中各個部分的內容：

一、業務需求

業務需求說明了提供給客戶和產品開發商的新系統的最初利益，即實現該業務的意義與價值。不同的產品將有不同的側重點，比如效率提升、銷售收入提升等，能夠

量化最好，不能量化的能夠給出同行普遍意義的統計數據。

項目開發的投入是由於人們相信：有了新產品，世界將會變得更加美好。因此，無論如何，業務需求部分主要是為了闡述為什麼要從事此項目的開發，以及它將給開發者和客戶帶來的利益。

（一）背景

在此部分，總結新產品的理論基礎，並提供關於產品開發的歷史背景或形勢等一般性的描述（如該產品或該行業的國內外現狀與發展趨勢、目的和意義等）。

（二）業務機遇

描述現在的市場機遇或正在解決的業務問題，描述商品競爭的市場和信息系統將運用的環境，包括對現存產品的一個簡要評價和簡要的解決方案，並指出所建議的產品為什麼具有吸引力或競爭優勢。認識到目前只能使用該產品才能解決的一些問題，並描述產品怎樣順序市場趨勢和戰略目標的。

（三）業務目標

用一個定量和可測量的合理方法總結產品所帶來的重要商業利潤。關於給客戶帶來的價值將在「（五）提供給客戶的價值」中描述，這裡重點放在業務的價值上。業務目標一是成本或預算的縮減，二是工作效率的提升或使用的便捷性等。

（四）客戶或市場需求

描述一些典型的客戶的需求，包括不滿足現有市場上的產品或信息系統的需求。提出客戶目前所遇到的問題在新產品中將如何改進，提供客戶怎樣使用產品的例子。確定了產品所能運行的軟硬件平臺，寶島較高層次的關鍵接口或性能要求，但應避免出現設計細節。把這些要求寫在列表中，可以反過來跟蹤調查特殊用戶和功能需求。

（五）提供給客戶的價值

確定產品給客戶帶來的價值，並指明產品怎樣滿足客戶的需要，主要體現在效率提升、開支節省、業務過程優化、符合相關標準、穩定性提高等方面。

（六）業務風險

總結開發該產品可能存在的主要業務風險，如市場競爭、時間進度、用戶接受能力、項目干系人配合度、標準企及的難度、技術手段與技術水準、實現的問題對業務可能帶來的消極影響等。通過預測風險的嚴重性並指明減輕風險的措施。

二、項目視圖的解決方案

文檔中的這一部分是為系統建立起一個長遠的業務目標，這一項目視圖為在軟件開發生命期中做出決策提供了相關環境背景，並且不應該包括詳細的功能需求和項目計劃信息。

（一）項目視圖陳述

編寫一個總結長遠目標和有關開發新產品的簡要項目視圖陳述。項目視圖陳述將權衡不同客戶需求，儘管顯得有點理想化，但必須以現在或所期待的客戶市場、企業框架、組織的戰略方向和資源局限性為基礎。

【參考3.1】 一個項目視圖陳述案例

> 「話費返費計徵系統」將使操作者查詢到各號段話費的返費情況，具有方便易用的分類匯總功能。系統可隨時瞭解任意時段各品牌各號段的相關信息，任何時候的歷史記錄、非常方便進行分銷商業績對比。通過充分利用公司內部的資源，每月將使報表完成時間比以往歷史提前 10 天左右。
> 　　同時，該系統僅使用一名操作員即可完成以前多名員工才能完成的工作，節省人力開支，並提高了工作效率。該系統對原有電子表格的業務系統採取的是揚棄的思想，原有電子表格稍加規範，即可以電子郵件等方式，由分銷商發到總部後導入到該系統中自動進行分類、匯總。
> 　　該系統不提供打印功能，但該系統中所有可視的表格數據都可以導出為電子表格格式，並可以在電子表格軟件中進一步編輯、打印。
> 　　「話費返費計徵系統」符合相關標準和規定，適用於移動電話號段管理，計徵類型靈活多變，符合未來發展的需要。

（二）主要特性

主要特性包括新產品將提供的主要特性和用戶性能的列表，強調的是區別於以往產品和競爭產品的特性。可以從用戶需求和功能需求中得到這些特性。

（三）假設和依賴環境

在構思項目和編寫項目視圖和範圍文檔時，要記錄所做出的任何假設。通常一方所持的假設應與另一方不同。如果把它們都記錄下來，並加以討論和評審，就能對項目內部隱含的基本假設達成共識。

例如，「話費返費計徵系統」的開發者假設：該系統可以替代多部門現有電子表格的統計內容，實現分銷商與總部的數據關聯。而原用電子表格將通過一定的標準進行規範，這樣原有的電子表格數據並沒有消亡，而是與新系統有機地結合到一起。

把這些內容都記錄下來，可以防止將來可能的混淆和理解上的分歧。還有，記錄項目所依賴的主要環境。比如，所使用的特殊技術、需要安裝配置的數據庫軟件、配置安裝的服務器、插件、第三方供應商及其工具等。

三、範圍和局限性

一個軟件項目（或信息系統）必須定義它的範圍和局限性。項目範圍定義了所提出的解決方案和概念和適用領域，而局限性則指出產品所不包括的某些性能。澄清範圍和局限性這兩個概念有助於建立各風險承擔者所企盼的目標。有時，客戶會提出過於奢華的性能要求，或者與產品所制定範圍不一致的邊界。

有時，需要適當擴大項目範圍來適應這些需求，當然相應的預算、計劃、資源情況也要相應變化；而更多時候，可能需要拒絕這些需求，並提出適當的理由。

無論如何，範圍必須確定兩方面：一是，它包含什麼？二是，它不包含什麼？只有這兩方面同時都確定後，項目的範圍才算是確定了。

局限性更多體現在軟件使用的約束條件，通常的表達：

它能做什麼？有時還要特別說明，它不能做什麼（這一條需謹慎使用，一般委婉地將拒絕的需求表達為「二期工程再完善該需求」）。

（一）首次發行的範圍

總結首次發行的產品所具有的性能。描述產品的質量特性，這些特性使產品可以為不同的客戶群提供預期的成果。如果目標集中在開發成果和維持一個可行的項目規

劃上，應當避免一種傾向，那就是把一些潛在的客戶所能想到的每一特性都包括到當前系統需求中來，這一傾向的惡果是產生軟件規劃的動盪性和錯誤性。開發者應著力把重點放在能提供最大價值、花費最合理的費用及受惠面最廣的產品上。

（二）隨後發行的範圍

在首次發行產品中不便於實現的功能，可以記錄下來，放在隨後發行版本（如果產品存在升級演進）或全新替代產品中。有時，需要公示給用戶的是該功能將在什麼時候才會加入新版本中去。

（三）局限性和專用性

明確定義產品包括和不包括的特性和功能的界線，是處理範圍設定和客戶期望的一個做途徑；特別是要列出風險承擔者們期望的而你卻不打算把它包括到產品中的特性和功能。例如，可以這樣寫：

【參考3.2】局限和專用性寫法

> 本項目僅為××系統的需求分析、設計、開發、測試及實施工作，超出需求規格說明書之外的功能或模塊不屬於本項目的範圍。

四、業務環境

這一部分總結了一些項目的業務問題，包括主要的客戶分類概述和項目的管理優先級。

（一）客戶概貌

客戶概述明確了這一產品的不同類型客戶的一些本質的特點，以及目標市場部門和在這些部門中的不同客戶的特徵。對於每一種客戶類型，概述要包括如下信息：

- 各種客戶類型將從產品中獲得的主要益處。
- 它們對產品所持的態度。
- 感興趣的關鍵產品特性。
- 哪一類型客戶能成功使用。
- 必須適應任何客戶的限制。

（二）項目優先級

一旦明確建立項目的優先級，風險承擔者和項目參與者就能把精力集中在一系列共同的目標上。達到這一目標的途徑是考慮軟件項目的五個方面：性能、質量、計劃、成本和人員。在所給的項目中，每一方面應與下面三個因素相適應：

一個驅動（Driver）：最高級別的目標。

一個約束（Constraint）：項目管理者必須操縱的一個對象的限制因素。

一個自由度（Degree of Freedom）：項目管理者能權衡其他方面，進而在約束限制的範圍內完成目標的一個因素。

不是所有的因素都能成為驅動，或所有的因素都能成為約束因素。在項目開始時記錄和分析哪一個因素適用於哪一類型，將有助於使用每一個人的努力與期望與普遍認可的優先級相一致。

五、產品成功因素

明確產品的成功是如何定義和測量的，並指明對產品的成功有巨大影響的幾個因素。不僅要包括組織直接控制的範圍內的事務，還要包括外部因素。如果可能，可建立測量的標準，用於評價是否達到業務目標，這些標準的實例：市場佔有率、銷售量或銷售收入、客戶滿意度標準、交易處理量和準確度、數據精度、反應時滯等。

（一）交付成果說明和完成任務可衡量標準

最終交付給客戶的成果包括什麼，以及如何衡量這些交付的成果應該非常明確地提出來。如果沒有可衡量的標準，將無法得到雙方無分歧，最終可能導致項目失敗。項目在實現功能的手段上，應該使用什麼新系統和新技術，應該達到什麼標準，有什麼特殊的要求。

一般通過定義工作範圍中的交付物標準來明確定義，在定義功能目標中，要盡可能詳細、明確和具體、可測量。

例如，交付結果可以用一個表格的方式來提交（如表3.2）：

表3.2　　　　　　　交付結果及完成任務的衡量標準示例

交付結果	完成任務的衡量標準
項目計劃書	董事會批准
需求規格說明書	客戶簽字確認
項目概要設計報告	客戶簽字確認
項目詳細設計報告	客戶簽字確認
安全認證接口程序目標代碼	客戶試用一個月後簽字
軟件測試報告	測試員簽字確認
每月一次的項目進展報告（按項目計劃約定的項目里程碑）	董事會形成決議、客戶代表與開發方代表簽字確認
項目驗收報告	客戶簽字確認

（二）判定產品成功的步驟和準則

為了實現一個項目的成功，通常需要通過多個步驟的確認。每一個確認的步驟稱為「里程碑」，即各階段達到的標準的認定。

例如，實施項目一個月後，要實現某某流程的正常運作，數據正確率到達95%，通過審核後通過認可為已完成項目的20%，即某個里程碑。同時，客戶應該按合同約定付款20%，以進行下一個步驟。

通過不斷的里程碑實現與確認，最終將完成整個項目，以實現產品的成功交付。

（3）用戶類。

產品的用戶在很多方面存在著差異，例如：用戶使用產品的頻度、他們的應用領域和計算機系統知識、他們所使用的產品特性、他們所進行的業務過程、他們在地理上的佈局和訪問的優先級等；同時，根據業務不同，用戶又有著業務角色上的劃分。根據這類差異，可以將不同的用戶分成小組，針對不同的用戶應該採用不同的視角來

理解和分析需求。

每一個用戶類都將有自己的一系列功能和非功能要求。比如，我們可以將使用電子表格的用戶分為初級用戶、中級用戶和高級用戶。其中初級用戶只會用到基本的表格佈局和簡單的公式計算、中級用戶可能會用到數據透視表和分類匯總或圖形功能，而高級用戶甚至會使用編程功能來實現一系列複雜的功能。那麼，針對不同的用戶，他們關心的操作習慣、界面佈局將會有不同的要求；可以通過調查分析這些差異，設計出盡可以滿足目標用戶要求的軟件產品。

有一些受產品影響的人並不一定是產品的直接使用者，而是通過報表或其他應用程序訪問產品的數據或服務，這些非直接的用戶組成了附加用戶類。

用戶類也不一定指人，可以把其他應用程序或系統接口所用的硬件組件也看成是附加用戶類的成員。以這種方式來看待應用程序接口，可以幫助你確定產品中那些與外部應用程序或組件有關的需求。

在實際項目中，要盡早為產品確定並描述出不同的用戶類，這樣，就能從每一個重要的用戶類代表中獲取不同的需求。有時，當你把用戶劃分為幾類之後，對未來發行的產品的需求就自然被簡化了。在軟件需求規格說明中，把這些用戶類和他們的特徵編寫成文檔，說明他們的用戶類角色及所從事的業務過程。

（4）通過座談方式的需求獲取方法。

①未來可能座談的業務內容列表（較粗的點）。

②今天計劃座談的業務內容（從第一點中選擇部分）。

③今天計劃座談的業務內容的細目。

④按列出的細目，逐條詳細描述相關的座談內容，描述的內容應該有圖、表、文混合，使用一撂普通的 A4 打印紙即可，雙方就上面的內容進行相互理解溝通。必要時輔以當前業務表格、現場觀摩、角色扮演等方式進行深入理解。座談的業務內容應該按既定的詳略程度多次迭代，比如第一次可能是基本業務流程，第二次可能涉及功能細節或界面，第三次可能需要更為細節的精度指標等、第四次將以前不能完全理解的問題的困惑的探討。不要試圖一次座談就完成需求獲取，只有多次、反覆，並且不斷附帶實例的深入溝通才能逐漸讓業務內容清晰起來。

⑤溝通完畢進行資料整理，雙方人中簽字，填寫日期。

⑥落實未座談的業務內容，以及下次雙方繼續座談的時間、地點、與會人員等事項。

⑦系統分析人員將座談資料帶回去整理，並以整理好的文檔發給參與座談的人員觀看，以獲取對相關業務項的共同理解。

⑧根據第六點中羅列的未座談內容，繼續上述循環。

需要注意的是，雙方座談人數不可過多，有時為了不被干擾地細化需求，甚至只能一對一地進行。

【實訓練習 3.1】參閱需求獲取的過程，針對某個系統項目進行需求獲取，並定義項目視圖和範圍，格式請參閱表 3.1 和相關填寫要求。

3.2.1.2 需求建模與需求規格形成

1. 需求建模

需求建模之前需要進行需求分析，需求分析是對用戶的需求獲取之後的一個粗加工過程，需要對需求進行推敲和潤色以使所有涉眾都能準確理解需求。分析過程首先需要對需求進行檢查，以保證需求的正確性和完備性，然後將高層需求分解成具體的細節，創建開發原型，完成需求從需求獲取人員到開發人員的過渡。

（1）需求模型表現原則。

需求模型的表現形式有自然語言、半形式化（如圖、表、結構化英語等）和形式化表示等三種。自然語言形式具有表達能力強的特點，但它不利於捕獲模型的語義，一般只用於需求抽取或標記模型。半形式化表示可以捕獲結構和一定的語義，也可以實施一定的推理和一致性檢查。形式化表示具有精確的語義和推理能力，但要構造一個完整的形式化模型，需要較長時間和對問題領域的深層次理解。對需求概念模型的要求包括：

- 實現的獨立性：不模擬數據的表示和內部組織等。
- 足夠抽象：只抽取關於問題的本質方面。
- 足夠形式化：語法無二義性，並具有豐富的語義。
- 可構造性：簡單的模型塊，能應付不同複雜程度和規模的描述。
- 利於分析：能支持二義性、不完整性和不一致性分析。
- 可追蹤性：支持橫向交叉索引並能與設計或實現等建立關聯。
- 可執行性：可以動態模擬，利於與現實相比較。
- 最小性：沒有冗餘的概念。

（2）需求模擬方法簡介。

需求模擬技術又分為企業模擬、功能需求模擬和非功能需求模擬等。

企業模擬是一種軟系統方法，涉及整個組織，從各個不同的視點分析問題，包括目標、組織結構、活動、過程等。有的企業模擬還建立可執行的領域模型。採用企業模擬方法產生的不僅僅是規格說明，還可以得到許多關於企業運作的狀況分析。目前代表性的工作包括：信息模擬、組織模擬和目標模擬等。

功能需求模擬從不同視點為模擬軟件提供服務，包括結構視點和行為視點等，主要方法有結構化分析、面向對象分析和形式化方法。結構化分析是一種面向數據的方法，以數據流為中心。其核心概念包括進程、數據流、數據存儲、外部實體、數據組和數據元素。有代表性的模擬工具有數據流圖、數據字典、原始進程規格說明。面向對象分析以對象及其服務作為建模標準，比較自然，對象也具有相對的穩定性。主要模擬的元素有對象、類、屬性、關係、方法、消息傳遞、UseCases 等。其主要原理包括分類繼承層次、信息隱藏、匯集關係等。

形式化方法從廣義上說，是應用離散數學的手段來設計、模擬和分析，得到像數學公式那樣精確的表示。從狹義上說，就是使用一種形式語言進行語言公式的形式推理，用於檢查語法的良構性並證明某些屬性。形式化方法一般用於一致性檢查、類型

檢查、有效性驗證、行為預測以及設計求精驗證。引入形式化機制的目的：

・減少二義性，提高精確性。
・為驗證打下基礎。
・允許對需求進行推理。
・允許執行需求。

不過，人們常常不用形式化手段，因為形式化涉及太多細節，分析的級別較低；另外，形式化的核心問題是一致性和完整性，而不是獲取需求；再者，很難找到合適的工具，並且要求更多的代價。

傳遞需求的主要任務是書寫軟件需求規格說明，其目的：

・傳達對需求的理解。
・作為軟件開發項目的一份契約。
・作為評價後續工作的基線。
・作為控制需求進化的基線。

對需求規格說明感興趣的群體包括：用戶、客戶；系統分析員、需求分析員；軟件開發者、程序員；測試員；項目管理者。

認可需求就是讓上述人員對需求規格說明達成一致，其主要任務是衝突求解，包括定義衝突和衝突求解兩方面。常用的衝突求解方法：協商、競爭、仲裁、強制、教育等，其中有些只能用人的因素去控制。

進化需求的必要性是明顯的，因為客戶的需要總是不斷（連續）增長的，但是一般的軟件開發又總是落後於客戶需求的增長，如何管理需求的進化（變化）就成為軟件進化的首要問題。對傳統的變化管理過程來說，其基本成分包括軟件配置、軟件基線和變化審查小組。多視點方法也是管理需求變化的一種新方法，它可以用於管理不一致性並進行關於變化的推理。

（3）UML方法需求建模。

通過繪製過程分析需求，實現需求建模。實現需求建模的過程可以參閱信息資源規劃中的方法進行。具體來說，分析階段和設計階段是有分工的。使用UML統一建模語言將有助於分別在需求分析階段和軟件設計階段發揮不同的作用。

通過與客戶的認真溝通，在完成需求獲取工作之後，將進行需求建模工作，用到的方法和工具通常有「數據流圖（Data Flow Diagram，DFD）」「實體聯繫圖（Entity-Relationship Diagram，ERD）」「狀態轉換圖（State-Transition Diagram，STD）」「對話圖（Dialog map）」「類圖（Class Diagram）」等。

為了能夠正確使用這些圖，通常使用UML（Unified Modeling Language）統一建模語言來實現面向對象的需求分析與系統設計，可使用的工具如Rational Rose或Microsoft Visio 來繪製（UML 工具很多，詳見 http://www.umlchina.com/Tools/Newindex1.htm）。而我們在第二章中強調的方法則是面向結構（或結構化）的需求分析與系統設計方法。其實，方法並沒有好壞之分，只是適用與不適用之分。在大系統中，面向結構的方法更穩定；而小系統中，面向對象的方法更靈活。由於本書以大型ERP系統的研究對象，所以將更多地採用面向結構的分析與設計方法，在實踐過程中，

讀者可依據自己的具體情況，部分或全部採用面向對象的分析與設計方法。下面我們將對UML進行簡介。

通常，UML用於描述模型的基本詞彙有三種：要素（Things）、關係（Relationships）、圖（Diagrams），或者說，模型是一系列要求、關係和圖的排列組合。其中，要素是模型的核心內容，可以形象地理解為「點」；關係在邏輯上將要素聯繫在一起，可以形象地理解為「線」；圖將一組要素和關係展現出來，可以形象地理解為「面」。這些「點」「線」「面」組成了「立體」的模型。

①UML的要素。

UML的要素主要有四類：

第一類是表述結構的要素，結構要素是UML模型中的名詞，是模型中的靜態部分，代表了概念或物理的元素，包括「用例（Use Case）」「類（Class）」「接口（Interface）」「協作（Collaboration）」「活動類（Active Class）」「組件（Component）」「節點（Node）」。

第二類是表述行為的要素，行為要素是UML模型中的動態部分，它們是模型中的動詞，代表了跨越時間和空間的行為，包括「交互（Interaction）」和「狀態機（State Machine）」。

交互作用是由特定上下文中為完成特定目的而在對象間交換的消息集組成的行為，包括消息、動作序列、連接元素。

狀態機則是規定了對象在其生命週期為回應事件而經歷的狀態序列，以及對事件的回應，包括狀態、躍遷、事件、活動。

第三類是用於組織的要素，即分組元素，即「包（Package）」；

第四類是用作註釋說明的要素，可以用於描述、例解、註解模型中的任何元素的註釋，即「註釋（Notes）」。

②UML的關係。

UML的關係主要有四類：

第一類是關聯關係（Association），表達兩個類的實例之間存在連接。聚合關係（Aggreation）與組合關係（Composition）是關聯關係的強化形式。

第二類是依賴關係（Dependency），依賴者「使用」被依賴者的關係。

第三類是泛化關係（Generalization），表達「特殊的」是「一般的」一種。

第四類是實現關係（Realization），「被實現者」是對要求的說明，「實現者」是針對要求的解決方案。

③UML的圖。

UML有九種圖，分別是：

用例圖（Use Case Diagram），展示角色對事物的操作，從用戶角度描述系統功能，並指出各功能的操作者。

類圖（Class Diagram），主要用於展示類、接口、包及其關係，類圖描述系統中類的靜態結構，類圖不但定義了系統中的類，表示了類之間的聯繫（如關聯、依賴、聚合等），還描述了類的內部結構（類的屬性和操作）。類圖描述的是一種靜態關係，在

系統的整個生命週期都是有效的。

序列圖（Sequence Diagram），它是一種動態圖，用於按時序展示對象間的消息傳遞，同時顯示對象之間的交互。

協作圖（Collaboration Diagram），它是一種動態圖，其核心內容與序列圖相對應，強調對象間的結構組織，描述了對象間的動態協作關係，序列圖與協作圖統稱為交互圖（Interaction Diagram）；除顯示信息交換外，協作圖還顯示對象以及對象之間的關係。

狀態圖（State Chart Diagram），主要用於展示對象在其生命週期中可能經歷的狀態以及在這些狀態上對事件回應能力，描述了類的對象所有可能的狀態以及事件發生時狀態的躍遷條件。

活動圖（Activity Diagram），展示系統從一個活動流轉到另一個活動的可能路徑與判斷條件。

對象圖（Object Diagram）是類圖的實例，使用與類圖類似的標示。他們的不同點在於對象圖顯示類的多個對象實例，而不是實際的類。一個對象圖是類圖的一個實例，並且對象圖因為生命週期的不同而只能在系統中存在一段時間。

構件圖（Component Diagram）描述代碼構件（組件）的物理結構及各構件之間的依賴關係。

部署圖（Deployment Diagram）定義系統中軟硬件物理體系結構，不但描述了實際的計算機和設備以及它們之間的連接關係，還描述了連接的類型及組件之間的依賴性。

④如何讓 UML 進行需求分析與需求建模。

從應用的角度看，當採用面向對象技術分析和設計系統時，第一步是描述需求；第二步是根據需求建議系統的靜態模型，以構造系統的結構；第三步是描述系統的行為。其中第一步和第二步所建立的模型都是靜態的，包括用例圖、類圖、對象圖、組件圖和部署圖，是 UML 的靜態建模機制；而第三步所建立的模型或者可以執行，或者表示執行時的時序狀態或交互關係，包括狀態圖、活動圖、時序圖和協作圖等 4 個圖形，是 UML 的動態建模機制。

⑤一個 UML 需求分析與需求建模的實例。

【參考 3.3】UML 需求分析與需求建模過程。

天華電動自行車廠在前期信息資源規劃完成之後，計劃開始與協和軟件公司合作，進行初步的需求分析與需求建模合作工作。通過論證分析，雙方一致發現庫存管理將是整個系統的突破口，於是開始進行庫存管理的需求分析工作。雙方組成了調研分析組，由協和軟件公司系統分析人員張工和天華電動自行車廠庫存管理骨幹小劉共同合作完成這項工作。

通過分析工作發現，相關工作人員分別是領料員、採購員、製單員、審核員、登帳員五種業務角色，分別從事相關工作。這些單據都存儲於共同的數據庫中，相互間會使用一些共同的數據表。根據需求調研與需求分析工作，繪製出如圖 3.2 所示的用例圖，體現相關業務角色對事物的操作，從用戶角度描述系統功能，並指出各功能的操作者。通過用例圖，庫房管理人員都清楚了各自的角色關係，雙方工作人員都認為，

這是一種非常好的溝通形式：圖標簡潔易繪、條理清晰容易溝通，各業務角色人員也能夠就自己的理解提出改進意見。

在用例圖完成之後，小劉和張工繼續就用例圖和調研資料進行深入細化，緊接著雙方繪製出了各業務角色的業務活動圖。活動圖的繪製類似於程序流程圖，但更簡化，由開始圖標（大黑圓點）、結束圖標（牛眼符號）、業務活動項目（膠囊形）、菱形（判斷）共同組成，另外用泳道（不同的區域）分區、轉換分叉和轉換連接進行複雜活動細分，其中業務活動項目並不細化到最明細的操作，這樣能夠承前啟後，完成中等複雜程度的分析，有利於後期進行詳細設計。圖 3.3 是他們合作過程中繪製的其中一個活動圖：庫存單據審核活動圖，其中根據業務劃分為「庫存單據審核」和「取消庫存單據審核」兩個泳道。

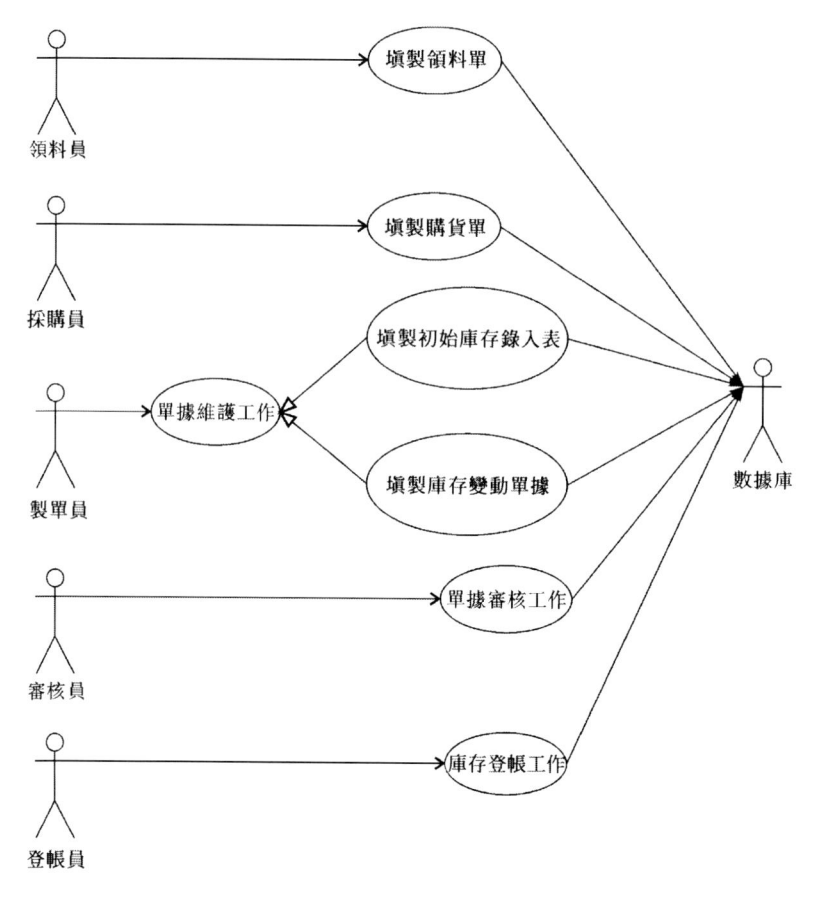

圖 3.2　庫存管理用例圖

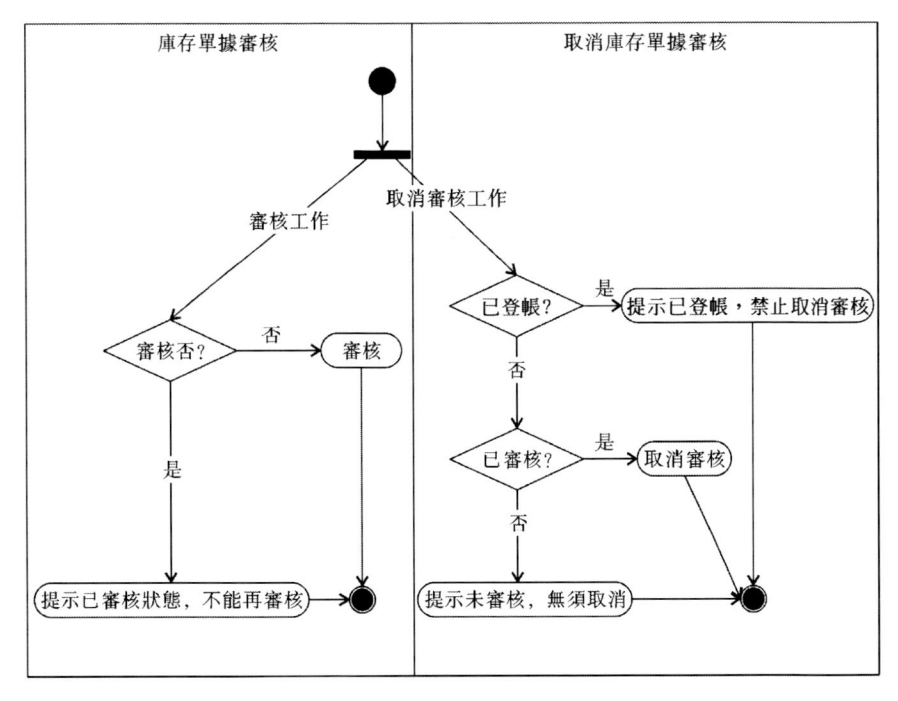

圖 3.3　庫存單據審核活動圖

　　張工和小劉在繼續合作過程中發現，用例圖和活動圖雖然大體標明了各業務角色及業務活動的細節，但有時對於當前狀態的描述並不周全。庫存單據的審核過程同時也是一個易於用活動圖表達的過程。通過對單據審核狀態的活動狀態描述，相關人員能夠迅速正確理解單據所處的活動狀態，便於採取準確的對策，因此需要補充狀態圖來描述各種活動的狀態變遷。狀態圖中的狀態使用圓角矩形來表達，其他的圖標與活動圖相同。圖 3.4 的審核過程狀態圖表示了庫存管理業務中，相關單據的狀態變化。

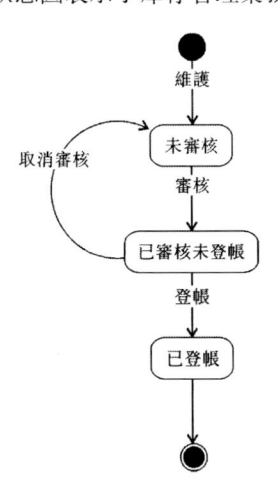

圖 3.4　審核過程狀態

活動圖和狀態圖完成之後，小劉發現雖然從初步的需求建模（用例圖）到中級的需求建模（活動圖和狀態圖）已經能夠囊括大部分的業務活動，但細節部分仍然未有深化。回想起以前公司在信息資源規劃階段做過很多細緻的工作，而最終的程序設計與程序實現是需要建立在足夠細節的基礎之上的。於是小劉就此問題請教張工，張工說，接下來的需求分析與建模工作將通過類圖來體現；張工接著還告訴小劉，其實類圖中的靜態部分可以在活動圖之前去完成，即完成靜態建模。不過，在實際需求分析與需求建模工作中，主要是依據從概略到詳細的原則去處理，並非絕對按先靜態後動態的原則去處理。

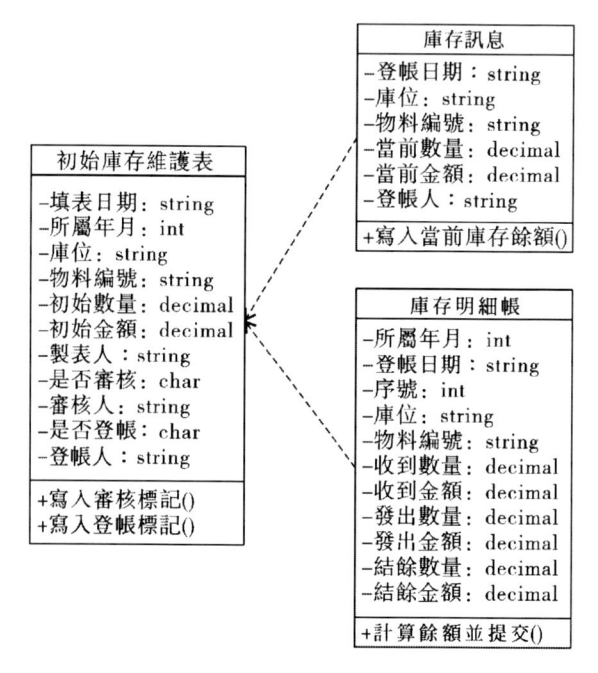

```
┌─────────────────────┐         ┌─────────────────────┐
│     初始庫存維護表    │         │       庫存訊息       │
├─────────────────────┤         ├─────────────────────┤
│ -填表日期：string     │         │ -登帳日期：string    │
│ -所屬年月：int        │         │ -庫位：string        │
│ -庫位：string         │╌╌╌╌╌╌╌▷│ -物料編號：string    │
│ -物料編號：string     │         │ -當前數量：decimal   │
│ -初始數量：decimal    │         │ -當前金額：decimal   │
│ -初始金額：decimal    │         │ -登帳人：string      │
│ -製表人：string       │         ├─────────────────────┤
│ -是否審核：char       │         │ +寫入當前庫存餘額()  │
│ -審核人：string       │         └─────────────────────┘
│ -是否登帳：char       │         ┌─────────────────────┐
│ -登帳人：string       │         │       庫存明細帳     │
├─────────────────────┤         ├─────────────────────┤
│ +寫入審核標記()       │╌╌╌╌╌╌╌▷│ -所屬年月：int       │
│ +寫入登帳標記()       │         │ -登帳日期：string    │
└─────────────────────┘         │ -序號：int           │
                                 │ -庫位：string        │
                                 │ -物料編號：string    │
                                 │ -收到數量：decimal   │
                                 │ -收到金額：decimal   │
                                 │ -發出數量：decimal   │
                                 │ -發出金額：decimal   │
                                 │ -結餘數量：decimal   │
                                 │ -結餘金額：decimal   │
                                 ├─────────────────────┤
                                 │ +計算餘額並提交()    │
                                 └─────────────────────┘
```

圖 3.5　初始庫存業務的實體類圖

類圖根據其類屬關係，又分為實體類、邊界類、協作類，是對需求分析對象的更詳細的描述，因此類圖建模對於今後的面向對象的程序設計至關重要。類圖的思維方式先進且極富人性化，它超越了結構化建模中將系統功能模型與系統數據模型割裂設計的手法，而統一以動態或靜態的類來描述。其實，我們現實系統中的所有部分都可以由各種類來描述。比如某張數據表，可以理解為一個靜態的實體類；某個用戶界面或對話框，又可以理解為一個交互的邊界類；對系統進行複雜運算或約束，可以理解為某一個控制類。其中，實體類主要是一種靜態的對象，如數據庫中的各類表；邊界類將反應與邊界交互操作打交道的類，初始入庫的邊界類反應了製單員、登帳員、審核員分別與初始維護界面、初始審核界面、初始登帳界面打交道。

通過對類的理解和分析，小劉逐步領略和理解了張工對於類的需求建模方法。於是，繪製出了初始庫存業務的實體類（見圖 3.5）、控制類（見圖 3.6）和邊界類（見圖 3.7）。

3 企業系統需求分析與業務流程再造實訓

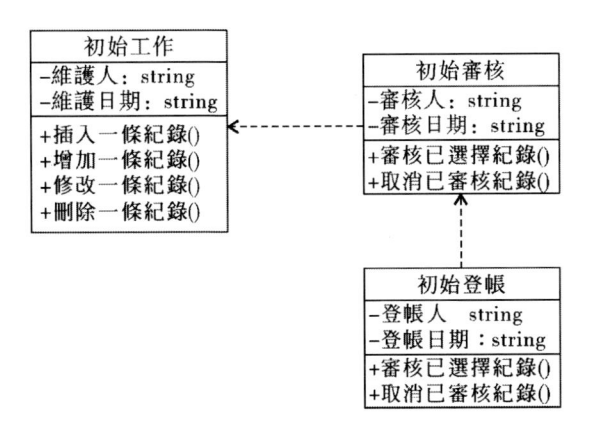

```
┌─────────────────────┐                    ┌─────────────────────┐
│      初始工作         │                    │      初始審核         │
├─────────────────────┤                    ├─────────────────────┤
│ -維護人：string      │                    │ -審核人：string      │
│ -維護日期：string    │ <-------------     │ -審核日期：string    │
├─────────────────────┤                    ├─────────────────────┤
│ +插入一條紀錄()      │                    │ +審核已選擇紀錄()    │
│ +增加一條紀錄()      │                    │ +取消已審核紀錄()    │
│ +修改一條紀錄()      │                    └─────────────────────┘
│ +刪除一條紀錄()      │                              ▲
└─────────────────────┘                              │
                                           ┌─────────────────────┐
                                           │      初始登帳         │
                                           ├─────────────────────┤
                                           │ -登帳人  string      │
                                           │ -登帳日期：string    │
                                           ├─────────────────────┤
                                           │ +審核已選擇紀錄()    │
                                           │ +取消已審核紀錄()    │
                                           └─────────────────────┘
```

圖 3.6　初始庫存業務控制類圖

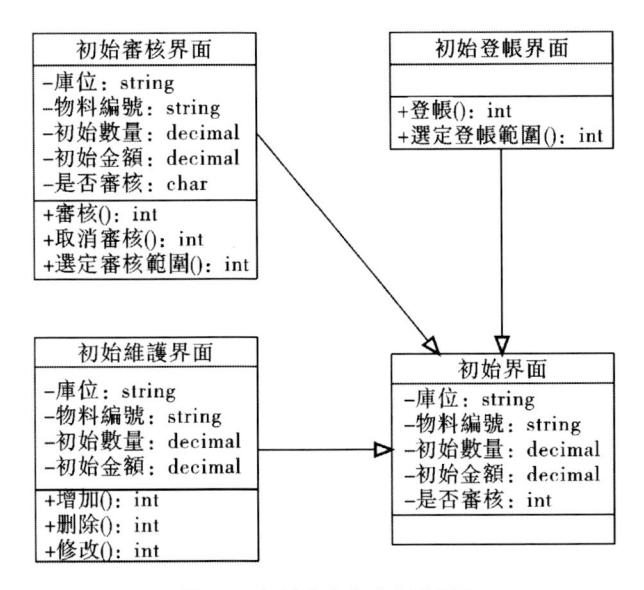

```
┌─────────────────────┐           ┌─────────────────────┐
│    初始審核界面       │           │    初始登帳界面       │
├─────────────────────┤           ├─────────────────────┤
│ -庫位：string        │           │                     │
│ -物料編號：string    │           ├─────────────────────┤
│ -初始數量：decimal   │           │ +登帳()：int         │
│ -初始金額：decimal   │           │ +選定登帳範圍()：int │
│ -是否審核：char      │           └─────────────────────┘
├─────────────────────┤
│ +審核()：int         │
│ +取消審核()：int     │
│ +選定審核範圍()：int │
└─────────────────────┘
                    ▽                      ▽
┌─────────────────────┐           ┌─────────────────────┐
│    初始維護界面       │           │      初始界面         │
├─────────────────────┤           ├─────────────────────┤
│ -庫位：string        │           │ -庫位：string        │
│ -物料編號：string    │           │ -物料編號：string    │
│ -初始數量：decimal   │   ▷       │ -初始數量：decimal   │
│ -初始金額：decimal   │           │ -初始金額：decimal   │
├─────────────────────┤           │ -是否審核：int       │
│ +增加()：int         │           └─────────────────────┘
│ +刪除()：int         │
│ +修改()：int         │
└─────────────────────┘
```

圖 3.7　初始庫存業務邊界類圖

★小提示：UML 圖中的箭頭表達

　　用例圖、類圖與活動圖、狀態圖等 UML 圖中，相互關聯會使用到各種箭頭。其中，實線箭頭表示訪問、關聯或傳遞關係；虛線實心箭頭表示依賴關係；虛線空心箭頭表示實現關係；實線空心箭頭表示泛化、繼承關係；實線空心菱形箭頭表示共享聚合關係；實線實心菱形箭頭表示組合聚合關係；無箭頭實線表示組合（複合）關係。

　　經過類圖的繪製，小劉進一步清楚了類名、屬性、方法這些類的要素，而張工告訴他，除了狀態圖、活動圖之外，時序圖（序列圖）也是展示類與類之間活動時間關係的圖。通過時序圖，可以厘清類的先後時序。時序圖能夠更加清楚地描述出類中方法之間相互調用的機制，對於編寫代碼的程序員而言具有明確思路的作用，在軟件系

統的詳細設計過程中不可或缺。為此，小劉和張工繼續合作，完善了庫存管理的時序圖（序列圖）。其中，圖 3.8 為初始審核時序圖。

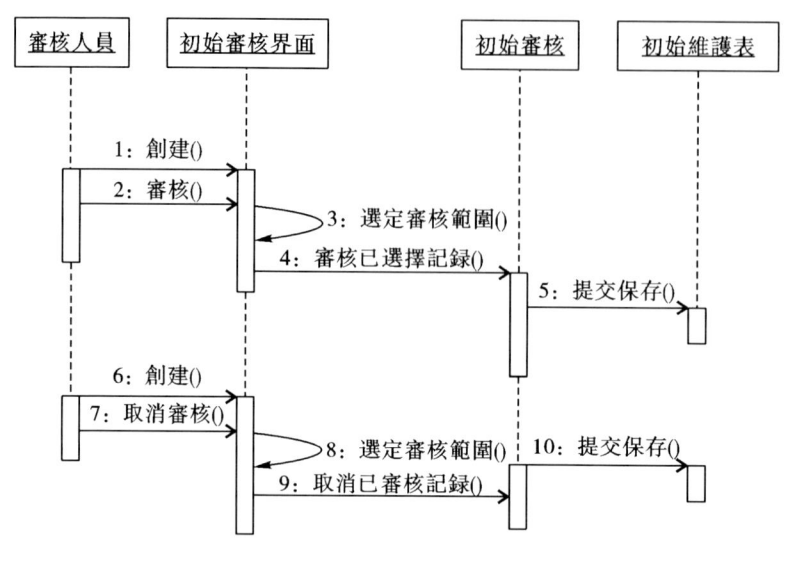

```
審核人員        初始審核界面        初始審核        初始維護表

    1：創建()
    ───────────►│
    2：審核()
    ───────────►│
                │  3：選定審核範圍()
                │──────────────►│
                │  4：審核已選擇記錄()
                │◄──────────────│
                │                │  5：提交保存()
                │                │──────────────►│

    6：創建()
    ───────────►│
    7：取消審核()
    ───────────►│
                │  8：選定審核範圍()    10：提交保存()
                │──────────────►│──────────────►│
                │  9：取消已審核記錄()
                │◄──────────────│
```

圖 3.8　初始審核維護時序圖

　　通過上述一系列 UML 圖的繪製，可以將需求建模得以充分體現。為了進一步完善相關內容，可以在需求建模完成的基礎上形成需求規格。

　　UML 是可視化（Visualizing）、規範定義（Specifying）、構造（Constructing）和文檔化（Documenting）的建模語言。可視化建模的規範定義意味著 UML 建立的模型是準確的、無二義的、完整的。小劉通過對庫存管理系統進行 UML 實踐過程中發現，需求分析與部分設計分析都能很好地利用該套思想方法打通思路中的關節。作為一套圖形化建模工具，UML 有利於在一個統一的思維模式和環境中進行交流，避免可能產生的歧義。

　　小劉還看到了 UML 並不能「包治百病」。雖然有實施模型（Implementation Model）和構件（Component）組成「實施子系統（Implementation Subsystem）」，但作為交流方式仍然有其不全面的地方，需要配合更為詳細的文檔說明才能夠真正適用。張工告訴小劉：目前仍然有相當多新的需求分析方法、需求建模方法、軟件設計思想或方法在世界上層出不窮或為 UML 所逐步吸納。一些設計的細節，仍然需要需求分析人員花大量的精力，以其他的方法來實現。

　　【實訓練習 3.2】參閱需求獲取的過程，針對某個系統項目或天華電動自行車廠的其他業務活動進行需求分析，並以 UML 方法為其進行需求建模（可以使用的圖形軟件有 Rational ROSE 和 Microsoft Visio），盡可能使用介紹到的各種方法。

　　2. 形成需求規格

　　參考需求獲取的內容、項目視圖和範圍、需求建模與信息資源規劃的結果以及用戶認可的質量標準，形成需求規格文檔。需求規格即需求規格說明書，此文檔將作為

最後項目結束前的驗收依據，可以作為雙方簽署合同的附件。
（1）需求規格的細度。
需求規格說明書並非設計文檔，因此只需要約定雙方對於功能、界面、技術指標等目標要求，而設計需要另外用概要設計或詳細設計文檔來實現。
（2）一個需求規格說明書的實例。
為了能夠讓讀者進一步理解需求規格說明書的撰寫方法與詳略程度，以下舉一個實例來說明。
【參考3.3】一個需求規格說明書案例。

澤灃通信公司客戶服務中心
返費查詢系統需求規格說明書

一、實現功能
（一）返費導入
用於將公司的返費情況導入數據庫。導入文件格式為「文本文件（帶製表符分隔）」，可以用Excel另存為該格式（具體規格見後）。導入時需要指明當前批次數據的導入日期（格式舉例：2003.03.05）、該批數據屬於當月的第幾次導入（格式舉例：2）。系統根據「當前批次數據的導入日期」和「當月的第幾次導入」自動生成正式批號（格式舉例：200303-2）並導入數據庫。如果數據庫中已存在該批次，則不允許導入。
（二）按批刪除
提供按批次刪除的功能（系統將自動刪除正式庫、多返庫中該批次的所有記錄）。此功能的開放主要是為了迅速重新修正源數據，讓用戶重新導入。因為有些項目的修改功能是不提供的（如批次、返費次數、返費狀態、返費日期不能修改，否則將引起數據混亂）。建議用戶慎用此功能。
（三）二次銷售導入
本功能其實是一個自動指定功能（指定正式庫中哪些號碼為哪些經銷商代理，以便於及時對經銷商進行返費），所以可以反覆進行。導入文件為「文本文件（帶製表符分隔）」，可以用Excel另存為該格式（具體規格見後）。注意，每次將返費導入後應及時將二次銷售導入。
（四）返費歷史查詢
可以輸入號段或具體的某個號碼（可選輸入）、品牌（可選輸入）、經銷商（可選輸入）的組合條件，查詢滿足該約束條件的返費歷史記錄狀況。
（五）分批號查詢
可以輸入具體的批號（必須輸入，例如：201303-2）、品牌（可選輸入）、經銷商（可選輸入）、號段（可選輸入）、返費狀態（可選輸入），查詢該批滿足該約束條件的所有號碼的記錄狀況。

（六）分日期查詢

可以輸入具體的返費日期（必須輸入）、品牌（可選輸入）、經銷商（可選輸入）、號段（可選輸入）、返費狀態（可選輸入），查詢該日滿足該約束條件的所有號碼的記錄狀況。

（七）分時段查詢

輸入開始年月（必須輸入）、結束年月（必須輸入）、品牌（可選輸入）、經銷商（可選輸入）、號段（可選輸入）、返費狀態（可選輸入），查詢該年月範圍內滿足該約束條件的所有號碼的記錄狀況。

（八）分狀態查詢

輸入返費狀態（必須輸入）、品牌（可選輸入）、經銷商（可選輸入）、號段（可選輸入），查詢滿足該約束條件的所有號碼的記錄狀況。

（九）上述查詢結果均給出當前查出的手機號碼的統計數

（十）多返號碼自動保存備查

每次返費（返費狀態大於0的，如第1次、第2次、第3次）的號碼如果從未售出過，則該號碼屬於公司多返號碼，需要剔除來另行保存情況，並允許對這部分多返號碼進行查詢（需要指定所屬年月或所屬批次）；並且這部分多返號碼不計入正式數據中。

（十一）漏返號碼生成

提供對漏返號碼的生成功能，最終可以查詢所有漏返號碼及該漏返號碼的漏返次數。如果用戶導入的號碼中補充了漏返號碼，再次生成漏返號碼時會自動將已補返的號碼從漏返號碼中剔除，使用戶看到的漏返號碼始終是最新的。

（十二）錯號刪除

提供返費狀態為0的錯號的刪除功能。建議用戶慎用此功能。

（十三）刪除指定號段或號碼的返費歷史記錄

由用戶指定號段或某個具體的號碼、最終返費狀態值（例如：3），系統可刪除表「返費歷史記錄」中該號段或號碼的所有歷史記錄。約束條件：只能刪除最終返費狀態等於用戶指定的「最終返費狀態值」、最大返費次數等於最終返費狀態值且無漏號的記錄，該約束條件由程序自行判斷並約束。

提供該功能的目的是為了將已經沒有保留價值（早已全部返費）的記錄從數據庫中剔除，以保證數據庫的查詢速度和性能。建議用戶慎用此功能。

（十四）用戶管理

提供簡單的用戶管理及登錄密碼控制功能，只有正確登錄者才可以進入該系統。並且，在數據庫的各條數據中記錄最終操作者編碼、姓名、操作日期及時間記錄（不允許修改操作記錄，以備追查責任）。

（十五）品牌維護

提供品牌維護功能，用戶可以維護品牌。

（十六）號段品牌歸屬維護

提供號段和品牌對應關係的維護功能，系統導入時將根據該號碼號段的所屬品牌自動帶入數據庫中。

（十七）經銷商維護

提供經銷商維護功能，使二次銷售導入時可以選擇既定的經銷商，以便系統自動綁定到該經銷商所代理的號碼。

（十八）號碼修改

允許任何時候修改其中的號碼，但必須指定源號碼（由用戶選定）和目標號碼（必須輸入）、經銷商（系統自動取出源號碼的代理經銷商，如果用戶不改視同為不變；如果用戶重新指定經銷商則視同為與目標號碼一同變化），用戶確認後系統自動將該條記錄的號碼為目標號碼、該條記錄的經銷商改為變動後的經銷商（用戶指定經銷商），並且將該源號碼所屬的品牌改為目標號碼所屬的品牌。

注意：由於錯誤號碼可能僅僅是當前某一個，所以僅修改當條記錄而非該源號碼的所有記錄，以免錯誤覆蓋其他正確的號碼。

（十九）提供快速打印功能（簡單無標題的打印）

（二十）提出查詢數據導出功能（導出為 Excel 格式）

（二十一）日誌生成

後臺隱式提供簡單的日誌生成功能，凡對記錄的導入（無論是數據導入還是二次銷售導入）、刪除（無論是按批次刪除還是刪除未激活錯號、或刪除指定號段號碼的返費歷史記錄）和修改操作均另行記錄為日誌記錄。

（二十二）日誌查詢

由用戶指定查詢的具體月份（必須錄入）、操作者號（可選錄入），系統將查詢出滿足該約束條件的日誌記錄，並允許打印、導出（Excel 格式）已查出的記錄。

二、用戶基礎工作

（一）用戶必須維護用戶名稱、用戶編碼、用戶密碼

（二）用戶必須維護各個品牌，並指定各個品牌包括哪些號段

注意：各號段錄入時不能存在相互包含的關係（如 1364 和 13645 就屬於相互包含的關係），只能存在不相關的並列關係（如 1364、1365、13791、1320 就屬於不相關的並列關係），否則系統將無法正確找到各號碼所屬的品牌。

（三）用戶自行通過複製文件的方式備份數據庫

（四）用戶必須維護各個經銷商

三、技術指標

（一）每個手機號最大返費次數≤8

（二）每個手機號長度≤20

（三）每批導入最大行數≤65535

（四）品牌長度≤10 個漢字（或 20 個西文字符）

（五）經銷商長度≤10 個漢字（或 20 個西文字符）

（六）用戶編碼≤6 個西文字符

（七）用戶姓名≤5個漢字（或10個西文字符）

（八）使用單機數據庫（Adaptive Server Anywhere 6.0），該系統僅適用於單機

（九）該系統運行於 WindowsXP 上

四、有關格式約定

（一）返費導入帶製表符分隔的文本文件格式（可以用 Excel 另存為該格式）

1395×××	1395×××	1395×××	1395×××	1395×××	1395×××	1395×××
1395×××	1395×××	1395×××	1395×××	1395×××	1395×××	1395×××
1395×××	1395×××	1395×××	1395×××	1395×××	1395×××	1395×××
1395×××	1395×××	1395×××	1395×××	1395×××	1395×××	1395×××

說明：

由手工維護上例中的 Excel 表，其中：

第一列為「本批售出號」；

第二列為「第一次返費」；

第三列為「第二次返費」；

第四列為「第三次返費」；

第五列為「第四次返費」；

第六列為「第五次返費」；

第七列為「第六次返費」；

第八列為「第七次返費」；

第九列為「第八次返費」；

各列橫向之間的號碼不須一致，第一行不能有標題。

另外，最新的測試表明：Excel 對於空列可能會不認為是空列，這樣會出現一個新問題。

例如：Excel 中編輯了如下的數據：

			13996211690
	13996211687	13996211670	13996211691
	13996211688	13996211670	13996211692
	13996211689		13996211693
	13996211690		13996211695
	13996211691	13996211672	

這些數據中第一列為空列（沒有任何字符）。我們期望其中的第一列為「當批銷售」、第二列為「第一次返費」、第三列為「第二次返費」。但是，將這個文件另存為「帶製表符的文本文件」後，進入「返費」功能，指定導入文件為該文本文件，導入後界面會做如下顯示：

當批銷售	第一次返費	第二次返費	
		13996211690	
13996211687	13996211670	13996211691	
13996211688	13996211670	13996211692	
13996211689		13996211693	
13996211690		13996211695	
13996211691	13996211672		

　　注意觀察你會發現，期望的「第一次返費」變成了「當批銷售」期望的「第二次返費」變成了「第一次返費」期望的「第三次返費」變成了「第二次返費」。這樣的顯示結果顯然是錯誤的。如果這時仍然點擊「保存返費記錄」，將會生成一批錯誤的數據。

　　如何避免這種情況發生呢？方法很簡單，就是在空列的任意一行內輸入一個非數字型的字符（隨便什麼英文字母，只要不是數字），例如在 Excel 中輸入：

			13996211690
	13996211687	13996211670	13996211691
abc	13996211688	13996211670	13996211692
	13996211689		13996211693
	13996211690		13996211695

　　上例中，我在第一列的第三行中輸入了字符「abc」（注意：一定不要輸入數字型的字符！否則會認為是號碼）

　　這樣，另存帶格式符的文本文件後，再重新進入「返費」功能中「指定導入文件」為該文本文件，導入後顯示結果如下：

當批銷售	第一次返費	第二次返費	第三次返費
			13996211690
	13996211687	13996211670	13996211691
abc	13996211688	13996211670	13996211692
	13996211689		13996211693
	13996211690		13996211695
	13996211691	13996211672	

　　這時，除了那個礙眼的「abc」外，一切都顯示正常。點擊「保存返費記錄」，系統會正常運行。由於那個字符「abc」不是數字，所以系統會自動濾掉，不會記錄。這樣，就達到了預期的目的了。

（二）二次銷售導入帶製表符分隔的文本文件格式（可以用 Excel 另存為該格式）

1395×××5
1395×××4
1395×××6
1395×××2
1395×××2

說明：

二次銷售指某個經銷商代理的號碼，只能填在第一列且只有一列，並且第一行不能有標題。另外，一個文件僅代表一個經銷商代理的號碼；如果要導入多個經銷商代理的號碼，需要將每個經銷商代理的號碼按上述格式分別保存為帶製表符分隔的文本文件（可以用 Excel 另存為該格式）。

（三）「返費歷史記錄」界面主格式

返費批次	手機號碼	品牌	經銷商	次數	狀態	返費日期	操作號	操作員	操作日
201301-1	1395×××	澤澧行	大坪01	0	0	2013.01.02	01	張三	2013.01.02
201301-2	1395×××	澤澧家	天星橋	2	3	2013.01.15	02	李四	2013.01.15
201302-1	1395×××	澤澧行	江北小灣	1	3	2013.02.05	01	張三	2013.02.10

說明：

「狀態」中的0表示「該號碼目前已售出未返費」。

「狀態」中的1表示「該號碼目前已售出並返費1次」。

「狀態」中的2表示「該號碼目前已售出並返費2次」，其餘數字依次類推。

「次數」中的0表示「該號碼該返費日已售出未返費」。

「次數」中的1表示「該號碼該返費日第1次返費」。

「次數」中的2表示「該號碼該返費日第2次返費」，其餘數字依次類推。

（四）「多返歷史記錄」界面主格式

返費批次	手機號碼	品牌	次數	返費日期	操作號	操作員	操作日
201301-1	1395×××	澤澧行	0	2013.01.02	01	張三	2013.01.02
201301-2	1395×××	澤澧親情	2	2013.01.15	02	李四	2013.01.15
201302-1	1395×××	澤澧行	1	2013.02.05	01	張三	2013.02.10

說明：

相對於「返費歷史記錄」，本表沒有「經銷商」和「狀態」。因為，既然是公司多返的誤號，下級經銷商肯定就沒有，所以出現經銷商的名字就沒有意義；同時因為是誤號，誤號的返費狀態也沒有意義。

（五）「漏返號碼及漏返次數」界面主格式

漏返號碼	品牌	經銷商	狀態	漏返	操作號	操作員	操作日
1395×××1	澤澧行	大坪01	0	1	01	張三	2013.01.02
1395×××2	澤澧親情	天星橋02	3	2	02	李四	2013.01.15

說明：

既然是漏返，則不存在返費日期、返費批次。

（六）「日誌」界面主格式

操作號	操作員	操作日	操作時	日誌記錄
01	張三	2013.01.02	12：36：45	刪除批次為「201302-1」的記錄
02	李四	2013.01.15	17：45：23	刪除號碼為：13956××××45 的未激活錯號
03	趙六	2013.01.17	09：31：22	將源號碼「1356×××715」改為「137562×××3」
……	……	……	……	數據導入批次為「201302-2」的記錄
……	……	……	……	二次銷售導入經銷商為「XXX」的記錄
……	……	……	……	刪除了指定號段或號碼為「135656」的返費歷史記錄

說明：

僅對記錄的導入（無論是一次銷售數據導入還是二次銷售導入）、刪除（無論是按批次刪除還是刪除未激活錯號或刪除指定號段號碼的返費歷史記錄）或修改操作生成日誌，並允許用戶查看。

名詞解釋：

號段：即某號碼的前面幾位數（位數≤該號碼的全長）。

品牌：某些號段的歸屬。

後臺隱式：以用戶不察覺的方式。

簽約

系統完成時，由承攬方向向用戶方提供實現上述功能的可運行目標代碼和數據庫（Adaptive Server Anywhere 6.0）運行引擎。

本《需求規格說明書》用於確認雙方對功能指標的理解一致，以期盡量減少不必要的返工或修改。目前，雙方對上述需求的約定已達成一致。如果出現新的功能需求，另行簽約。

用戶方：　　　　　　　　　　　　　承攬方：
簽約日期：　　　　　　　　　　　　簽約日期：

【實訓練習 3.3】參閱需求規格說明書的實例，以你熟知原某個領域的信息系統開發或者天華電動自行車廠的某管理領域為對象，撰寫一套詳盡的需求規格說明書。

3.2.2　企業業務流程再造實訓

企業的成功依賴於其卓越的營運能力，而營運能力的基礎就是公司的流程管理。20 世紀 90 年代後期，流程管理理論傳入中國。越來越多的公司逐漸在管理諮詢公司的幫助下或自主嘗試進行有關業務流程再造的工作。

業務流程再造在實際工作中叫法不一，有業務流程優化、業務流程改進、業務流程再造、再造業務流程等，但其核心內容基本一致，即以流程客戶需求為中心，通過對滿足客戶需要的過程（流程）進行重新設計或優化，使企業獲得成本、速度、質量、交貨期、服務等方面的根本性改變。該理論基於此種出發點，將管理工具技術組合起來，逐漸形成一個比較完整的理論體系，目前正處於不斷進化和完善過程之中。

如果企業不做業務流程的根本再造，將無法簡單地將傳統業務搬到計算機信息系統之中。業務流程再造將採用先進的管理技術與方法，從根本上分析、改造以往業務中的不足之處。因此，某種程度上來說，業務流程再造與信息資源規劃、需求工程同等重要，它們都是企業信息系統實踐的必要的前期工作。

3.2.2.1　企業業務流程再造基礎知識

1. 流程及其基本屬性

（1）流程定義。

流程是把一個或多個輸入轉化為對顧客有用的輸出的活動……企業流程是一系列完整的端對端的活動，聯合起來為顧客創造價值。流程的本質是以顧客為中心，從顧客的需求為出發點，來安排企業的生產經營活動。

其實，做任何事情都有一個過程，比如游泳，需要準備游泳衣褲、乘車到游泳地點、購買游泳票、更換游泳衣褲、沖洗並適應水溫、執行既定的游泳訓練計劃、再次沖洗並更換服裝、乘車返回等活動要素。這些活動有的必須有先後順序（串行任務），有的則可能可以同步進行（並行任務）。甚至有些任務還可以進一步分解，比如準備游泳衣褲，可以進一步分解為挑選、試穿、購買等子活動。

企業的所有業務活動本身也是一項流程，相互之間存在著關聯，比如採購原料、招聘員工、生產產品、銷售商品等。不過，單純的一個活動或過程不是流程，流程與活動的區別在於流程是由一系列的活動構成的，至少包括兩個以上的活動。流程與過程的區別是流程有具體的產出和服務對象，有輸入和供應商。

（2）流程的基本要素。

流程的基本要素，是構成一個完整流程所必不可少的元素；作為一個完整的流程，基本上應該具備如下要素：客戶、過程、輸入、輸入、供應商，這樣就可稱為高端流程圖（SIPOC），如圖 3.9 所示。

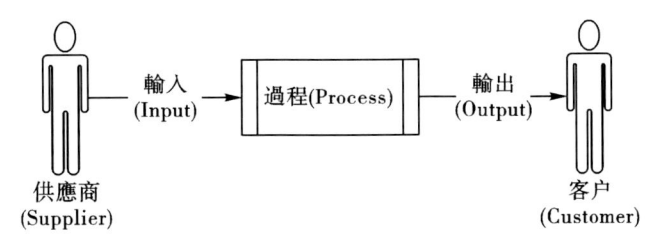

圖 3.9　高端流程圖（SIPOC）

高端流程圖（SIPOC）有以下特點：

第一，能用簡單的幾個步驟展示一組複雜的活動，無論流程多複雜，SIPOC 圖可以比較簡明地表示清楚，從而使人對整個活動過程一目了然。

第二，可以用來展示整個組織的業務流程。SIPOC 可以對流程進行總體描述，也可以對各子流程分別作描述。

①客戶。

流程的客戶，是指使用流程產出的個人或單位，他們是流程服務的對象。客戶可以是一個，也可以是多個。

★小提示：界定客戶的技巧

界定客戶時，我們需要不斷地提問：
・誰將從流程中受益？
・誰在直接或間接地在命名該流程的產出或服務？
・如果流程運作效果差，將對誰有影響？
・誰是這個流程的直接客戶？誰又是間接客戶？
・誰是這個流程的主要客戶？誰又是次要客戶？
・誰是這個流程的外部客戶？誰又是內部客戶？

有時流程的客戶界定可能比較模糊，特別是當流程的範圍、規模較大時，此時我們更應該不斷提出這些問題。應該在嚴格界定各客戶的基礎上，分別分析各客戶的需要，以便能更好地理解流程。客戶導向是我們分析流程的出發點。

例如，採購管理流程，其主要客戶可以界定為生產計劃部、製造部、質量部、財務部；招聘管理流程，主要客戶是用人部門，希望能有合適的人選及時上崗，同時公司也是該流程的次要客戶，希望以較合適的成本獲取所需人員。

②過程。

過程是對組織整體價值有貢獻或者核心的、關鍵的、有增值性的動作及動作的集合；它們是為了滿足流程客戶的需要必須完成的活動。作為一個流程，其過程一般包括多項活動，這些活動之間一般有比較嚴密的邏輯關係。同時，在一個流程中，我們

需要明確活動的承擔者以及活動的實現方式。

高端流程圖作為對流程的初步分析，一般不會對流程的具體每項步驟進行深入研究，它更傾向於將各種活動打包作為一個過程整體，以避免在流程分析的開始，便陷入細節分析中。

③輸入。

流程輸入是指流程活動其中某項活動過程中所需要或涉及的物料或信息。一般將流程輸入界定為整個流程消耗的東西，繪製流程圖的目的是為了理解一段時間內工作業務的流動過程和變化，因此確認流程輸入的一個基本原則便是盡可能簡單。

除了被消耗的物料以外，投入到生產過程中的設備、人力也是一種輸出。當我們進行流程輸入因素的分析時，關鍵是看這些輸入因素是否影響流程運行過程，以便能找到辦法對這些輸入因素進行控制。

④輸出。

流程輸出是該流程運行過程中所產生的物料或信息，它是流程的輸入經過流程過程的各種活動後轉化所得。例如，一個企業通常有雙重工效：輸出產品（服務）和人才，即一個企業除了能夠輸出產品（或服務）以外，整個過程也將對人才進行鍛煉，因此也能夠同時輸出人才。

需要特別說明的是，前一個節點的輸出往往是下一個節點的輸入，是下一個節點活動的依據。例如，離散型製造業，在其生產加工過程中會輸出半成品，而半成品則是下一個工序的輸入。

⑤供應商。

流程供應商是指為流程活動提供關鍵物料、信息或其他資源的個人、部門或組織。流程的供應商可以在一個或多個。供應商將作為業務流程的外部實體，負責提供相關的物料、信息、人員等輸入。

【參考3.4】天華電動自行車廠的基本客戶與供貨商。

天華電動自行車廠主要採用航空鋁材製作主要車架，有時也要採用碳素和鈦合金作為高端產品的車架。工廠的主要車架供貨商有幾家鋁材廠、幾架特種材料廠、某鈦礦集團。在生產計劃制定過程中，天華電動自行車廠發現，像自行車輪胎、變速系統、前叉、後貨架、車把等部件可以採購市售標準件以提高工效；於是，某些自行車部件廠裡決定不再自行生產而是採購幾家國內外知名自行車配件廠商提供的標準化部件。天華電動自行車廠最終的銷售渠道既有大型的百貨公司，又有中小型的自行車專賣店，還有一些自行車批發集團企業。

因此，天華電動自行車廠的最終客戶有大型的百貨公司、中小型的自行車專賣店、一些自行車批發集團企業，供應商既有提供車架原材料的幾家鋁材廠、幾架特種材料廠、某鈦礦集團，又有提供自行車標準部件的幾家國內外知名自行車配件廠商。

而事實上，天華電動自行車廠的供貨商與客戶遠不如此，比如廠裡採購設備、招聘人員、對外配送貨物、裝修辦公室、半成品管理、內部物資流轉、融資與投資等業務，其供貨商與客戶均各有所指。

（3）流程的基本屬性。

流程的基本屬性包括流程範圍、規模、分類、分級、績效等五個方面。

①流程的範圍。

流程的範圍是指跨越的部門或組織的數量。如果是窄範圍的流程可能只發生在一個經營部門或職能科室內，寬範圍的流程可能穿越數個部門，甚至在不同的組織之間進行。流程範圍的缺陷會降低流程的效率。

【參考 3.5】天華電動自行車廠在上一年為頂星集團定制的禮品電動車項目上一直未能全部收款。當初在上禮品電動車項目時，廠裡領導看見該項目利潤可觀，於是決定成立禮品電動車項目組專門負責此項目的研發與收款工作。在初期的回款過程上，由於有項目組成員專職的跟催，效果良好；但隨著項目組工作的結束和解散，最後的一筆尾款回收工作無人落實，隨著時間的推移，逐漸成為爛尾帳。

分析該項目的流程，我們便會發現該流程的範圍是不完整的，由於項目組不是一個常設部門，因此項目結束後便解散了（如圖 3.10A）。為了能夠預防此類事件的再次發生，天華電動自行車廠決定成立外聯部，專門負責不確定項目的前期和後期聯絡工作，於是，項目定金和項目尾款收款工作均由外聯部和項目組共同完成，而中間的項目進度款收款工作則由項目組獨立完成（如圖 3.10B）。

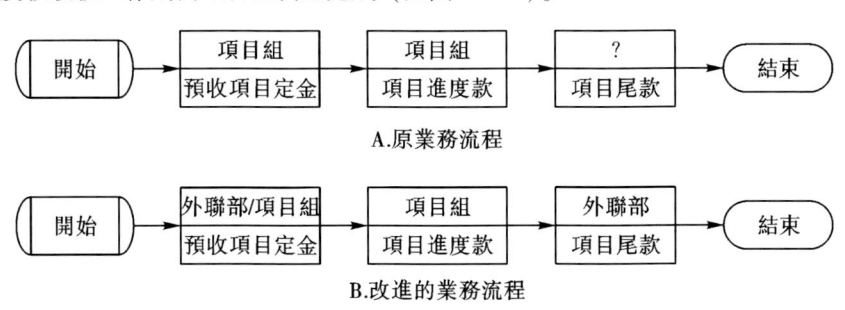

```
開始 → 項目組         → 項目組       → ?         → 結束
       預收項目定金    項目進度款    項目尾款
            A. 原業務流程

開始 → 外聯部/項目組  → 項目組       → 外聯部    → 結束
       預收項目定金    項目進度款    項目尾款
            B. 改進的業務流程
```

圖 3.10　貨款回收的流程改進

【參考 3.6】醬香魚莊為保證食材的新鮮，一直採用活魚為原料，經營過程初期也沒發現什麼大的問題。不過，隨著客流增大，發現食客等待殺魚的時間會比較長，客戶因為不耐煩而抱怨。部分員工提出，是不是可以不用新鮮食材，提前將魚殺好？

經過分析，發現殺魚雖然很花時間，但絕不能以犧牲食材的新鮮為代價提前殺魚。殺魚之所以花時間，主要是因為一些食客點的小魚數量較多就會忙不過來。為此，在食客進入魚莊後特別提醒殺小魚需要花費較多時間，建議食客先點一份大魚吃，在吃的過程中小魚也開始加工，這樣當大魚基本被吃完時，小魚也加工好了，食客的等待和抱怨就消除了。

②流程的規模。

流程的規模是指流程所包括活動的多少，它取決於它的產品或服務內容的複雜程度，有時也與我們研究的目的有關。

例如，一個採購管理流程，可以細分為供應商選擇、採購計劃、採購接洽、採購

跟催、檢驗收貨、採購入帳、採購質量分析等子階段。通常設計常務流程，應該充分考慮閉環管理，即最後一個子流程的部分輸出（通常是信息）應該成為第一個子流程的輸入（作為參考改進、調控的依據）。

③流程的分類。

對業務流程的分類，可以從不同的角度來進行。目前比較流行的主要有兩種：一種是根據業務流程具體所解決問題的對象屬性來劃分；另一種是根據流程在企業經營管理中的重要性來劃分。前者分為戰略性流程、經營性流程和支持流程；後者分為核心流程（或關鍵流程）和非核心流程。

④流程的分級。

為了便於理解，可以將一級流程的某個過程或某個過程的某項活動作為細分的選項，形成二級、三級甚至更低級別的流程（見圖3.11）。

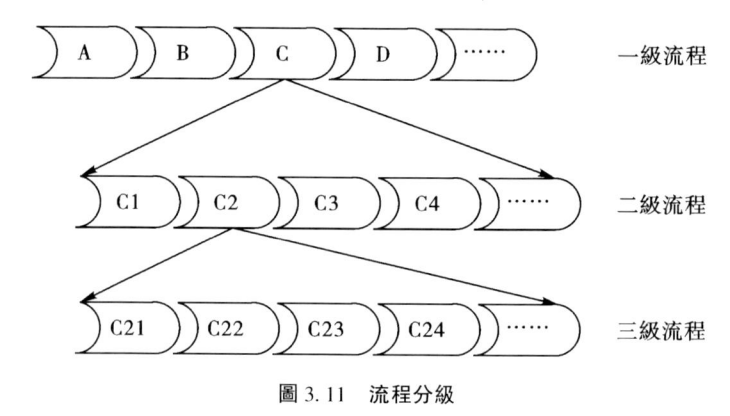

圖3.11 流程分級

⑤流程的績效。

流程績效是指該流程在多大程度上滿足了客戶需要，流程指標是評估流程運行效率的，可能包括質量、成本、速度、效率等多個方面。

原材料採購管理流程，製造部作為其中一個重要客戶，對該流程的需要之一便是按時完成採購計劃以保證生產正常進行；轉化為流程績效質量點之一可以用每月採購計劃通過按時完成率來考核；在設置流程績效指標時，可以用採購計劃達成率。

客服中心電話服務流程，客戶對該流程的需要之一是打電話能撥通並得到滿意答覆；在轉化為流程績效質量點時可以確定為呼叫接收者必須20秒內應答90%的入局電話；在設置流程績效指標時，可以用20秒內的應答率。

除了質量之外，有些流程以成本、時間進行流程的績效考評，可以將整個流程中各個子活動耗費的成本或時間列表進行分析，看能否合併、縮減或改進，以期改進流程績效。

2. 流程再造的定義及本質

（1）流程再造的定義。

1993年，哈默和錢皮發表《企業再造》一文，根據他們的定義，業務流程再造（Business Process Reengineer，BPR）就是對企業的業務流程（Process）進行根本性的

再思考和徹底性的再設計，從而獲得在質量、成本、服務和交貨期等方面的戲劇性改善。

簡而言之，業務流程再造是對業務流程進行戰略驅動的重新設計，以達到品質、反應、成本及滿意度等方面的競爭性突破。這些主動行為的範圍從流程改進到根本性的流程設計。

（2）流程再造的本質。

流程再造的基本內涵是以顧客為導向，圍繞作業過程，通過組織變通，員工授權和正確運用信息技術，達到適應快速變動的環境的目的。其核心是「過程」觀點和「再造觀點」。「過程」觀點，即整合具體業務活動，跨越不同職能部門的分界線，以求實管理作業過程重建；「再造」觀點，即打破舊的按職能形成的管理流程，以顧客需求為導向再造新的管理流程，從而提高流程的效率。

3. 流程再造的基本原則

現代研究的實踐表明，在企業內部實行流程優化或再造時，應遵循以下基本原則：

（1）面向客戶。

高層競爭的壓力迫使企業努力思考如何建立一種以客戶需要為導向的內部營運機制。流程客戶是使用流程產出的部門或個人，應將客戶納入流程分析和設計之中。

（2）根據流程界定職責。

在流程再造過程中，不可避免地會涉及職責的調整，同時很有可能會涉及組織結構的變更。因此，如何根據流程優化的結果進行職責調整是非常重要的。基於流程的職責界定和組織結構調整，應該注意：

①使需要得到流程產出的人完成流程過程。
②盡可能使用同一個崗位完成一項完整的工作。
③使決策點盡可能靠近需要進行決策的地點。
④明確定義流程各節點之間職責相互關係和工作協作關係。

（3）資源整合。

流程作為企業基本的經營與管理活動，是企業資源整合能力的重要基礎。為此，在流程設計時注意以下方面：

①把地域上分散的資源當作集中的資源對待，即集中調配地域上處於分散的可用資源。
②在信息產生之處一次性的準確獲取原始信息，並將信息處理工作納入產生這些信息的實際工作中去。
③在流程中實施並行工程：一是讓後續過程的有關人員參與流程前端過程，如果沒有必要參與實際的活動，也可以將前端的信息及時傳遞給後續過程參與者，從而使後端參與者提前做好相關準備。二是保持平行作業行為之間的連接與即時溝通，而不必去注重在最後對這些作業行為結果的集中整合。
④從產業的整合中獲取競爭優勢。

（4）價值增值。

價值增值是指強調流程的活動應盡量增加對顧客的價值。通過流程的重新設計，

減少無意義的節點活動，規範剩餘節點中具體活動內容，從而減少失誤；盡量減少對內部客戶和外部客戶不增值的活動，減少工作過程中的非工作時間。

（5）對流程運行質量進行監控。

（6）高層領導的強力支持。

由於流程優化可能會涉及一些管理思路的轉變，涉及職責的重新劃分，涉及公司組織結構的調整，涉及到人事變動甚至中高層領導人事的變動，如果沒有高層領導的強力支持，流程再造的實施將步履維艱。

（7）流程持續改進。

由於企業外部環境、企業規模、業務範圍的不斷變化，要求對有關流程進行相應的調整。

3.2.2.2 企業業務流程優化和再造過程與方法

1. 項目啓動

（1）高層共識。

①發起人及其職責。

項目啓動階段，首先要保證企業高層領導能夠達成共識。一般而言，企業應該先有一個發起人（通常為公司總裁或副總裁），發起人意識到企業的管理危機，並遊說公司高層領導同意實施流程優化（再造）項目。

由於實施流程優化（再造）項目需要投入相當大的資源，而且經常會涉及一些關係到公司全局性的問題。因此，該項目的發起人在公司應有極大的權力和威信，事實上，經常是公司的 CEO 充當發起人。

因此，發起人的責任如下：

- 傳遞改造決心給企業所有人員；
- 建立建造的規範；
- 指派項目經理，並給予執行權力；
- 核定企業流程改造目標，樹立遠景；
- 塑造流程再造的企業文化；
- 確保參與成員對改造計劃的認同；
- 調整評估與獎勵制度，以配合新制定的企業流程目標；
- 領導流程優化項目的決策委員會，對一些重大的變革進行決策。

②高層達成共識。

流程再造項目的實施必須取得企業高層領導的全力支持，否則將困難重重。因為，企業高層領導對公司的戰略目標與實施、對全局問題的把握比普通員工更清楚，同時他們的權威身分使他們能調動更多資源。同時，由於流程優化（再造）的過程經常會涉及整個公司，超越了個別部門的職責範圍，在一個部門中根本不可能實施。

③本階段主要輸出。

本階段主要輸出為高層領導一致同意開展流程優化（再造）的承諾，承諾應該是首先召開高層會晤，然後在研討會會議記錄的基礎上加以整理相關意見，最後在符合

共同意見的紙質文檔上簽字。

【參考 3.7】天華電動自行車廠流程優化（再造）高層會晤。

天華電動自行車廠經過一段時間的發展，企業的管理已然形成一套規範。然而，在激烈的市場競爭面前，以客戶為中心的理念衝擊著每一位天華人的心。根據市場的反饋和競爭對手分析等一系列認真而謹慎的研究，張廠長決定對企業進行業務流程再造。為了能夠讓企業高層領導達成共識，張廠長委託萬壽諮詢公司高級諮詢顧問劉工主持高層會晤。

劉工經過一系列的思索和準備工作，決定在天華廠高層會晤中落實以下問題，並達成共識：

發起人：張廠長
高層會晤主持人：劉工
會議記錄人員：小李　　　　　　　　　　　　　　記錄日期：20××年××月××日
會議議程 （一）企業戰略是否明晰 1. 企業的戰略目標是什麼？ 2. 企業在哪些細分產業中參與競爭？ 3. 企業的核心競爭力是什麼？企業的核心競爭力是否有助於戰略目標的達成？為了達成企業的戰略目標，企業還需要培養哪些方面的能力？構成企業核心競爭力的因素是什麼？ 4. 企業的戰略對我們的業務運行模式有何要求？ （二）企業是否需要進行流程變革 1. 企業外在競爭環境是否發生了較大的變化？ 2. 企業的客戶滿意度如何？與競爭對手相比，企業的成本、質量、交貨速度如何？ 3. 企業的市場反應速度如何？在新產品上市速度、庫存週轉等方面與競爭對手相比如何？ 4. 企業目前的部門溝通是否困難？遇到問題時是否經常出現部門之間相互推諉責任現象？企業是否有很多的員工專門從事溝通與協調工作？ 5. 企業的制度體系是否過於龐雜？企業制度之間是否彼此矛盾？ （如果上述問題回答都對公司不利，那麼公司需要考慮進行流程變革） （三）如果需要進行流程變革，應進一步深入思考以下問題 1. 對該項目的期望是什麼？希望達到什麼目標？實施流程變革的範圍如何？從哪裡開始？ 2. 高層領導對這個項目所承諾的層次到哪裡？可以接受改變的劇烈程度有多少？ 3. 公司的價值觀體系是否支持流程的變革？ 4. 在公司戰略框架下，流程優化項目在哪些地方可能收益較大？ 5. 實施該項目的成本與烈度該如何應對？有哪些阻力需要預先防範？ 6. 實施項目會帶來哪些風險？這些風險來自外部還是內部？對這些風險有何防範措施？ 7. 實施流程優化（再造）對現有業務運行會造成什麼影響？是否會造成現有業務的停滯？
主要輸出：高層領導一致同意開展流程優化（再造）的承諾

由於高層會晤過程中涉及的問題都需要更多數據的支撐，因此劉工決定在正式的高層會晤之前，將會議流程制定出來，交由指定部門人員進行調查。然後，將調查結果打印裝訂出來並進行正式的高層會晤。

經過對一系列問題的深入研究，天華電動自行車廠的高層領導達成了一致的會晤結果，決定實施企業業務流程再造。

（2）成立項目領導小組。

在取得高層領導的共識之後，為了順利推進流程優化（再造）項目的實施，一般需要成立一個正式的項目領導小組，由該小組來負責對該項目的決策，並對項目的開

展進行總體協調。

①項目領導小組構成與職責。

流程優化（再造）項目領導小組是該項目的決策委員會，通常由 5～10 人組成，成員構成有企業高層經理、企業重要業務部門負責人、企業某方面管理權威人士、項目經理、諮詢顧問。

②部分成員及其職責。

項目經理是企業流程優化（再造）項目具體負責人，是企業流程優化執行小組的領導者。可以由企業副總或某部門經理兼任，也可安排一位專職人員承擔。

項目經理主要負責流程優化項目的總體策劃、提出優化順序、推動項目進程、協調各部門、提出所需資源、定期匯報等工作，另外要再配備一位日常聯絡員配合其工作。

③本階段主要輸出。

本階段主要輸出成果為經過清晰界定的小組成員職責。

（3）項目建議書。

在正式實施流程再造前，項目應和諮詢顧問進行流程再造的需求分析，評估再造所需資源，確定再造目標，編製項目需求建議書。此階段工作可以讓領導小組成員清楚實施流程變革需要進行哪些方面的準備，目前自有資源是否能夠滿足需要，還需要從外部獲取哪些資源，將在哪些範圍內進行等。

①確定再造需求。

確定再造需求主要包括如下工作：

·實施流程優化（再造）的原因是什麼？（市場變化？科技進步？知識結構變化？）

·流程優化（再造）的範圍是什麼？（是所有部門還是某個局部？是某個業務領域還是整個公司？是徹底的業務流程重新設計還是現有流程上的改進優化？）

·流程優化（再造）的目標是什麼？（怎樣評價流程再造的成果？怎樣才算結束？）

·確定改造的方法和模式？

·流程改造後是否進一步電子化？流程再造會對現有內部網絡管理體系帶來怎樣的衝擊？

②資源評估。

資源評估是為了分析企業開展流程優化（再造）時需要哪些資源，這些資源可以在哪得到，包括人員技能、人員構成、授權、資金預算、經驗等。

③風險管理計劃。

制定風險管理計劃的目的是為了減少前期準備不足導致的混亂，包括初步估計風險發生的可能範圍、發生概率、可能影響以及風險是否可以防範、防範措施等。

④編製工作計劃。

可以根據整個流程優化項目的工作過程中，從粗到細地制定各階段的行動計劃，以甘特圖的形式表示時間的起止階段（見圖 3.12）。

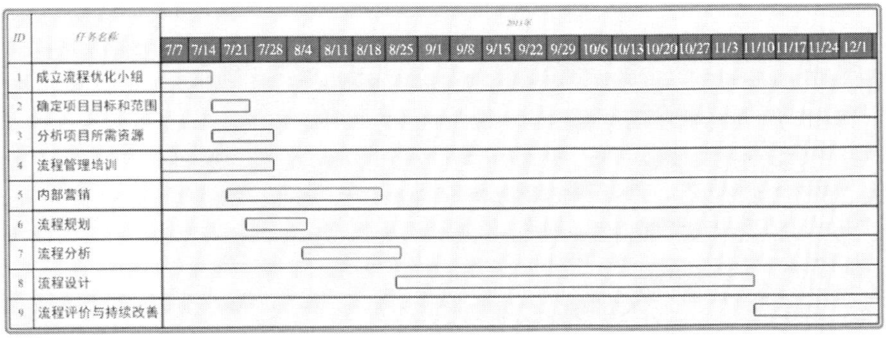

ID	任務名稱	7/7	7/14	7/21	7/28	8/4	8/11	8/18	8/25	9/1	9/8	9/15	9/22	9/29	10/6	10/13	10/20	10/27	11/3	11/10	11/17	11/24	12/1
1	成立流程優化小組	■																					
2	確定項目目標和範圍		■																				
3	分析項目所需資源		■■																				
4	流程管理培訓		■■■																				
5	內部營銷			■■■■																			
6	流程規劃				■■																		
7	流程分析						■■■■																
8	流程設計							■■■■■■															
9	流程評價與持續改善																	■■■					

圖 3.12　流程優化項目總體工作計劃

⑤本階段主要輸出。

本階段主要輸出為項目建議書（包括明確的再造需求及各相關計劃）。

（4）培訓與內部行銷。

由於流程管理是一項比較新穎的理論，發展的歷史也相對較短，目前大多數企業員工對此瞭解不多，更缺乏這方面的實際操作經驗，因此需要對企業主要業務骨幹進行相關業務知識培訓以保證成功實施流程優化。

對於員工的流程管理知識培訓多由流程管理諮詢顧問或公司內部的流程管理專家來進行授課。在設計流程再造項目小組訓練課程前，應對目前小組成員技能與資源作評估，瞭解哪些是企業尚未具備？一般需要進行兩類培訓：一種是流程管理理念方面的培訓，面向全體員工特別是業務骨幹；另一類是流程實施工具與技術、團隊管理知識培訓，面向流程優化項目小組成員。

內部行銷是指正式流程優化前，一般需要對公司員工進行流程優化的培訓與宣傳，讓公司內部員工接受流程優化的理念或方法而進行的各種宣傳等相關活動。

> ★小提示：如何實施內部行銷
>
> 實施內部行銷的主要方式：
> ・以企業 CEO 名義發佈關於企業業務流程優化的宣言，以表示高層領導對該項目強烈支持。
> ・在企業內部廣泛宣傳實施流程優化對企業的緊迫性和重要意義，以及對廣大員工可能的影響，使大家對流程管理有初步的認識，比如通過將公司關鍵業務指標與標杆公司指標進行對比，發現公司與公司之間的差距。
> ・描述企業遠景，勾畫出企業未來發展的遠大理想和宏偉藍圖，並同時指出企業流程再造的目標對實現遠景的意義。
> ・在企業廣泛發動對自己工作業務的思考：我工作的客觀對象是誰？哪些人接受了我的工作產出？客戶對我工作內容的需求是什麼？我是否滿足了客戶的需求？我如何開展工作可以更好地滿足客戶需求？這種思考方式將使員工發現自己工作中的不足，使他們產生進行流程優化的內在動力。

【實訓練習 3.4】以你熟知的某個領域為對象，嘗試項目啓動階段的組織工作、項目建議書與工作計劃的編寫。

2. 流程規劃

（1）流程總體識別。

流程總體識別的目的是為了系統地發現與識別企業目前的業務現狀、工作流程，繪製企業流程總體框架。從總體框架上可以看出企業流程與戰略、流程與流程之間的邏輯關係，為流程改進提供基礎。在進行流程總體識別時主要做三項重點工作。

①搜集分析相關資料。

由於企業的價值鏈與客戶、供應商的價值鏈緊密相關，並受到競爭對手價值鏈的重要影響，特別是對產業的整合常常能給企業帶來巨大的競爭優勢，因此在進行流程規劃和分析的時候，搜集和分析這些資料，可以從中尋找價值增值的機會，為流程規劃和優化提供切入點。

第一，行業與客戶資料：國際國內行業基本狀況與未來發展方向；行業規模、市場增長率和發展狀況；行業主要客戶的分佈；企業主要客戶的基本資料；客戶需求分析；客戶購買的決策過程、客戶產品的使用過程、客戶對產品的價值實現等；客戶其他相關流程管理資料；行業內其他相關資料等。

第二，主要競爭對手資料：競爭對手的各項績效指標；競爭對手流程等。

第三，其他行業的標杆數據及卓越案例：對其他行業，主要關注那些卓越公司的流程管理辦法。它們的管理方式，既可以作為本企業在流程優化時提供參考思路，又可以為企業提供一個標杆，作為企業努力的方向。

第四，企業內部資料：搜集企業內部資料，以便於分析瞭解企業流程運行現狀和運行環境。如公司各部門相關業務流程、管理制度、執行效果、績效指標、管理機制等。

第五，企業主要供應商管理資料：通過搜集企業主要供應商的資料，從中發現和尋找與供應商進行流程整合的機會。

②流程總體識別。

流程總體識別是為了對整個企業的流程繪製一個鳥瞰圖，從而對流程進行總體把握；在此基礎上進行流程分級和核心流程識別，有利於我們疏通公司內部的流程體系，避免流程遺漏和重複，發現流程之間的內在聯繫和潛在的改進點。

流程價值鏈是根據邁克爾·波特的價值鏈演變而來的，該理論將企業的活動分為基本活動和輔助活動共九類，這些活動的過程實際便構成了企業的流程體系（見圖3.13）。

不同行業的流程價值鏈，其基本活動的內容變化比較大，如零售業一般有商品開發→採購→物流→宣傳廣告→店面管理→營業→服務；而廣告代理業一般有客戶開發→宣傳企劃→銷售→廣告製造→廣告發布→監控。

有時候，在分析企業流程價值鏈過程中，也會進一步分析企業客戶與供應商的流程價值鏈，分析它們業務之間的內部邏輯關係，從而找到流程優化的機會。事實上，很多具有卓越管理的企業，均從對其客戶與供應商的流程整合中獲益。

分析價值鏈，還需要將上下游企業的價值鏈結合起來分析，這樣分析將更為具體、實際、適用。

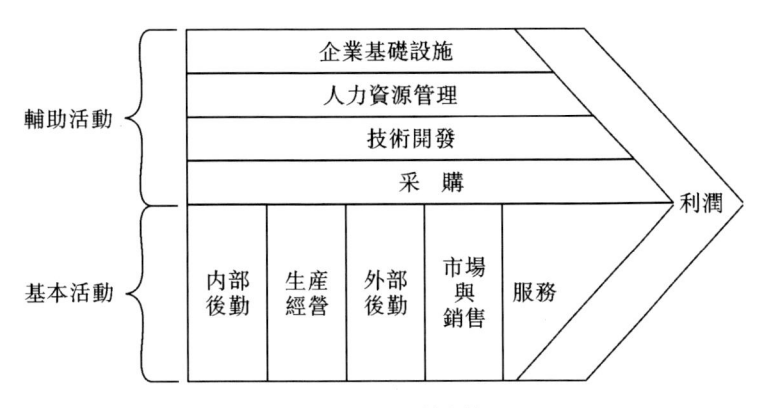

圖 3.13　價值鏈基本模型

③流程總體識別階段的產出。

在此階段的產出包括兩個部分，一是得到公司認可的公司流程總體框架，二是經過項目領導小組批準的各流程經理名單。

【參考3.8】某技術開發企業業務流程價值鏈分析（見圖3.14）。

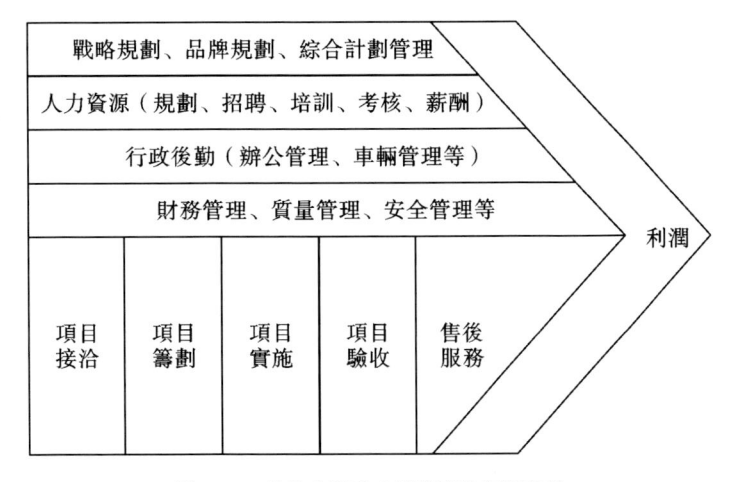

圖 3.14　某技術開發企業業務流程價值鏈

如果將圖3.14中的業務內容看成是一個個流程，我們就可以比較清楚地看出該技術開發企業的流程總體框架。此價值鏈中將流程劃分為三類：戰略性流程、支持性流程和經營性流程。對於經營性流程則細分為五個階段：項目接洽、項目籌劃、項目實施、項目驗收、售後服務。在此基礎上進一步深入分析，可以對該企業的運行過程有基本的把握。

【實訓練習3.5】調查某企業，並根據該企業的資料編寫企業流程價值鏈。

④注意事項。

第一，先理解企業的戰略和業務分佈。由於企業的戰略和業務性質決定了流程的框架和運行方式，流程總體規劃需要在既定的戰略下進行。

第二，要先抓住主幹流程（一級流程）。由於流程具有不同的層次（流程的分級），容易將一些二級流程甚至三級流程誤認為是一級流程。

第三，合理處理交叉流程。由於流程本身可大可小，此時如何界定流程的起點與終點非常重要，這有利於將那些表面上看是交叉的流程劃分開來。一般可以根據該流程滿足企業關係人的何種需要來確定該流程是否是一個完整的流程。

第四，識別流程時應遵循窮舉法同時最後列出的一級流程相互之間應不包含或交叉。

（2）流程分級。

流程分級是按照流程的分解層次來進行的，一個複雜的流程可以根據需要進一步對其關鍵節點進行分析，把這個節點或該節點的某個輸入/輸出因素作為一個流程來進行研究。

在流程的分級所要做的主要工作是，根據流程總體識別得到企業的一級流程，根據需要進一步分解為二級、三級、甚至四級（見圖3.11）。

①流程分級的主要原則。

對於某個流程是否需要進一步進行分級，以及分級到何種程度，是根據我們對於流程描述與理解的需要來定的。在進行流程分級的過程中，應遵循如下原則：

第一，完整性原則分級後的流程最少包括兩項以上活動流程，這些活動構成一項完整的業務內容，它可以作為一項工作分配給某個崗位或部門。

第二，獨立性原則。

分級後的流程相對獨立，不會和其他流程有較多的活動過程交叉；如果某分級後的兩個流程客戶和客戶需求完全相同，則這兩個流程應該合併。如很多企業將培訓管理流程劃分為外部培訓、內部培訓等，其實客戶和客戶需求都是一樣的，沒有必要將培訓管理流程再分級。

第三，清晰化原則

進行分級後的流程可以清晰地 SIPOC（客戶、過程、輸入、輸出、供應商），則該流程的實施可以滿足客戶的需要。

第四，必要性原則

分級後的流程有助於我們對於上級流程的描述和理解，否則便沒有必要。

②主要工作輸出。

流程分級階段的產出是企業流程分級表，該表詳細列出了企業一級、二級和三級流程。結合企業總體識別和流程分級，可以將企業總體識別的流程羅列出一級流程來。

一級流程中，有很多可以進一步細分出二級流程。比如：品牌管理流程可以分為品牌定位流程、品牌規劃流程、品牌運作流程、品牌評估流程、品牌調整優化流程等。

二級流程根據需要可以進一步分解為三級流程、四級流程（見表3.3）。

表 3.3　　　　　　　　　某公司供應鏈管理流程的兩級分解

一級管理流程	二級管理流程	三級管理流程
供應鏈管理	管理供應過程	供應網絡的計劃、設計和實施
		計劃庫存策略和庫存水準
		發展和評估供應商
		整合、確保供貨網絡能力
		實施短期和長期綜合生產計劃
		備件網絡的計劃、設計和實施
	生產滿足顧客需求的產品	設計和提供產品的性能和能力
		安排生產活動
		向供應網絡發出配送信息
		使材料在各生產環節上流轉
		啓動製造和裝配活動
		實施增值的加工步驟
		向顧客發貨前對成品進行整合
		維護生產設施
	管理物流活動	物流活動的管理和實施
		接受和處理材料
		倉庫及材料中轉實施的營運
		包裝和裝運
		管理整個供應網絡中的運輸活動

③流程分級中的一些注意事項。

第一，對一級流程的分解，應由 BPR 項目經理、諮詢顧問和該流程經理一起完成。

第二，對於涉及到整個供應鏈的流程（比如市場預測、訂單、主生產計劃、供應商管理、研發等），則盡可能放在一起聯動思考。

第三，對於一些細小的流程，比如一些行政事務性的流程，則可以根據需要放在三、四級流程中考慮。

第四，對於某流程是否需要進一步細分，主要看該流程圖是否已經比較簡單明顯，不存在繪製、描述或執行等方面的困難，如果存在這些困難，可以進一步對該流程進行分解。

第五，流程分解並非越細越好，太細往往不容易發現流程活動之間整合的機會。

第六，對於分級後的流程，注意它們之間的層次邏輯關係。

【實訓練習 3.6】天華電動自行車廠根據企業發展情況，決定組織一些企業贊助活動。為了能夠讓更多人瞭解天華電動自行車的爬坡、續航、惡劣天氣行進能力，廠部決定成立「天華杯電動自行車遠徵隊」。活動主要分為青年組、中年組、老年組，主要活動內容：一是遠行觀光，二是同時完成對貧困地區留守兒童的調查（為後期再開展幫扶活動進行摸底工作）。由於該項活動涉及資金到位、配套維修、人員招募與管理、安全與應急、後勤、酒店聯繫等一系列工作，公司以前也未做過類似活動，遂決定委

託某諮詢公司來進行流程總體識別與分級工作。請以此為材料，根據你的理解，完成該活動的流程總體識別與流程分級。

【實訓練習 3.7】根據你熟知的商業或生產領域，完成該領域某企業的流程總體識別與流程分級工作。

3. 分析流程屬性

分析流程屬性時，一般會借助於高端流程圖（SIPOC 圖）。

> ★小提示：分析流程屬性的注意事項
>
> 分析流程屬性一般需要注意：
> ・該流程優化時需要哪些部門參與（由流程的客戶和流程流經的部門）？
> ・該流程與哪些流程有關？該流程的上級流程是什麼？該流程進一步分解的流程是哪些？哪些流程與該流程無關？
> ・該流程是否特別複雜？該流程所涉及的內容是否特別廣泛？可能需要多長時間？
> ・該流程是否對公司經營非常重要？

4. 流程問題陳述

分析流程之後，可以進一步以流程問題陳述的方式將問題量化。問題陳述時，應不斷地在以下方面進行思考：

・問題是基於觀察（事實）還是假設（猜想）？
・問題陳述本身是否已蘊含發生原因？
・團隊可以通過搜集數據來驗證和分析問題嗎？
・太狹窄或太廣泛？
・是否暗示了結論？
・客戶是否滿意？

> ★小提示：進行完整問題陳述時應注意的四大原則
>
> （1）問題的宏觀闡述：應言簡意賅地定義問題並使之量化。
> （2）輸出變量及單位：定義問題的輸出（或關鍵質量點）和測量單位（如何測量）。
> （3）數據來源：從哪裡獲得數據或信息？
> （4）對問題具體描述和量化：對問題的描述與量化需要注意五方面。
> ・條件：在什麼情況下會出現影響輸出變量的不利因素？
> ・程度：是對目前問題嚴重程度的定量測量。
> ・現狀：與客戶關鍵質量點有關的實施活動。
> ・時間：數據搜集的時間段。
> ・規範：客戶關鍵質量點或期望，即客戶希望達到什麼程度。

【參考 3.9】流程問題陳述案例

根據這些原則，可以按業務中的某個問題提出相應的流程問題陳述（見表 3.4），為量化工作打下基礎。

表 3.4　　　　　　　　　　一個完整的流程問題陳述案例

問題的宏觀闡述	只有 70% 的部件準時發貨，造成罰款和喪失銷售機會
輸出變量及單位	變量 Y，準時發貨用延誤或提前的天數測量

表3.4(續)

數據來源		裝貨記錄
問題量化	條件	延誤交貨基本上發生在大客戶的大訂單上，低價位部件的交貨延誤遠遠大於高價位的
	程度	近6個月的罰款總額到達150,000元，還未包括原材料及銷售機會喪失的計算
	現狀	測量單位以天計算，目前只有延遲發貨的數據，將針對延遲發貨的單據做回顧並得出交貨日期的數據分佈
	時間	延遲交貨發生在各個階段，但最近6個月以來按照發貨已從90%下降到70%
	規範	貨物必須在客戶指定的日期內準時抵達

【實訓練習3.8】根據你平時工作生活中出現的流程問題，按流程問題陳述的方式，填製相應的流程問題陳述表。

5. 流程現狀分析

(1) 繪製過程流程圖。

分析過程流程圖是我們分析流程現狀的重要內容，它具有重要意義。忽略現有流程可能帶來高風險，因為未能獲取對現有流程及其功能作用所必需的理解，使新流程與實際中所要實施的作業任務沒有多大聯繫，並使得作業人員常常未能將其工作任務與新流程連貫起來，導致流程再造的初始舉措因受挫而中止。

> ★小提示：為什麼要分析過程流程圖
> ・為項目小組成員思考問題提供了一個基本框架，可以幫助與會者專注於所討論的問題而不至於太發散。
> ・可以使小組成員根據達成一致的流程圖來討論問題，不至因為彼此對流程不同的認知造成紛擾。
> ・過程流程圖還有利於流程小組各節點成員站在整個流程的角度來看問題，而不是只站在部門角度。
> ・過程流程圖是系統分析的重要依據，在未來設計信息系統時，經過優化的過程流程圖能有利於系統設計。

①繪製過程流程圖。

例如，根據某技術開發公司業務流程節點分析，繪製過程流程圖為：

機會識別→項目篩選→項目考察→項目洽談→項目投標→項目簽約

②分析流程節點主要活動和輸入輸出因素。

過程流程圖描述流程的主要節點，為了深入分析該流程，我們必須分析該流程每個節點的活動、輸入輸出因素。此時，我們需要不斷進行下述提問：

★小提示：如何確定流程節點
・對於每個節點而言，該節點需要做什麼活動？ ・這些活動哪些是增值的？哪些不是增值的？ ・這些活動對於滿足客戶需求而言都是必需的嗎？ ・如果缺少這項活動是否會對客戶的需要滿足造成影響？是否有更好、更簡單的活動方式可以替代該活動？ ・為了有效完成該節點的活動，需要輸入哪些條件、資源？對於這些條件、資源有哪些具體的要求和標準？這些資源一般包括信息、表格、物料、計劃等。 ・該節點活動順利完成後，應該輸出哪些內容才能滿足客戶需要？這些內容分別是哪些客戶在使用？客戶對這些內容的要求和標準是什麼？ ・該節點與其他節點之間的聯繫是什麼？哪些流程的產出對該節點的活動有重要影響？

在繪製了過程流程圖後，流程經理和流程小組成員一起組織研討，分析得到該流程節點的主要活動，以及這些節點活動的輸入輸出因素（見表3.5）。

表3.5　　　　　某技術開發公司各流程節點輸入輸出因素分析

各流程節點	活動	輸入	輸出
機會識別	信息搜集	公司投資計劃 上級投資計劃	投資人確認計劃書
項目篩選	設立項目選擇標準 根據標準初步篩選	項目選擇標準 投資人確認計劃書	符合標準的候選項目
項目考察	組織考察小組 調查甲方資信 評估甲方資信	甲方資信調查	擬投標項目
項目洽談	約談客戶 購買標書 理解標書 準備投資資料 外聯工作	向甲方提交公司資料 理解招標文件 編製資格預審 外聯工作	
項目投標	標書製作 投標 評標答辯	投標標書 外聯工作 項目組織設計	中標通知書
項目簽約	合同準備 簽約 簽訂附加協議	銀行保函 投標標書 項目組織設計	合同文件

③識別流程關鍵影響因素。

在分析了流程節點活動和輸入輸出因素後，接下來需要進一步分析識別流程關鍵影響因素。關鍵影響因素是對流程輸出因素影響最大的因素的分析。根據80/20原則，識別流程關鍵影響因素，有利於在後期進行流程設計和管理時，對這些關鍵因素進行重點控制，從而起到事半功倍的效果。

將輸入因素與輸出因素分別放入一個二維表的行和列中，合併其中同類項，並給出輸出重要性權重值，打印出多份表格交給小組成員打分（用0、1、3、5、7、9分別打分，如表3.6）。最後根據打分可以求出影響因素值（某輸入因素影響因素值=∑某

輸出因素權重×各對應輸入因素分值)。最後,將小組成員的打分進行匯總便可以得到該流程中每個輸入因素與輸出因素的影響程度,得分高的便是關鍵影響因素,是我們在進行分析和設計時重點考慮的對象。如果發現有些輸入與輸出沒有任何關係或非常微弱,則可以忽略不計。

表 3.6　　　　　　　　　某技術開發公司流程關鍵影響因素

輸入 ＼ 輸出	投資人確認計劃書	符合標準候選項目	擬投標項目	中標通知書	合同文件	影響因素值
權重	3	5	5	3	9	
公司投資計劃	5	5	3	1	0	58
上級投資計劃	10	5	5	1	0	83
項目選擇標準	0	10	8	1	1	102
甲方資信調查	0	5	10	5	3	117
向甲方提交公司資料	0	0	5	5	3	67
理解招標文件	0	0	0	8	8	96
編製資格預審	0	0	0	0	5	69
外聯工作	0	3	0	8	3	66
投標標書	0	0	0	10	10	120
項目組織設計	0	0	0	8	8	96
銀行保函	0	0	0	5	5	60

【實訓練習 3.9】根據你熟知的業務領域或商業領域,完成繪製過程流程圖、流程節點輸入輸出因素分析(參照表 3.5)、流程關鍵因素分析(參照表 3.6)。

(2) 定義流程績效指標。

流程績效可以從多個角度進行評價,如流程產能、流通效率、時間、質量等,一般而言,從流程顧客需要的滿足角度來評價流程的績效才是最佳的。對流程績效進行評價有利於我們進一步改進流程管理,不過由於考核需要耗費一定的成本,因而並無必要對所有流程都進行考核。而且,在設置考核指標時,也應該注意該指標數據搜集的難易程度,如果數據搜集成本太高,則完全沒有必要將其作為考核指標。

① 研究流程績效標杆。

流程績效標杆是其他公司在同樣或同類流程方面的卓越經驗和表現,是公司努力的方向和學習的榜樣。研究流程績效標杆的重要意義在於:能夠為公司新流程設計提供管理思路上的指導和參照,使公司節省從頭開始的時間和成本;為公司提供流程改進的目標,更容易發現現有流程的缺陷和問題,開闊公司視野,不至於井底觀天;以最佳經驗為學習和改進目標,是超越自我的基礎。其他公司失敗經驗也可以為本公司提供教訓,少走歪路。

研究流程績效指標,可以按照三個步驟進行:

第一，制定流程績效標杆搜集計劃。這一步主要是回答這樣幾個問題：準備在該流程的哪些績效指標方面搜集標杆案例？從哪些地方可以得到這些流程績效標杆？該如何去搜集這些標杆案例？由誰搜集？

根據設置的流程績效指標，在深入分析企業流程設計要素基礎上，可以列出一個需要搜集標杆案例的清單。例如，培訓管理流程，培訓內容與業務相關性評價、培訓費用控制、培訓效果管理、培訓時間安排、培訓覆蓋率、培訓學時數、培訓內容對自我實用價值等方面，可以分別作為一個潛在的標杆搜集內容。

有些流程的指標可以在一個能夠就搜集全，而有些則可能需要在不同公司的不同方面去搜集（見表3.7）。

表3.7　　　　　　　　　　制訂標杆搜集計劃可能包含的內容

搜集計劃項目	搜集計劃內容
需要獲取經驗的流程績效指標和模塊名	
擬獲取的標杆企業名	
評估可能的獲取途徑	
獲取該標杆的責任人	
獲取的時間計劃	
……	

第二，搜集流程績效標杆。這一步是根據流程標杆搜集範圍，流程小組應積極探討這些標杆可以從哪些企業或個人得到，列出潛在的尋找對象（見表3.8）。

表3.8　　　　　　　　　　　流程標杆搜集潛在對象

潛在對象	搜集理由
本行業競爭對手	深入研究競爭對手，知己知彼，百戰不敗
企業客戶	越來越多的企業成為跨國公司供應商，這些跨國公司都有幾十甚至上百年管理累積
其他有關卓越管理的案例	由於卓越的流程管理往往是該企業的核心競爭力之一，因此很多企業將它們都視為企業機密，要獲取這些機密可能比較困難。小組成員應仔細研究各種可以獲取的渠道，並選擇低成本和方便的渠道去獲取。一般而言，標杆案例可以通過如下案例獲取： ①各種公開報導，有各種書籍介紹的卓越企業管理模式，從中可以得到部分經驗；公司年報、公司發給客戶的宣傳手冊、行業出版雜誌等也可得到部分內容 ②供應商渠道，如果公司的某個供應商恰好也是該目標標杆企業的供應商，則可以從供應商那裡獲取一些關於該企業的某些管理經驗 ③客戶，如果目標標杆企業和公司有同一個客戶，則從這個客戶那裡獲取其管理經驗有時也能起到意想不同的效果 ④諮詢顧問，諮詢顧問由於豐富的經驗和案例，特別是他們接觸其他企業的機會很多，擁有很多流程的最佳經驗

第三，學習標杆流程內容。在搜集到有關流程績效標杆後，流程小組成員應深入學習這些標杆的內在理念，包括：
· 他們如何定義客戶和客戶需要的？
· 他們在此流程過程中的輸入、輸出分別是什麼？這些輸入、輸出分別有何特點？
· 此流程在考核時需要搜集哪些數據、信息？是如何搜集、如何傳遞的？
· 此標杆流程設計時運用了哪些管理工程學思想？
· 此標杆流程對崗位職責是如何描述的？
· 此標杆流程對計劃是如何管理的？
· 此標杆流程有哪些模塊可供本流程小組或其他有關流程小組參考和學習？
· 在運行此流程時有哪些支持或有關流程？

第四，分析標杆流程的運行基礎。由於不同企業的戰略、文化、管理基礎是不同的，因此每個企業的流程都有其運行的基礎。分析標杆流程運行基礎可以幫助公司瞭解該標杆流程能否學習、學習哪些部分、如何學習和運用等。

①戰略基礎。例如戴爾公司的戰略基礎是直銷，對供應鏈的總體協調和管理能力一流。它所追求的反應速度導致它全面介入供應商質量管理過程，但在原材料進入公司時，並不進行質量檢測（已在供應商那裡進行了檢測）。

②組織基礎。組織結構不同，對流程各節點的活動職責劃分可能不同；這種結構分析可從母子公司、區域分佈（銷售網點、工廠佈局、研發佈局）、各部門職責劃分等方面。

③信息化基礎。一些企業流程運行在各自的信息化平臺之中，並形成自己的鮮明特色，如果離開這些工具，該流程運行效率降低甚至無法運行，這些需要充分的考慮。

④員工能力基礎。人才是企業最重要的資源，員工是流程設計和運行的主體。有些企業員工素質整體很高，而有些企業員工素質則可能偏低。在分析標杆流程時應注意要求該流程運行需要哪些方面的能力和素質，目前本企業員工是否可以達到。

⑤注意事項。盡可能以自己經過努力可以達到的企業流程為標杆，不能太脫離本企業的實際情況；在搜集流程標杆後，關鍵是分析此標杆流程的設計及其對公司的指導意義，不要生搬硬套；由於一些卓越企業的很多流程都可能成為標杆流程，在尋找標杆時，注意和其他流程小組合作進行。

（2）設置流程績效指標。

例如培訓管理流程客戶需要，包括培訓內容與工作業務的相關性、培訓費用控制、培訓效果、培訓時間安排、培訓覆蓋率、培訓學時數、培訓內容相對於自我實用的價值、教師授課水準等多個方面。不過，在設置流程績效指標時，可能將一些考核比較困難又可以採取其他措施進行實際控制的內容不作為績效考核指標，如培訓覆蓋率（每個員工年度培訓小時數）。

在設置了這些流程績效指標後，應對每個指標進行定義，即每個指標是表示什麼意思？測量的是什麼？如何測量？由誰測量？測量週期是多少……。比如，培訓費用控制一般以全年預算為準，並以季度為考核週期；而培訓內容與工作相關性、培訓實施效果等則以單次培訓的考核記錄為基礎，進行綜合評價得到。

> ★小提示：設置流程績效指標時的注意事項
>
> ・在分析流程客戶的需要時，可能是該流程在某個時間點或某次活動中產出的需要，但國貨為客戶關鍵質量點或流程績效評價時，可能按某個時間段來計算。
> ・由於進行流程績效的測量需要一定的成本和技巧，因此盡可能選擇一些簡單的指標，如果單個指標能夠概括是最好的。
> ・對於部分非核心流程，無須設置流程績效指標進行量化分析。此時分析流程客戶需要和客戶的客戶關鍵質量點即可。此時分析流程客戶關鍵質量點，主要作用在於可以為我們優化流程提供向導。
> ・在設置了流程績效指標後，需要對流程績效指標進行定義，並設置相應的評價標準。

③設置指標權重。

在設置了某個流程的多個績效指標後，可以進一步對各個績效指標賦予一定的百分比，組成該流程的考核體系。

【參考3.10】指標權重案例。

有很多公司的指標權重一般都通過小組成員討論得到，也可以通過評分來轉化（如表3.9）。

表3.9　　　　　　　　　對培訓流程的績效指標模擬評價

流程績效指標	評分	比重（%）	實際設置權重（%）
培訓內容與工作業務相關性	41	19	20
培訓費用控制	47	22	25
培訓實施效果	43	20	20
培訓時間安排	29	14	10
培訓覆蓋率	21	10	10
培訓學時數	21	10	10
培訓內容對員工的實用價值	11	5	5
合計	213	100	100

（3）流程優化進度表。

編製流程優化進度表，可以使小組成員明白各項活動的先後順序和時間要求，可以提前做好有關準備，並增強其責任感。

【參考3.11】流程優化進度表案例。

該進度表的編製，應該由該流程小組的全體成員一起完成。在編製的過程中，需要列出各流程優化的起止時間和先後順序，並參考其他關聯流程優化進度（如表3.10）。

表 3.10　　　　　　　　　　　　　流程優化進度表

序號	活動名稱	開始時間	結束時間	持續時間	相關任務	責任人	備註
一	分析階段						
1	識別流程客戶與需要					×××	
2	定義流程績效指標					×××	
3	搜集流程績效標杆					×××	
4	分析過程流程圖					×××	
二	設計新流程						
6	分析流程設計要素					×××	
7	設計新流程					×××	
8	評估新流程風險					×××	
9	控制與驗證計劃					×××	
三	新流程實施改進						
10	新流程試運行					×××	
11	新流程實施評價					×××	
12	新流程持續改進					×××	

註：該表只列出了部分計劃內容的起始順序，僅供參考。

【參考3.12】旺達通信公司模具採購流程優化案例

旺達通信公司模具採購流程優化

一、背景

旺達通信公司是一家專業的手機研發、生產、銷售為一體的大型企業。該公司根據市場需求不斷設計推出新的產品，這些新產品在規模化生產需要採購生產製造所需要的模具。目前存在一個重要問題是模具採購週期太長，嚴重影響手機新產品上市速度和競爭力，不適應手機市場的變化。由於手機每晚一個月上市，價格平均下降200元，這將對公司利潤將造成很大損失。

二、問題分析

客戶（本流程的客戶界定為公司的製造部）的抱怨集中在模具加工週期太長，特別是前期準備時間（如招標、簽合同），認為應規定適當的期限。

公司研發部在設計過程中，已經開始考慮到其設計的產品是否需要開模具，但正式開模仍然應從圖紙設計完成並歸檔、代碼申請、模具申請、計劃下達開始，然後完成招標、洽談及合同簽訂等一系列工作。

開始→設計完成→設計師與採購部溝通→確定供應商範圍→開模具洽談組與各供應商洽談→供應商保價→談定價格、確認供應商→報主管領導審批→簽訂開模合同→開模→結束

三、初期優化工作

針對模具採購流程所存在的問題，公司成立了一個專門的流程優化小組，負責對該流程進行優化。

（一）界定關鍵質量點

搜集客戶抱怨並分析，項目小組將此流程客戶關鍵質量點界定為模具採購週期。

項目小組將模具採購週期界定為：從模具申請到合同簽訂完成所花費的時間，不含模具加工、驗收、付款等時間。

項目小組統計分析了 2011 年全年模具採購中每次的採購週期，共採購了 101 次，模具採購週期平均為 50.84 天。項目小組成員經過深入調研分析和多次討論溝通認為，目前結構件模具的申請、外協、檢驗和管理流程不明確或不完善，造成各個環節責任不明確，整體流程過長，某些項目從申請到招標下合同長達 160 天以上，嚴重影響新產品的開發進度。同時，對模具及分攤的管理處於失控狀態，需要納入管理體系。該流程的完善將有利於公司成本的降低。

（二）設定流程優化目標

項目小組將該流程優化的目標設定為：到 2012 年 7 月模具採購週期縮短到 20 天以內。

四、過程流程圖繪製

公司採購過程流程圖如圖 3.15 所示。

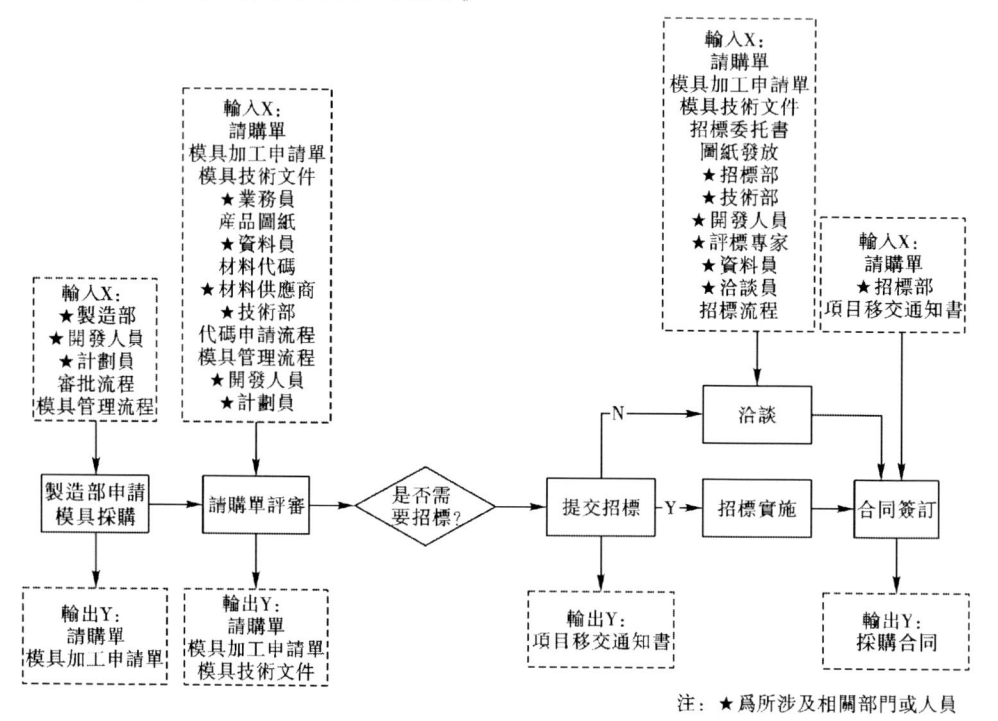

圖 3.15　模具採購過程流程圖

五、輸入輸出因素因果矩陣分析

項目小組在充分分析了該過程流程圖的輸入輸出因素後，針對該輸入輸出因素做了因果矩陣分析（X-Y 分析），組織小組成員進行了一次評分（用 0、1、3、5、7、9 分別打分），並對各個成員的評分結果匯總分析，如表 3.11 所示。

表 3.11　　　　　　　　　　模具採購流程 X-Y 矩陣分析

輸入出變量	請購單	模具加工申請單	模具技術文件	招標委託書	項目移交通知書	採購合同	影響因素值
	3	9	9	8	6	3	
製造部	9	9	9	0	0	0	189
開發人員	1	9	9	0	0	0	165
模具加工申請單審批流程	1	7	7	7	7	5	165
模具管理流程	9	1	1	3	0	5	242
請購單	9	1	1	3	0	5	84
模具加工申請單	1	9	1	9	0	0	165
模具技術文件	1	1	9	9	0	3	174
業務員	9	3	3	3	0	3	114
產品圖紙	5	3	3	9	0	1	144
資料員	0	0	0	7	0	1	59
材料代碼	9	9	3	9	7	9	276
材料供應商	9	0	0	9	7	9	168
技術部	0	1	1	1	1	1	35
代碼申請流程	5	1	1	0	0	0	33
計劃員	9	1	1	1	0	0	53
洽談部	3	3	3	9	0	9	162
招標委託書	0	0	0	9	7	5	129
圖紙發放	0	0	0	7	0	5	71
招標部	0	0	0	9	9	5	141
評標專家	0	0	0	0	7	0	42
招標流程	0	5	0	9	9	9	198
項目移交通知書	0	0	0	0	9	0	54

六、失效模式分析

從上述 X-Y 矩陣分析結果可知，對模具採購週期有較大影響的因素有 9 項，分別是製造部、開發人員、模具加工申請單審批流程、模具管理流程、模具加工申請單、

模具技術文件、材料代碼、材料供應商、招標流程。項目小組對這 9 個主要影響因素進行失效模式分析，如表 3.12。

表 3.12　　　　　　　　　模具採購流程 FMEA（失效模式分析）

工序/輸入	潛在的失效模式	潛在的失效影響	SEV嚴重度	潛在的失效原因	OCC發生頻率	當前工序的控制	DET檢出度	RPN
製造部	製造部內部業務處理時間長	項目推遲	9	模具管理流程不明確	5	修訂模具管理流程	5	225
			9	對流程不瞭解	6	宣傳貫徹模具管理流程	3	162
開發人員	提交圖紙和技術文件不全	返工導致項目推遲	9	模具管理流程不明確	9	改進模具採購流程	5	405
			9	對流程不瞭解	8	宣傳貫徹模具管理流程	3	216
	技術支持不及時	項目延遲	9	責任不明確	3	修訂模具管理流程	5	135
模具加工申請單	提交不及時	項目推遲	9	模具管理流程不明確	3	修訂模具管理流程	3	81
	各種需求信息不全	退單或項目推遲	9	對流程不瞭解	9	宣傳貫徹模具管理流程	3	243
			9	模具管理流程不明確	9	修訂模具管理流程	5	405
			6	單據設計不合理	8	修訂模具管理流程	5	240
模具加工申請單審批流程	模具加工申請單審批時間長	項目推遲	7	模具管理流程不明確	6	修訂模具管理流程	1	42
模具管理流程	可操作性不高	無法操作	9	流程無規定	6	修訂模具管理流程	5	270
			9	流程無規定	9	修訂模具管理流程	5	405
	不按流程操作	項目推遲	9	缺乏培訓	5	培訓	1	45
模具技術文件	沒有及時提交	項目推遲	8	管理規定不明確	6	修訂模具管理流程	1	48
	技術文件不全面	退單或項目推遲	8	管理規定不明確	7	修訂模具管理流程	5	280

表3.12(續)

工序/輸入	潛在的失效模式	潛在的失效影響	SEV 嚴重度	潛在的失效原因	OCC 發生頻率	當前工序的控制	DET 檢出度	RPN
材料代碼	材料代碼申請過程過長	項目延遲	9	代碼申請流程有問題	9	修訂代碼申請流程,同時代碼申請和招標申請並行操作	5	405
			9	代碼申請資料不全	3	培訓	3	81
材料供應商	缺供應商信息	項目推遲	9	無合適供貨	3	認證供應商	1	27
	供貨錯誤	退單	9	責任心不強	3	加強考核	1	27
	供貨延誤	項目延遲	8	工作效率低	7	加強考核	1	56
招標流程	招標時間過長	項目推遲	9	洽談員未及時申請招標	2	加強考核	1	18
			7	招標委託書信息不全	4	溝通	1	28
			7	圖紙沒有及時下發	1	加強考核	1	7
			8	圖紙沒有及時歸檔	9	與事業部及時溝通	1	72
			9	組織招標時間過長	9	改進招標流程	5	405

★小提示:FMEA 失效模式分析表中參數說明
· SEV 是嚴重度,表示事件發生時所造成後果的嚴重性,後果越嚴重,分數越高。
· OCC 是發生頻率,表示該事件發生的頻率,發生頻率越高,分數越高。
· DET 是檢出度,該事件發生時,是否容易被檢測出來,如果發生時越容易被發現,分數越低。

七、改進思路

從上述 FMEA 失效模式分析表中可以看出,影響模具採購週期的關鍵因素有如下 5 項:

· 開發人員:提交圖紙和技術文件不全。
· 模具加工申請單:各種需求信息不全。
· 模具管理流程:可操作性不高。
· 材料代碼:材料代碼申請過程過長。
· 招標流程:招標時間過長。

項目小組人員根據分析結果制定了數據搜集計劃，並對模具管理流程、招標管理流程設定了大致的標杆調研範圍，並搜集了有關案例。

項目小組從 2011 年模具採購的數據中統計分析了模具合同號、模具採購合同、招標委託書、招標移交書等各種信息，研究結果證明，影響模具採購週期的關鍵因素是上述 5 項。

手機模具的採購申請流程一直存在問題，由於手機研發進度的特殊要求，開發人員往往不能及時提供圖紙資料和技術文件。

採用洽談的方式可以大大縮短採購週期，但是招標是公司採購的最重要手段。因此，要設法對模具的招標過程進行改革，通過細化模具管理流程、框架招標等多種方式進行改進。

正式代碼的模具採購週期明顯長於臨時代碼，由於正式代碼的申請要求圖紙正式歸檔，往往需要在產品結束時才能進行，因此週期較長。

計劃前介入的項目採購週期明顯較長，這實際上是該類項目操作不規範造成的。由於圖紙資料未及時歸檔、模具加工申請單未明確、模具採購流程未明確規定等，導致提前介入的結果是不斷協調，加長了採購週期；而未提前介入的項目，由於按規範辦事，採購週期反而較短。

八、改進措施

（一）優化模具採購流程的主要方法

1. 通過流程的並行操作縮短模具招標時間（如圖 3.16 所示）

通過並行操作，使招標過程提前介入，縮短模具採購週期。此並行過程的關鍵點在於，將時間週期最長的實際招標流程，提前到設計階段，在整個過程上並行操作。在部分手機機型的模具採購中，根據項目研發進度要求和該手機的特點，考慮到有類似機型做參考，在項目開始階段即介入，利用模型和效果圖作為招標的技術基礎，開展招標和洽談工作，使得招標和開發過程並行操作。當設計圖紙出來之時，合同已下到供應商手中。與此同時，避免了代碼申請帶來的困難（公司規定，取得代碼的條件是必須完成圖紙歸檔，並嚴格按照流程申請代碼），某些項目如果按部就班地開展，是不可能實現產品的研發進度的。按照這種操作方式，實際模具招標所花費時間為零。

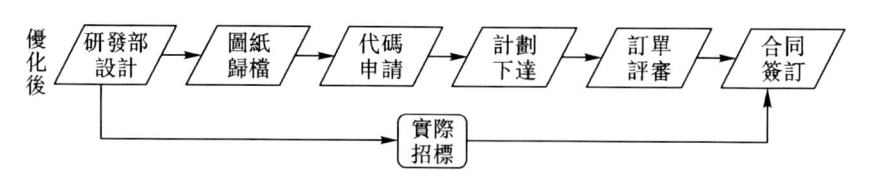

優化前：研發部設計 → 圖紙歸檔 → 代碼申請 → 計劃下達 → 訂單評審 → 實際招標 → 合同簽訂

優化後：研發部設計 → 圖紙歸檔 → 代碼申請 → 計劃下達 → 訂單評審 → 合同簽訂；實際招標（並行）

圖 3.16　優化前後的模具採購過程流程圖

2. 在招標過程中根據手機模具各種類別實施框架招標

通過研發部、招標部、質量部和採購部認真討論，將手機模具進行分類，並根據各類模具招標要求和技術特點，對模具分門別類進行框架招標。將編製的框架招標有關文件，作為洽談的依據，今後同類模具採購價格只能在該框架結果上下浮動。

（二）全面修訂《模具採購管理辦法》

項目小組根據流程優化的結果，重新制定了《模具採購管理辦法》，並向全公司有關部門徵求意見。修訂涉及範圍廣、內容詳細、規定合理、操作明確，將對模具的採購、招標、驗收、付款等管理起到較大的作用。

由於模具價值高，而且許多模具付款採用分攤，採購部負責對模具進行登記和管理，第一步採用手工方式進行統計管理，第二步通過系統上網管理。

目前，第一步手工方式登記管理已開始實施，採購部安排專人管理，將責任落實到人，管理工作除登記模具外，還要動態記錄相關零件的採購數量，當達到分攤數量時給予關閉。同時，管理中兼管模具付款。

1. 加強對新流程的宣傳

重點向製造部和研發部等部門宣傳公司的模具採購流程，特別是對模具申請所具備的文件、圖紙、技術要求以及審批過程等，減少該環節由於理解不清楚帶來的返工。公司模具採購經理負責與這些部門的協調和溝通。

2. 加強對模具供應商管理

供應商認證管理小組加快了對模具供應商的開發和認證，使得供應商具有了一定的穩定性；在與供應商的招標洽談過程中，也不斷宣傳公司模具採購流程，使得供應商對公司的模具採購流程有了比較深入的瞭解，反應速度明顯加快。

九、流程優化綜合評價

在流程優化半年後，項目小組對2012年下半年的模具採購週期全部數據進行了統計分析，發現流程優化後的模具採購週期平均為18.91天，比改善前的模具採購週期（取消異常數據）29.74天快了10.83天。

2012年下半年公司手機產值為30億元，按年5%的利率，模具採購週期縮短10.86天為公司創造的收益為446.3萬元。

【實訓練習3.10】選擇你熟知的業務領域或商業領域，參照旺達公司模具採購流程的優化過程，嘗試進行一次相對全面的流程優化。

6. 新流程設計

（1）分析流程設計要素

分析流程設計要素的目的是以滿足客戶需要為導向，分析構成該流程的各個要素及其目前表現，以便為這些要素尋找標杆和後期改進做準備。具體而言，就是要將客戶關鍵質量點分解為設計中的流程過程、功能和設計要求。

對流程設計要素的分析，始於對該流程設立的目的和最終實現的功能分析。在充分分析該流程客戶的需要基礎上，考察每個流程要素是否對滿足客戶需要有價值，以及如何將這些設計要素整合後最有利於滿足客戶的需要（見表3.13）。

表 3.13　　　　　　　　　　　分析流程設計要素內容表

流程設計要素	分析具體內容
產品和服務	現在產品和服務是否能滿足客戶需要？在哪些方面可以滿足？ 客戶的哪些需要無法滿足？ 產品和服務與設定的目標還相差多少？ 如何評價產品和服務對客戶需要的滿足程度？
原材料	原材料是如何影響客戶需要的？在這個過程中，原材料應達到怎樣的質量標準才能滿足客戶需要、同時對公司又有最佳的性價比？ 原材料供應商是否可以滿足公司需要和戰略？ 是否需要進行供應商隊伍的優化？ 對原材料供應商管理需要進行哪些改進？ 如何對原材料的質量好壞進行評價？ 對供應商的績效考核是如何進行的？
流程過程	該流程目前有哪些主要過程？ 對這些過程有沒有相差的監控要點，誰來監控？ 採取哪些監控措施？ 誰對監控要點負責？怎麼考核？ 這些活動是手工還是信息系統支持的？效果如何？
組織結構與崗位設置	目前該流程流經哪些部門？ 這些部門的有關崗位做了什麼活動？活動間的關係如何？ 該部門與此流程有關崗位的其他職責和這些活動的關聯性如何？ 在這個流程中，有沒有專門設置某個關鍵崗位？ 如果有，這個崗位的職責是如何界定的？ 對這些活動成果的好壞是否有評價指標？ 是否將這些指標納入了崗位績效指標？
人員	在這個流程的過程中，對人員的能力素質要求是什麼？ 目前人員的能力是否適應？ 人員的工作習慣對該流程的運行有何影響？
計劃管理	該流程目前有哪些相關計劃？ 這些計劃管理是如何進行的？ 是誰制定、審批？ 計劃的內容是什麼？ 誰應該遵照執行這些計劃？
報表	這個流程目前輸入輸出哪些報表？ 這些報表誰來提交？ 提交給誰？ 這些報表的編製是否規範？ 報表的內容是否完整？ 傳遞方式如何？ 是紙面的報表還是在線查看？ 報表的好壞對客戶的哪些關鍵質量點影響較大？ 接收者能採取哪些措施來保證流程營運？ 還有沒有其他相關的報表？

表3.13(續)

流程設計要素	分析具體內容
制度 （流程說明書）	制度體系是否健全？ 是否有規範的格式？ 流程說明書是否有科學的查詢方法？ 是否可以跟蹤歷次的修改記錄？ 流程說明書需要經過哪些部門的會簽？ 該流程有哪些相關制度？ 該流程優化後對這些制度有影響嗎？
信息系統	目前公司使用了哪些信息系統？ 該流程是否進行了信息化？ 該流程與公司目前哪些信息化的流程緊密相關？ 從哪些信息化的流程提取數據或向哪些信息化流程提供數據？ 目前的信息系統使用方便程度如何？如何評價？
設備與工具	設備與工具是如何在流程過程中影響輸出的？ 目前設備與工具的性能是否穩定？ 它們的使用是否對客戶的質量、成本等方面構成負面影響？
其他基礎設施	還有其他的哪些基礎設施影響該流程的運行？ 這些基礎設施是如何影響流程運行的？ 能否對這些基礎設施運行現狀進行量化評價？

（2）分析流程模塊。

流程模塊是借用了產品設計模塊化的思想，將流程分解成數個獨立的模塊步驟，並且找出可以用在其他流程上或後期進行改進優化的工作步驟、報表、信息等。流程模塊實際上是流程要素的一些經典組合，經過統一的規範後，可以在多個相差的流程中使用。

流程模塊化要求流程小組合理地將流程步驟進行割分，並對那些可以共享的部分（步驟、報表、信息、職責描述、計劃系統等流程設計要素）進行模塊化分析。在這個過程中，需要不斷和其他有關流程小組進行深入的溝通和分析，找到有關流程對該模塊的共同要求。

分析流程通用模塊，主要包括兩個方面的內容：

一是目前有哪些流程模塊可以用在此流程中？這些模塊各整合了哪些方面的信息？如何有效地將這些模塊應用在該流程中？

二是該流程是否可以進行模塊化設計？如果此流程可以形成一個通用模塊，該模塊要解決的問題是什麼？應包括哪些方面的基本信息？應如何進行設計？可以在哪些流程中使用？

對於流程小組的某個模塊化設計，是否可以公司流程模塊體系的組成部門，由項目經理、諮詢顧問和流程經理共同確定。

新流程的設計有三個重要基礎：客戶關鍵質量點、標杆流程的績效表現、公司現有流程能力。其中，公司現有流程能力是我們設計流程的起點，評估流程設計能力的目的是為了設計具有本企業特色的最符合本企業需要的流程。

【參考3.13】飛鷹速遞公司收派件流程優化過程。

飛鷹速遞公司收派件流程優化過程

一、公司背景資料

飛鷹速遞公司是一家大型速遞企業，專門為企業提供速遞服務（主要是文件、票據和其他重量較輕的原材料、半成品、成品等）。公司有遍布全國各大中型城市的網絡，其競爭優勢是迅速、準確性高，在香港和沿海各地樹立起良好的品牌形象。

二、公司運作模式

（一）基本運作模式

公司的運作模式是，各分部的干線車負責快件在分部與中轉場、航空組和海關關場之間的運輸。分部根據各中轉班次、航班和進出口清關批次的時間設定收派員（負責從客戶手中收取快件、將快件派送至客戶手中的員工）在分部集合的時間。

在收件流程中，收派員按規定時間把他們所收的快件交給分部，分部對所收的快件進行歸類並裝車；在派件的流程當中，快件由干線車拉回分部後，倉管員按收派員所負責的區域分揀快件，再由收派員把快件帶回他所負責的區域向客戶派送。其中涉及與客戶直接接觸的部分可分為兩個，即收件過程和派件過程（見圖3.17）。

（二）收件運行過程

寄件客戶致電公司接單組，接單組以手機短信方式（公司統一為收派員配置的特別手機和公司系統對接）通知該客戶對應的收派員，該收派員接到信息後，即前往客戶處收件；然後在公司規定的時間內返回分部上交所收快件。

（三）派件運行過程

通過各中轉場（包括收件中轉場和派件中轉場）將快件發送到收件分部，收件分部經過分揀後，將某區域客戶的收件一起交給負責該區域的收派員，由該收派員負責向客戶派送。大部分收派員以摩托車作為交通工具來收派件。

三、目前存在的問題

收派員與分部直接交接快件的運作模式在某些地區漸漸暴露了它的弊端，具體表現在：

（一）分佈範圍廣

由於某些分部覆蓋範圍很廣，收派員在往返分部所花的時間較長，影響了收件的截單時間和派件時間。這個問題在以自行車為主要運輸工具的分部尤為明顯。

（二）大件收派成本高

以摩托車為主的收派方式，無法滿足大件的收派，分部因此需要組織專門的車輛負責大件的收派，增加了營運成本。

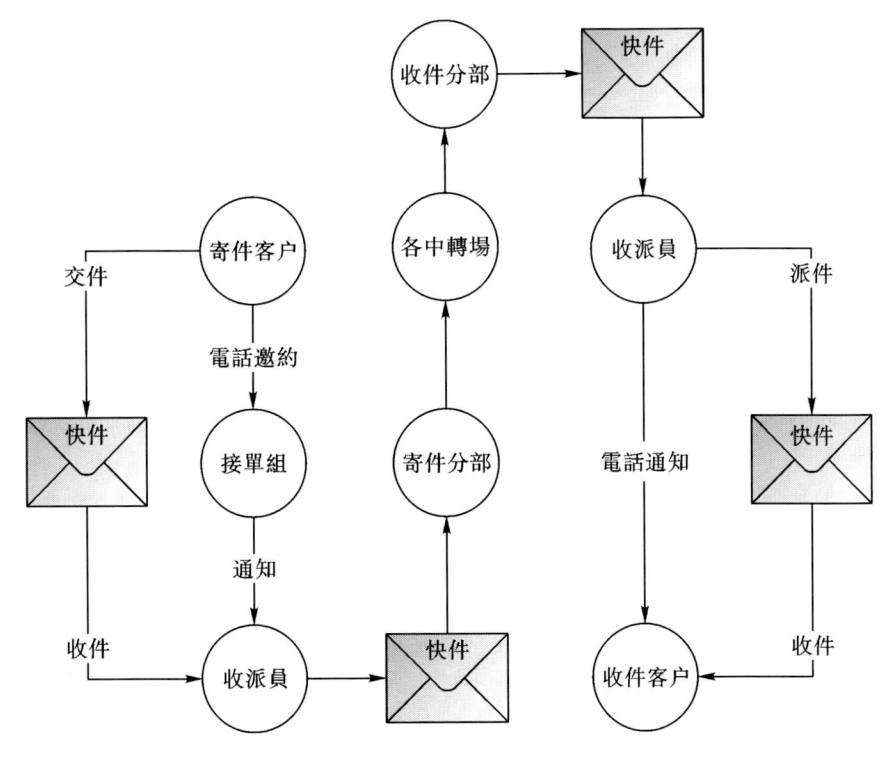

圖 3.17　收派件流程圖

（三）臨時保管的難度高

遠離分部的收派員由於無法經常往返分部，小件包裹只能疊加在摩托車的貨架上，因此增加了快件保管的難度和收派員駕駛的危險性。

以摩托車為主的運輸方式，快件易受天氣的影響（如下雨），造成快件的損壞或變質。

（四）快件延誤

某些分部在干線車抵達分部，倉管員把快件分揀結束後，收派員來不及在規定的時間返回分部，出現「貨等人」的情況，嚴重影響了快件的派送時間。同樣在收件方面，某些收派員由於趕不上規定時間返回分部，其所收的快件只能參與下一班中轉批次，延誤了派送。

四、優化流程

針對此流程所存在的這些弊端，該公司企劃部門和一些分部人員一起進行了深入調研，提出了一個優化方案——以「流動倉庫」（接駁車）來接駁收派員的收件和派件。具體而言，在這種流程運作模式下，把離分部較遠的區域按收派員數量及其收派件的件數分為幾個小片區，分部為每個小片區配備一輛車，由接駁車及車上配備的倉管員負責快件在分部與小片區覆蓋的收派員之間的運送。並在每輛車負責的小片區設

定固定停靠點，車輛定時在停靠點與分部之間穿行，收派員在約定的時間到停靠點集中交件和取件。這種運作形式類似於公共汽車的定點始發，中途停站並返回終點站的運作模式。

在收件時，收派員把所收取的快件帶到接駁車停靠處集中並交與車上的倉管員，再由接駁車統一把快件帶回分部；在派件方面，分部的倉管員把按收派員分揀的快件再按小片區分車，由接駁車帶到既定的地點，由那裡集中的收派員負責派發。接駁車起到了連接分部與收派員之間的橋樑作用（如圖3.18）。

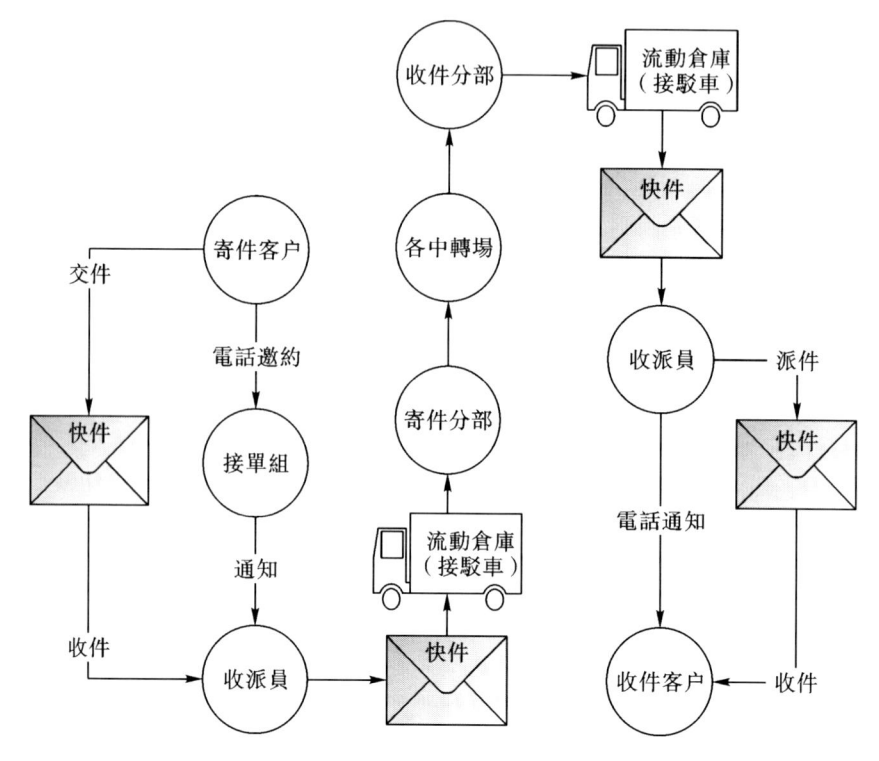

圖3.18　優化後的收派件流程圖

五、新舊流程比較

從圖3.18中可以清楚地看出，新的流程比原流程多了一個節點——流動倉庫（圖中看起來是兩個節點，但實際上是該流動倉庫所承擔的兩個職能），在該節點負責收取收派員的收件並發放應由其派送的快件。新舊兩種流程運行模式的比較如表3.14所示。

表 3.14　　　　　　　　　　新舊兩種流程運行模式的比較

序號	比較內容	現有流程運行模式	新流程運行模式
1	收件操作	收派員在規定的時間返回分部交件	收派員在收件的過程中根據收件量可以頻繁往返於客戶與接駁車之間。不過，在規定的時間內必須返回流動倉庫（接駁車）交件，接駁車再把所收快件統一運回分部
2	派件操作	干線車把快件帶回分部，由分部倉管員將快件分揀，交給收派員派送	干線車把快件帶回分部，由分部倉管員將快件按收派員分揀並裝袋，利用流動倉庫（接駁車）把小片區的快件運載到約定地點交給收派員
3	收派速度	可能出現「貨等人」或來不及交件的現象，快件停滯在倉庫，派件速度較慢	減少「貨等人」或收派員在分部交件不及時的現象；節省收派員在路上的往返時間，收派速度加快
4	快件存放與保管	倉庫固定在分部，路上由收派員自行攜帶，快件容易丟失，安全性不高並易受天氣影響	接駁車相當於一個流動倉庫，快件存放在車上，安全性大大提高，快件不受天氣影響，受損概率降低
5	人員數量變動	倉管員在分部操作，數量較少。隨著分部業務量加大，需要增加收派班次和收派員	在室外流動操作，每輛接駁車均須配備司機和倉管員。由於所有參與二程接駁的收派員工作效率提高，減輕了增加收派員的壓力
6	設備數量	固定在倉庫操作，設備數量較少（保持現有數量）	在室外流動操作，需要另外配備車輛
7	成本變化	在件量增加的時候，分部須增加收派員的數量，對新增加的收派員有時須補貼其收入	有可能增加運輸車輛和司機，增加接駁車倉管員的人數；由於收派員的收派件時間增加，工作效率提高，個人營運成本下降
8	對中轉班次變動的適應能力	在中轉班次增加時，變動收派員的班次較困難	容易適應中轉班次的變化

六、收益分析

綜合比較之後，優化後的流程可能帶來的收益如下：

從原來收派員各自負責快件在分部與其負責區域的運輸轉變成由一輛車負責多個收派員的快件的運輸，提高了運輸效益。

節省收派員往返分部的時間，延長收派員用於收件與派件的時間，從而提高工作效益，因此也減輕增加收派員班次（如增加班次需新增收派員）和公司在件量較少的情況下補貼新收派員收入的壓力。

接駁車充當流動倉庫的角色，為快件保管提供條件，提高了快件的安全性並降低了快件受損的可能性。

由於接駁車離收派員的活動範圍較近，收派員可以頻繁往返於客戶與接駁車之間，降低了他們各自的營運成本，並提高其收派大件的能力，從而減少對目前利用分部車輛接大件的依賴。

收派員活動範圍的減小將減輕「貨等人」和收派員來不及回到分部而延遲交件的問題，為實行限時服務提供更有力的保障。

在上述派件過程中，該流程的客戶有兩個：一個是需要收派員的客戶（外部客戶），一個是公司（內部客戶）。對該流程的外部客戶而言，其需要包括安全、迅速、價格合理、服務態度等方面，而公司（內部客戶）的需要除外部客戶的需要外，還包括收派線路合理、降低營運成本等方面。為了滿足客戶需要，該流程的設計要素可以有多種組合。

增加分部，使每個分部所服務的區域縮小，這樣可以縮短收派員往返分部的時間——但增加分部的成本太高。

增加收派員，使每個收派員面向的客戶數量減少，這樣會導致單個收派員收派件數量下降。而收派員的收入是根據收派件數量來計算的，數量的減少意味著收入的減少，這樣會打擊收派員的工作積極性。而收派員的服務態度對公司市場拓展、客戶服務至關重要。

升級收派員的交通工具，統一採用機動車輛。由於很多大城市已經禁止摩托車上路，而使用小貨車的成本太高，收派員和公司都無法承受。

基於這種分析，在眾多設計要素的組合中，增加一個流動倉庫是最佳選擇。

（3）設計新流程。

在分析流程設計要素和評估新流程設計能力後，便開始設計新流程。在這個過程中的輸出是設計好的新流程和流程說明書。

①制定新流程設計思想。

新流程設計思想是我們在設計新流程時應該貫徹的基本原則和要求。這些思想是該流程各種要素的最優組合方式，是實現流程績效目標的基礎。

新流程設計思想需要考慮的內容：

·流程客戶以及客戶關鍵質量點；確定公司對客戶需要滿足的優先原則。

·流程績效指標，進行流程績效指標的定義和權重分配。

·實現客戶需要所必需的過程和功能，通過質量功能展開將客戶需要轉化為流程過程。

·流程的關鍵控制點和控制要求、方法。

·流程各節點並行、串行方式。

·需要清除的非增值業務和活動內容清單。

·需要簡化的活動內容清單。

·需要新增加的活動內容清單。

·流程對有關設備、工具的要求和改進計劃、建議。

·流程的輸入、輸出因素及其有關要求。

·流程的關鍵崗位及其職責定位。

·流程對組織結構的調整要求。

·流程中信息的傳遞方式。

・流程對計劃、報表的要求及其傳遞方式。
・需要實施信息化內容和步驟。
・標杆流程中可供借鑑的原理和方法。
・該流程在設計時應注意的關聯流程，包括這些流程的優化時間、優化思想，以及這些流程對該流程的影響。

②研究備選方案。

在進行流程要素分析時會發現，有不同的過程和活動方式組合可以滿足客戶需要。不過，不同過程或活動對有關資源，如時間、成本、產出、信息系統等方面的滿足情況可能是不同的。對於流程小組而言，並不一定要求設計一個與標杆流程完全相同的流程，而是要求設計在公司現有資源約束下的最佳流程。這要求流程小組在進行流程設計時，在充分分析流程設計要素的基礎上，研究各類備選方案。

【參考3.14】流星科技公司合理化建議方案。

流星科技公司合理化建議方案

一、背景

流星科技公司在公司辦公自動化系統上設計了一個合理化建議管理系統，使建議的新建、提交、責任範圍與合理性判斷、實施監控、反饋等過程全部在系統上完成（如圖3.19），並可以實現對公司所有提案不同階段的統計分析，並對沒有及時處理、實施的建議進行催辦。對於公司每年10萬條以上的合理化建議而言，該系統具有巨大的意義。

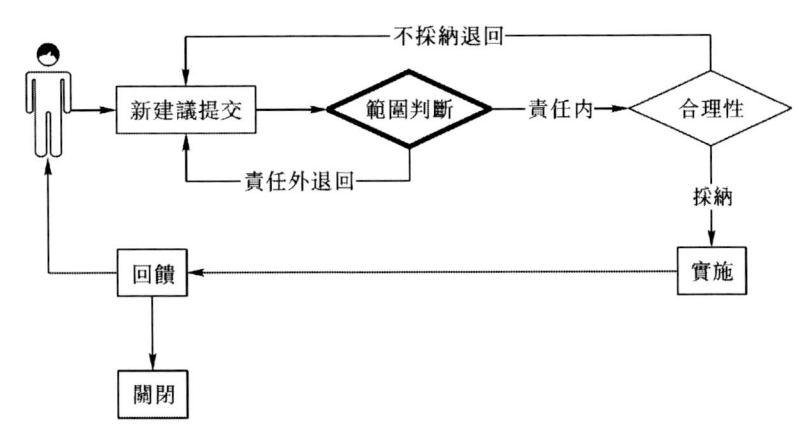

圖3.19 公司合理化建議管理方案一

二、問題提出及新方案提出

流星科技公司在其建議管理過程中發現，由於很多員工對建議內容屬於哪個部門職責範圍內並不太瞭解，導致轉交的建議數量一直居高不下。公司專門成立的合理化建議流程優化小組對該流程運行過程各種方案的成本、時間進行了如下對比分析。

在這個方案中，提案直接由提案人提交給他自認為的責任部門（人），這個接收部門收到提案後進行分析，如果確實是本部門（人）職責範圍內，他就會處理；否則，他將不得不轉交給他自認為的責任部門（人）或退回。

流程優化小組對公司全年建議被轉交（一條建議多次轉交的計算多次）的次數統計發現，每年有被轉交 13,000 條。也就是說，每年有 13,000 條建議處理時間是被白白浪費的，而且，由於大量錯誤轉交的建議，影響了很多員工正常的工作，導致部分員工的不滿，同時這些建議也經常得不到及時的處理。項目小組對該過程進行了成本分析：按處理建議平均每小時工資為 40 元，每處理一條錯誤轉交的建議 5 分鐘（包括打開系統、閱讀其中內容，分析下一個該正確轉交的部門或退回），這樣發現公司每年由於這種錯誤提交而浪費的成本高達 43,333 元。作為一家大型高科技公司，部門眾多，員工不可能都知道別的部門在幹什麼，對全體員工進行培訓使他們知道別的部門職責也沒有必要而且成本高昂、各部分的職責也經常在變動。相對於這麼高的成本，項目小組決定在新的流程中增加一個環節，所有提案先提交到這個節點，在這個節點集中判斷各建議應該提交的部門（如圖 3.20）。

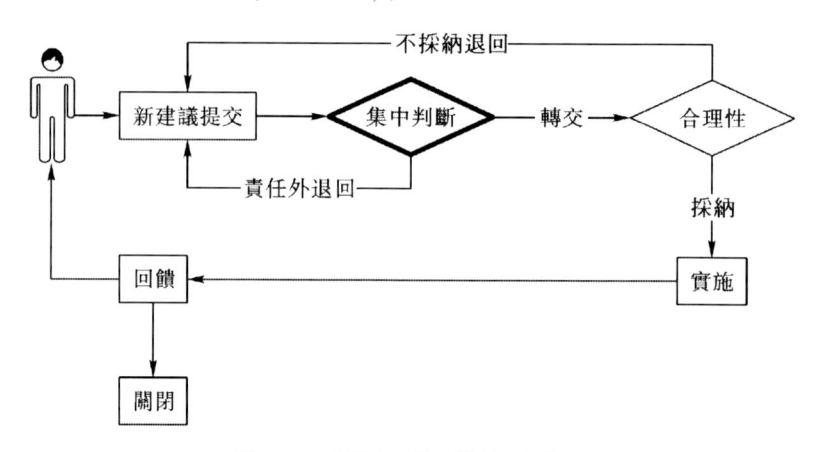

圖 3.20　公司合理化建議管理方案二

三、方案判斷

在方案一中，菱形粗線框中的「範圍判斷」是由各個建議處理人的。

在方案二中，將這部分工作統一集中處理，公司只要在這個節點安排一到兩個專職文員並對其進行專門的培訓即可。在方案一中，處理人進行範圍判斷時，因為對其他部門工作可能不太瞭解，不僅判斷困難，可能還會錯誤轉交給另外的員工。

在方案二中，專職文員所進行的判斷除了範圍外，還需要初步判斷該建議是否合理、是否重複提交等。如果是，可能直接退回給提交人，如果不是則判斷該建議應轉交部門。由於該專職文件受過專門培訓，其錯誤轉交的概率大大降低。

對於兩種設計方案，流程優化小組進行充分的比較分析後，決定採納方案二。

③選擇新的流程。

选择新的流程是对各种备选方案进行分析确认，设计新的过程流程图和流程配套设施的过程。过程流程图是表达新设计思想、完成流程配套设施的重要基础，具有直观、信息量大等优点；而流程配套设施是保证流程正常运行的必要条件。

企业资源管理研究中心提出了流程的七方落实方案，都是关于流程配套设施的（如表3.15）。

表3.15　　　　　　　　　　　流程配套设施设计事项

序号	七方配套设施	具体要求
1	组织结构	一些范围和规模很大的流程变革可能涉及公司组织结构的较大变化，可能会撤销或成立一些新部门，或者部门的职责需要进行较大的调整。此时，应深入分析现有组织结构是否支持该流程的运行，有没有必要对现有组织结构进行较大调整。在进行流程优化后，应对组织结构及其职责进行调整
2	岗位和职责	在设计新流程时，可能会对该流程的一些关键岗位或部分职责进行调整，有的流程专门设置了流程经理，有的需要对现有岗位的职责进行拓展和增加，如上例合理化建议流程优化时，需要对流程节点文员的岗位职责进行明确界定和说明
3	计划	在设计新流程时，应注意新流程所涉及的计划的重新规范。例如，某公司的市场预测与订单管理流程都优化后，提出按周来进行滚动预测，从而原按月进行的计划管理模式需要做重大变革
4	关键输入、输出变量	流程的输入、输出关键变量可能包括设备、工作计划、标准、表单、总结报告等，在这里主要是指一些管理标准、表单等文件格式规定（设备的具体规定在其他文件中体现）。在分析设计流程配套设施时，应分析有哪些关键变量，这些关键变量该如何规定和细化，并完成具体设计
5	流程绩效考核方式	设计流程时应分析其客户和客户需要，以及流程绩效指标的设置。在设置了这些指标后，应具体说明这些指标是如何进行考核的？由谁执行？考核对象是谁？是否需要纳入公司绩效指标体系中？
6	信息化支撑系统	在进行流程设计时，应深入分析新流程操作方式是否可以在现有信息化系统中运行？需要进行哪些调整？是否需要在现有系统上开发一个新的流程甚至设计一个新的系统来支持该流程及相关流程的运作？如果需要开发新的系统，可能需要耗费多长时间？投入多少人力物力？新的系统能否和现有系统兼容？
7	流程说明书（制度）	在完成了流程图和配套设施的设置后，为了进一步系统地整合新流程的设计思想，方便流程执行者的具体操作。需要编制流程说明书

④编制流程说明书。

流程说明书是流程设计思想的集成，它是流程操作者在实施该流程时的指导和规范。流程说明书一般以制度的方式正式下发，通过公司制度的约束力，将流程的设计思想固化，并使执行部门形成规范和习惯。

第一，封面部分。流程书的封面一般包括以下几方面。

公司名称：可以用全称或简称。

文件名稱：一般用「××流程管理辦法」「××流程說明」「××流程手冊」來表示。

流程編號：流程文件是公司文件體系的重要組成部分，因此流程的編碼也應在公司文件體系編碼架構之下。流程編號是該流程在公司流程體系中的編號，可以用「2-4-4」編碼方法，即「××-××××-××××+版本號」。各階編號含義如表 3.16 中所示。

表 3.16　　　　　　　　　　　　流程編號含義

×	×	-	×	×	×	×	-	×	×	×	×
流程適用範圍	文件體系代碼	-	部門或有關資訊代碼					流程文件特性分類	流程流水號		

版本號：可以用「V00」「V01」「V02」……來表達（初始發布為 V00）。例如：A3-C235-D012V01 表示 A 分公司 3 文件體系，C235 部門，D 類流程 012 號流程第 01 版。

流程主要內容概述：簡要說明此流程文件所規定的內容。

發布日期：此流程文件正式發布的日期（一般發布日期為正式實施日期；有些企業可能規定正式實施前有三個或半年的試運行期）。

制定者：該流程文件的編製者及其所在部門和聯繫方式，以便在遇到問題時可以找其諮詢。

審批者：該流程具體是誰審批的。

版本號：說明此流程版本號，一般版本號在流程編號中體現出來。

歷次修改變動部分內容和變動原因：說明該流程歷次版本變動的時間、主要變動內容、變動原因，以便使流程說明文件有追溯性。

第二，正文

目的：正文開頭先說明編製此流程說明文件的目的，一般以「為了規範（或實現）×××，特製定此管理辦法」。

流程的客戶及需要：很多公司在流程說明中都沒有這一項，有這部分內容可以增加對流程說明文件的理解。

範圍：說明此流程文件適用的範圍，是在整個集團，還是某子公司，或者在某個或幾個部門。

流程編製原則：簡要說明在設計流程時遵循的一些基本準則（滿足客戶需要是首要原則，這裡主要指有關的管理原則）。

名詞定義：對該流程中出現的一些關鍵名詞進行界定，以便閱讀者能在一些關鍵定義上達成共識，不至於因對一些概念的理解差異而導致誤解。

關聯文件：說明此流程文件的關聯文件名稱和編號（也可以放在附件中說明）。

權責：對流程中一些關鍵部門的職責進行界定，也可以在具體的節點活動過程中進行描述。

流程節點活動：具體說明流程的各個節點包括哪些活動，是誰承擔，這些活動應

該如何操作及注意事項；這些節點的主要輸入、輸出報表（這些報表可以參見附件「×××」的形式出現）。

記錄保存：該流程文件的制定部門、解釋部門、存檔部門、發布與實施日期。

第三，附件。在附件中，主要包括以下部分內容。

過程流程圖：過程流程圖是該文件的核心內容，該文件以圍繞過程流程來編寫。由於在閱讀時的習慣，將其作為附件。

該過程流程圖各節點輸入輸出的各種重要報表。

★小提示：新流程設計後續工作

新流程設計完畢後，一般需要進行一段時間的試運行，目的是為了檢驗該流程優化後是否真正有效滿足客戶需要，從而可以根據新出現的情況和始料未及的問題對設計方案進行修訂。在試運行階段，對於流程優化小組（流程設計者）和流程執行者（包括流程操作者和流程考核者，流程執行者中的很多人可能本身也是流程設計小組中的一員）都非常重要。

對設計者而言，是發現設計缺陷繼續改進的大好機會；對操作者而言，是盡快熟悉新的流程、改變現有操作方式的有利時機；對流程考核者而言，是發現考核指標設計是否合理、如何科學收集數據的過程。

【實訓練習 3.11】根據你熟知的業務領域或商業領域，分析流程設計要素和流程模塊、設計新流程並編製出相應的流程說明書。

3.3 實訓思考題

1. 如何進行需求獲取？
2. 需求建模方法有哪些？
3. 如何通過需求建模形成需求規格？
4. 業務流程優化的意義何在？
5. 業務流程優化與再造分為哪些工作？
6. 流程再造的關鍵工作有哪些？
7. 如何進行流程現狀分析？
8. 如何進行新流程設計？

4 企業信息系統業務功能設計實訓

企業信息化規劃與需求分析、業務流程優化與再造之後，如果將理想的業務形式變成可執行的程序代碼，還必須經過功能設計與代碼編寫工作。本章將介紹企業信息系統業務功能設計的方法、原則，並通過一個實例來演示如何進行這些工作。

4.1 實訓要求

通過本章的實訓，讓學生通過學會企業信息系統業務流程圖的繪製技法、企業系統業務功能概要設計、企業系統業務功能詳細設計。

本章內容更強調與軟件編程接軌，有了企業信息化規劃的基礎，學生將能夠更容易理解本章實訓內容。在完成本章實訓之後，要能夠獨立完成相關設計工作。

4.2 實訓內容

流行的企業業務系統設計有結構化設計與面向對象設計等方法，在這些方法中，並沒有某一種方法更「先進」或更「落後」，而是看是否更適用於當前的系統現狀。從物料管理與 ERP 應用的角度，企業信息系統業務模塊設計更適用於「概要設計+詳細設計」。

為了能更好地適應信息系統開發的習慣，在已有信息資源規劃與需求工程的基礎之上，進行業務流程圖繪製、概要設計與詳細設計的實訓，將有助於設計的進一步規範，使之直接能夠被程序員理解，並最終由程序員實現為信息系統。

4.2.1 企業系統業務流程圖繪製技法實訓

企業系統業務流程圖的繪製工具首推微軟公司的 Visio。雖然 Visio 是繪製流程圖使用率最高的軟件之一，但也有自己的一些不足。所以，結合實際情況選擇合適的替代工具不失為一種明智的選擇。Visio 的替代工具主要有 Axure、Mindjet MindManager、Photoshop、OmniGraffle 等，其中 OmniGraffle 是評價最高的流程圖工具，但僅限於蘋果系統使用。SAM 是業務流程梳理工具軟件，為流程從業者梳理流程業務提供了便捷、標準化的建模工具，為開展流程梳理、固化、發布工作提供最佳工具支持。

Visio 一開始出現，就非常方便地被用於各類業務流程圖、地圖、網絡圖、規劃圖等設計，其易學易用，便於研討。Visio 不以華麗的繪製手法取勝，它的方便性與實用性使它成為流程類軟件中的翹楚。掌握基本的繪製技法，在正式繪製圖形時將會更加得心應手。Visio 軟件版本眾多，但 Microsoft Office Visio 2003 版覆蓋面最廣，也容易搜集，更新的版本也是在此基礎之上的拓展。因此，本書將以 Microsoft Office Visio 2003 版為實訓軟件，培訓學生正確的繪圖觀念。

4.2.1.1　Visio 軟件概貌

1. Visio 起源

　　Visio 最初屬於 Visio 公司，該公司成立於 1990 年 9 月，起初名為 Axon。原始創始人杰瑞米（Jeremy Jaech）、戴夫（Dave Walter）和泰德·約翰遜均來自 Aldus 公司，其中杰瑞米（Jeremy Jaech）、戴夫（Dave Walter）是 Aldus 的原始創始人，而泰德是 Aldus 公司的 PageMaker for Windows 開發團隊領袖。

　　1992 年，公司更名為 Shapeware。同年 11 月，它發布了公司的第一個產品：Visio。

　　1995 年 8 月 18 日，Shapeware 發布 Visio 4，這是專門為 Windows95 開發的第一個應用程序。

　　1995 年 11 月，Shapeware 將公司名字更改為 Visiol。

　　2000 年 1 月 7 日，微軟公司以 15 億美元股票交換收購 Visio。此後 Visio 並入 Microsoft Office 一起發行。

2. Visio 版本發展

　　Visio 1.0（標準版，Lite，家庭版）

　　Visio 2.0

　　Visio 3.0

　　Visio 4.0（標準版，科技版）

　　Visio 4.1（標準版，科技版）

　　Visio 4.5（標準版，專業版，科技版）

　　Visio 5.0（標準版，專業版，科技版）

　　Visio 2000（6.0；標準版，專業版，科技版，企業版），隨後在微軟收購 Visio 後升級至 SP1

　　Visio 2002（10.0；標準版，專業版）

　　Visio 企業網絡版，Visio 網絡中心版

　　Visio 企業框架版 2003（VEA 2003）（基於 Visio 2002 並包含 Visual Studio．NET 2003 企業框架版）

　　Office Visio 2003（11.0；標準版，專業版）

　　Office Visio for 企業框架版 2005（VEA 2005）（基於 Visio 2003 並包含 Visual Studio 2005 Team Suite 及 Team Architect）

　　Office Visio 2007（12.0；標準版，專業版）

　　Office Visio 2010（14.0；標準版，專業版，白金版）

Office Visio 2013（15.0）

Office Visio 2016（16.0）

3. Visio 簡介

使用 Office Visio 2003，可以通過多種圖表，包括業務流程圖、軟件界面、網絡圖、工作流圖表、數據庫模型和軟件圖表等直觀地記錄、設計和完全瞭解業務流程和系統的狀態。通過使用 Office Visio Professional 2003 可將圖表連結至基礎數據，以提供更完整的畫面，從而使圖表更智能、更有用。

4.2.1.2　Visio 基本操作

進入 Visio 後顯示的主界面如圖 4.1 所示，頂部為菜單欄，其下為工具欄。左側為「選擇繪圖類型」對話框，右側為各任務空格（可點擊向下的黑色三角形切換）。

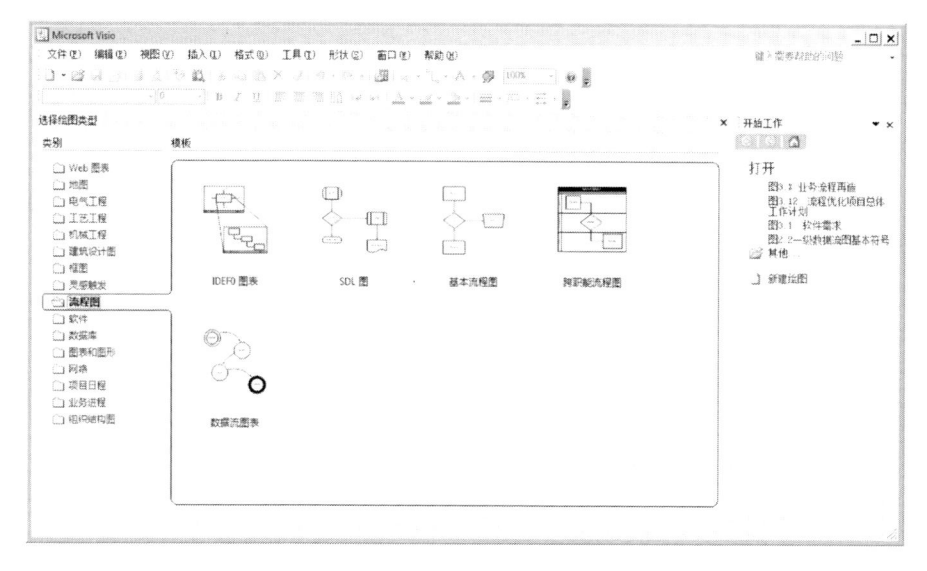

圖 4.1　Microsoft Visio 主界面

1. 進入繪圖界面

點擊「選擇繪圖類型」中的各個類型，這裡先選擇「流程圖」，然後在中間展開的流程圖類型中點擊「基本流程圖」（也可以點擊主菜單「文件—新建—流程圖—基本流程圖」），然後將進入基本流程圖繪製界面（如圖 4.2 所示）。

此時，左側顯示出「基本流程圖形狀」「邊框和標題」「背景」「箭頭形狀」等滑動窗口。嘗試點擊不同的滑動窗口，將顯示不同的形狀。

★小提示：增加更多的圖形到當前界面中

Microsoft Visio 默認打開的界面中，左側的滑窗顯示的形狀通常有限。有時我們希望能夠在當前界面中增加更多的滑窗及形狀，可以點擊工具欄中的「形狀」按鈕，從中選擇其他的內容加入當前界面中。

這種方式加入的形狀與菜單「文件—新建」的不同在於，這種方式是「添加到當前界面中」，而「文件—新建」將會創建一個全新的界面，並不能添加到當前界面中。

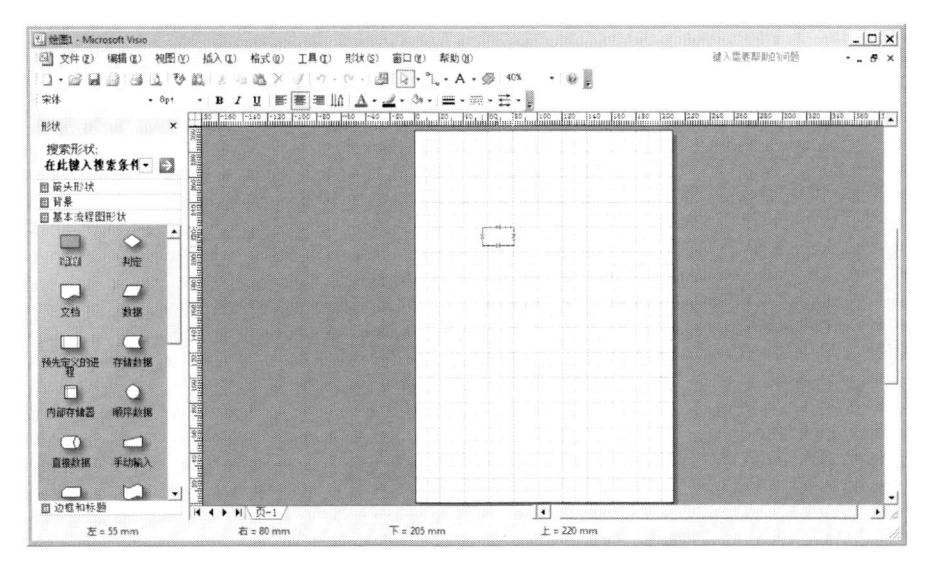

圖 4.2　基本流程圖操作界面

2. 繪製簡單的圖形

這裡用鼠標點擊「基本流程圖形狀」中的某個形狀，然後拖拽到右側的空白頁面處，形狀將置於空白頁面之上；這裡先拖曳任意 4 個形狀（如進程、文檔、數據、存儲數據），自由排列。

為了能夠更好地顯示編輯的對象，點擊工具欄上面的百分比對話框，選擇 100%顯示。

當形狀處於選中狀態時，每個形狀上面有八個綠色小方框和一個綠色小圓圈。其中的八個綠色小方框通常可以拖拽不同的大小、長寬，而綠色小圓圈則是旋轉手柄，可以拖拽綠色小圓圈將該對象進行旋轉；當形狀處於未選中狀態時，上面通常有 4 個（有時更多個）淺藍色的小叉，這些小叉名為「連接點」。

拖曳「基本流程圖形狀」滑動窗口右側的垂直滾動條，直到出現「動態連接線」，拖曳其中的「動態連接線」到右側，將其中兩個形狀進行連接；然後再拖曳一次「動態連接線」將剩餘的另外兩個形狀進行連接。調連接的形狀位置，使連接線交叉。

> ★小提示：兩種連接方式
>
> 　連接有兩種方式，一種是固定連接方式，即讓動態連接線的一端停靠在形狀的連接點上，使該連接點變成中間有黑點的紅色小方框；另一種是動態連接方式，即讓動態連接線的一端停靠在形狀中心位置後放手，此時的連接點將會變成中間無黑點的紅色小框。通常我們在繪製需要經常研討的複雜草圖時使用動態連接，而正式確定的或者非常簡單的圖形會使用固定連接。
>
> 　無論動態連接方式還是固定連接方式，一旦連接好形狀，拖曳形狀時連接線會跟著調整。固定連接方式的連接點固定不變，動態連接方式的連接點會自動根據當前位置的關係進行調整。
>
> 　使用連接線連接後，連接線會跟隨元件的移動而移動，這樣有利於多人進行研討。

連接如果正常，那麼交叉的兩條動態連接線中的其中一條上面將會出現一個小彎，

這個小彎叫「跨線」（見圖 4.3）。跨線是為了正常顯示複雜的交叉線的一種智能舉措。

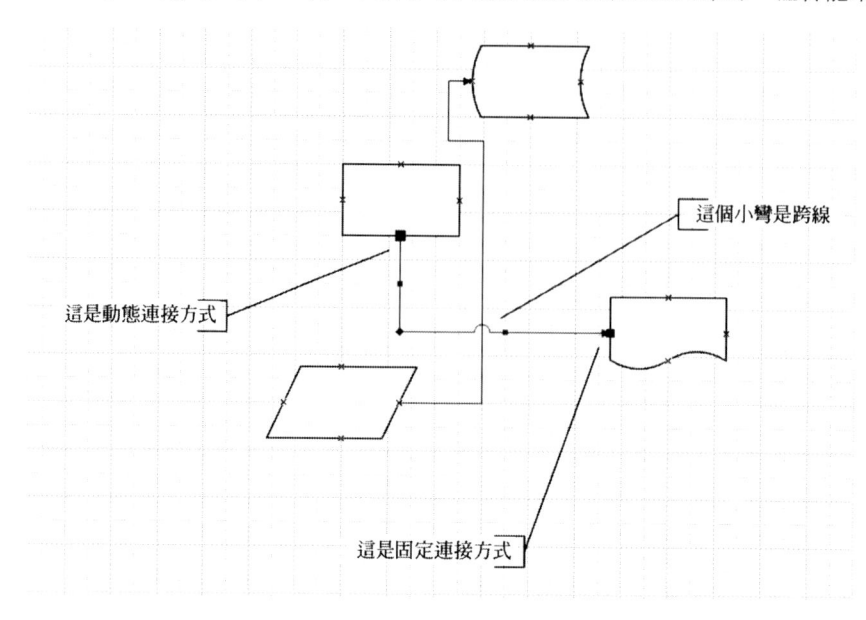

圖 4.3　不同的連接方式與跨線

3. 保存與插入到 Word 文本中

繪製完成後，點擊主菜單「文件—保存」（此時將會彈出「另存為」對話框）保存文件到桌面上，命名為「交叉四元件」，默認保存的文件類型為「繪圖」（如圖 4.4）。

「繪圖」文件類型為 Visio 特有的格式，其後綴名為「VSD」，這種格式可以在以後重新進入 Visio 時再次進行編輯。

圖 4.4　Visio 保存界面

4 企業信息系統業務功能設計實訓

　　Visio 的圖形繪製通常是了為插入到 Word 文檔之中進行圖文混排的。當圖形繪製完成後，通常是希望通過簡單複製、粘貼插到 Word 文檔之中。也許不少人也是這樣操作的，並且認為這樣做很正常。不過，這樣做有明顯的弊端：由於最終成文的含圖 Word 文檔不一定在當前裝有 Visio 的電腦上打印，所以在其他未裝有 Visio 的電腦上打印時可能會顯示異常。為了能夠正確地在其他未裝有 Visio 的電腦上正常顯示、打印，應按如下方法操作：

　　保存為正常的「繪圖」類型之後，再次點擊主菜單「文件—另存為」進入「另存為」對話框，點擊其中「保存類型」為「JPEG 文件交換格式」（可能需要拖曳下拉列表框的垂直滾動條來找尋），然後點擊「保存」按鈕進入「JPG 輸出選項」對話框，將其中的「質量」選項改為 95%、「分辨率」和「大小」均選擇「源」（見圖 4.5），然後點擊確定保存 JPG 文件。

圖 4.5　JPG 輸出選項

　　進入 Word 後，點擊菜單「插入—圖片—來自文件」，然後選擇剛才保存的那個 JPG 文件，即可插入到 Word 中。有時在 Word 中圖形顯示不完整時，可以點擊圖片，然後點擊 Word 的「圖片」工具欄，從中選擇「文字環繞」，再選擇「上下型環繞」即可完整顯示（這裡以 Micorsoft Word 2003 版為例）。

　　【實訓練習 4.1】嘗試自己繪製簡單流程圖，並按上述方法插入到 Word 中。

4.2.1.3　修飾 Viso 圖形形狀

1. 調整文本的字體、字號和位置

在基本的形狀上點擊或雙擊，可以輸入文字，不過默認的字體字號一般是宋體 8 號，字體細小，如果作為流程圖導入到文本中通常顯示不清晰。為了能夠清晰，建議使用黑體 10 號比較合適，當然如果圖形簡單設置為 12 號也可以。

文本默認的位置一般是形狀的正中，有時為了流程設計的需要，需要將文本的位置進行調整。點擊菜單「格式—文本」將彈出一個對話框，裡面可以進行更複雜的設置。比如「段落」中的水準對齊方式和「文本塊」中的垂直對齊方式可以將文本自由定位於框的左、中、右等位置（如圖 4.6），有興趣的讀者也可以嘗試一下。

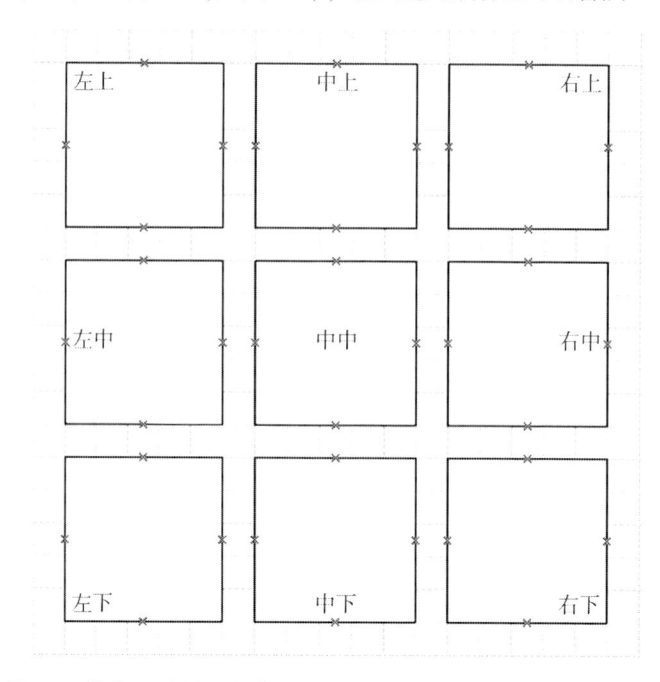

圖 4.6　格式-文本的「段落」與「文本塊」可以設置不同的文本位置

2. 變化箭線、箭頭、線型

選中圖中所繪連接線，即可直接在上面輸入文字，這樣連接線上的文字更能夠豐富相關信息。

選中圖中所繪連接線，再點擊工具欄上的「線條粗細」「線型」「線端」等按鈕，可以設置不同粗細、線型（比如實線與虛線）、線端（比如箭頭類型或方向）。這樣設置之後，連接線的變化非常之多（如圖 4.7）。在「基本流程圖形狀」滑窗裡還有一個「直線-曲線連接線」可以用來繪製弧形連接線。

3. 設置文字、線條或形狀的顏色

顏色有文字顏色、線條顏色、填充顏色三類。選中形狀後，點擊工具欄上的「文字顏色」「線條顏色」「填充顏色」可以設置選中形狀裡的文字、邊框（或連接線）、

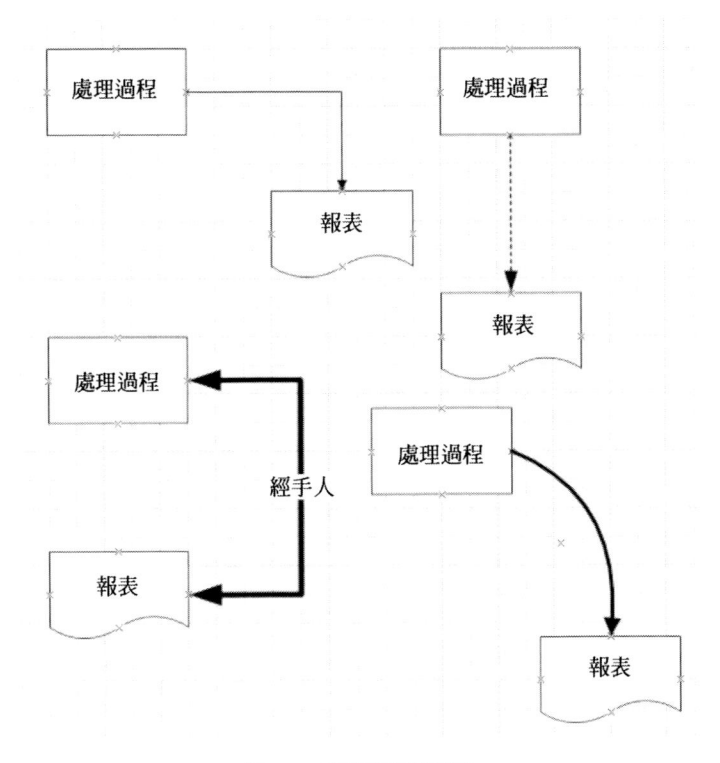

圖 4.7　不同的箭頭箭線

形狀自身的顏色。

　　工具欄上的顏色設置非常方便，不過如果使用「格式」菜單中的「文本」「線條」和「填充」將會有更多的顏色設置功能。

　　4. 移動文本塊的位置

　　文本塊是指與某個形狀相關聯的文本區域。文本塊一般默認在形狀的正中或下方。有時需要將文本塊位置進行調整，那麼就需要用到工具欄中的「文本塊」工具了。選中某個輸入有文字的形狀，點擊工具欄的文本工具右側的黑色小三角形，可以從中選擇文本塊工具（如圖 4.8）。

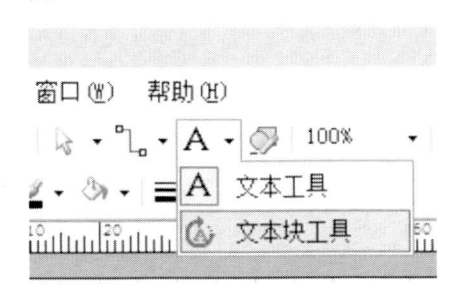

圖 4.8　文本塊工具

將鼠標移到形狀中的文本位置，鼠標箭頭將發生變化，並出現「移動文本塊」的提示框，此時可以拖曳文本塊到不同的位置。這樣便於在流程設計時，將文本塊自由移動到不同的位置。移動完畢後，點擊工具欄上的指針工具恢復選擇狀態。

5. 增加更多的連接點

一個常見的形狀上面一般只有4個連接點，繪製複雜的流程圖時，多條連接線擠在一起，再加上箭頭密密麻麻根本看不清，這時就需要在形狀上增加更多的連接點。

首先選中需要增加連接點的形狀，然後點擊工具欄上的連接線工具右側的黑色三角形選擇「連接點工具」（如圖 4.9）。

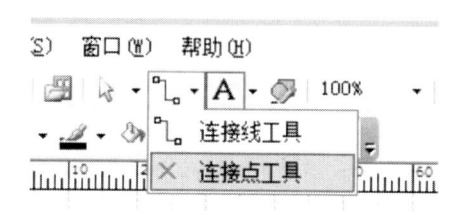

圖 4.9　連接點工具

然後，按住 Ctrl 鍵不放，將鼠標移動到選中形狀的邊框上，可以發現出現了一個小十字點，此時點擊將會新建一個連接點；如果選中某個連接點按鍵盤上的 Delete 鍵，將會刪除選中的連接點。形狀上繪製多個連接點後，可以與多條連接線進行連接。

最後，重新點擊工具欄上的指針工具，以完成連接點編輯。

6. 填充變化

選中形狀後，點擊工具欄上的「填充顏色」只能填充單色，對於一些圖形效果要求較好的設計而言顯然不夠。其實，填充可以有更多變化：選中形狀後，點擊菜單「格式—填充」，你可以填充不同的圖案和調整透明度，同時可以設置陰影及透明度（如圖 4.10）。

為了在今後的設計中體現更好的圖形效果，讀者可以操作熟悉一下各種填充的變化效果。

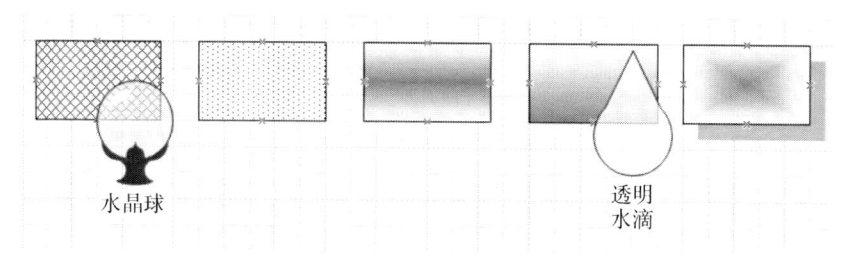

圖 4.10　各種填充的效果變化

7. 圓角和陰影

有時為了讓矩形等生硬的邊角形狀或者轉折的連接線變化為有一點圓角效果，可以點擊菜單「格式—圓角」和「格式—陰影」對形狀或連接線進行調整（如圖 4.11）。

图 4.11　经过圆角和阴影处理的图形

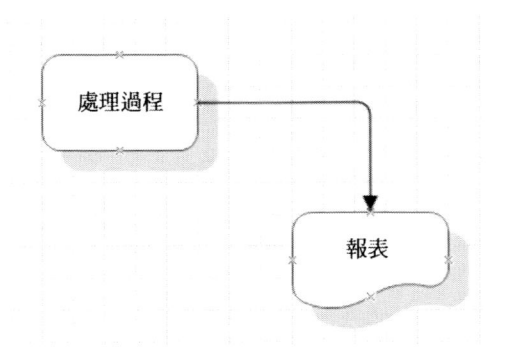

★小提示：格式刷

如果你定义好了某一个形状（包括字体字号、阴影圆角）等，选中这个形状后点击工具栏上的格式刷，再点击其他未定义的形状，那么前一个形状的格式（包括字体字号、阴影圆角）将会立即套用到后一个形状中去。

通过格式刷，可以快捷地对图中的形状、连接线等进行格式定义。

【实训练习 4.2】尝试自己绘制各类形状，并按上述方法进行修饰。

4.2.1.4　形状操作

1. 对齐与排放

虽然 Micorsoft Visio 提供了水准和垂直参考线、背景的对齐框等方式辅助操作者进行对齐工作。不过，有时为了提高工效，可以选中若干个形状后，点击菜单「形状—对齐形状」就可按水准（左中右）或垂直（上中下）进行对齐操作，使图形看起来工整。

2. 自定义形状

有时为了设计工作所需，Visio 自带的形状未必够用。这时，我们需要自己创建一些图形。

【实训练习 4.3】绘制自己的形状。

第一，绘制月亮。在 Visio 页面中拖曳入两个部分重叠的正圆形，选中这两个正圆形（可以按 Ctrl 键分别点选，也可以通过鼠标拖曳一个选区选择）。点击菜单「形状—操作—拆分」，此时原来交叠的两个正圆形被拆成了三个形状，其中有两个月亮形状。

第二，利用月亮绘制人脸。再拖曳入一个新的正圆形（用鼠标右键点击新拖入的正圆形，从右键弹出菜单中选择「形状—置于底层」）。将两个月亮填充为黑色，并移动、旋转、缩放两个月亮，使之形态类似于人的头发。然后，将两片黑色的月亮当作人的左右对分的发型，移到正圆形的上方，那么一个基本的人脸就基本完成了（如图 4.12 所示）。

第三，群组形状。现在三个形状虽然摆在一起像一个人脸，但一起移动显得不方便。全部选中这几个组成人脸的形状，再点击菜单「形状—组合—组合」，就可以将这三个形状变成一个形状了。

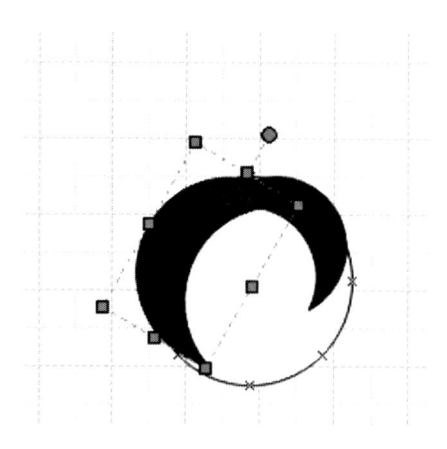

圖 4.12　利用拆分工具完成人臉繪製

第四，定義文本。由於是群組的形狀，因此雙擊輸入文本無效。只能選中這個群組形狀後直接輸入文字，然後利用文本塊工具將文字移到圖形下方。

★小提示：如何在高版本 Microsoft Visio 中打開自定義形狀來新建模具

從 2007 版開始，Microsoft Visio 與 Microsoft Office 進一步整合，操作界面發生了重大的改變。在基本的工具欄中，進行拆分、合併、剪切等形狀操作的菜單消失了，這時如何完成相關的形狀操作呢？答案是「開發人員模式」。

在高版本 Microsoft Visio 中（如 2007、2010、2013、2016 等），點擊主菜單「文件—選項」，在彈出對話框中點擊左側的「高級」，然後拖拽右側的垂直滾動條到對話框底部，在右側的「常規」組中勾選「以開發人員模式運行」，確定後頂部工具欄將多出一項「開發工具」的標籤頁，這樣就可以進行形狀操作了。

【實訓練習 4.4】繪製單代號網絡圖框。

單代號網絡圖框是項目管理中單代號網絡圖法所使用的形狀，它由 5 個矩形框和 1 個文本對象組成。

第一，拖曳一個矩形框並綻放成小正方形。

第二，選中這個小正方形，按三次 Ctrl+D 鍵克隆形狀，這樣共有 4 個同等大小的正方形。

第三，拖曳一個矩形框，其高度等於兩個小正方形的高度。

第四，點擊工具欄上的「文本」工具，然後輸入大寫英文字母 D。

第五，將 4 個正方形和一個矩形框、字母 D 排列到一起，全部選中後按 Ctrl+G 群組為一個形狀。

第六，現在，一個單代號網絡圖框形狀已經繪製完成（如圖 4.13 所示）。

第七，在選中這個單代號網絡圖框的前提下，再緩慢點擊一至兩下其中左上角的那個正方形（保證這個正方形正好被選中），輸入字母 ES；同樣方法，再將其他框中分別輸入文字（見圖 4.13）。

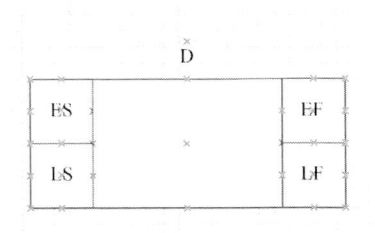

圖 4.13　單代號網路圖框繪製

4.2.1.5　自定義模具實訓

有時候，當我們繪製完一些自定義形狀後，在今後仍然可能再次使用。這時，就需要自定義模具。

【實訓練習 4.5】定義「我的流程模具」。

第一，點擊主菜單「文件—形狀—新建模具」。這時，左側滑窗處將會出現一個新的滑窗，名為「模具 1」。

第二，將剛才繪製的人臉形狀拖曳到左側的「模具 1」滑窗中，這時滑窗中出現了人臉形狀的圖標，系統自動為其命名為「主控形狀. 0」。

第三，選中滑窗中這個人臉圖標，點擊鼠標右鍵，在彈出菜單中選擇「重命名主控形狀」，將「主控形狀. 0」更名為「操作員」。

第三，將剛才繪製和單代號網絡圖框拖曳到左側的「模具 1」滑窗中，按 F2 鍵後更名為「單代號網絡圖框」（見圖 4.14）。

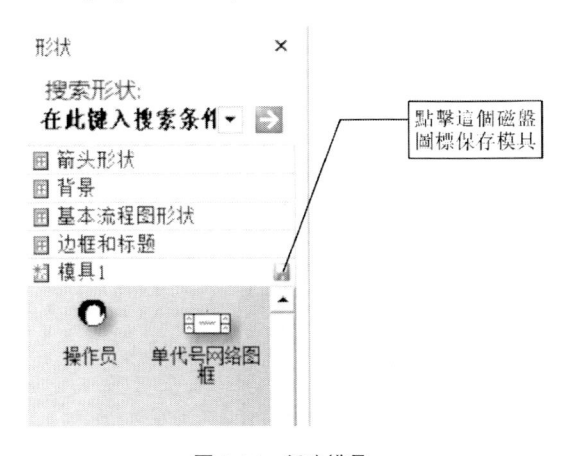

圖 4.14　新建模具

第四，點擊「模具 1」滑窗中的磁盤圖標，保存模具名為「我的流程模具」。此時，滑窗「模具 1」變成了「我的流程模具」，並且滑窗上的磁盤圖標將會消失。

★小提示：如何復用自定義模具
默認模具名保存在「我的文檔—我的形狀」文件夾中，後綴名為「VSS」，將自定義的模具文件備份。 　　以後需要復用時，只需要在安裝有 Microsoft Visio 的電腦中，將此模具備份文件再次拷貝到「我的文檔—我的形狀」文件夾中。然後，進入 Micorsoft Visio，點擊菜單工具欄「形狀—我的形狀」，就可以再次找到自定義形狀加以復用。

【實訓練習4.6】參考圖4.15，嘗試自定義更多的形狀，再分別定義不同類別的模具，將這些形狀分類放入保存、復用。

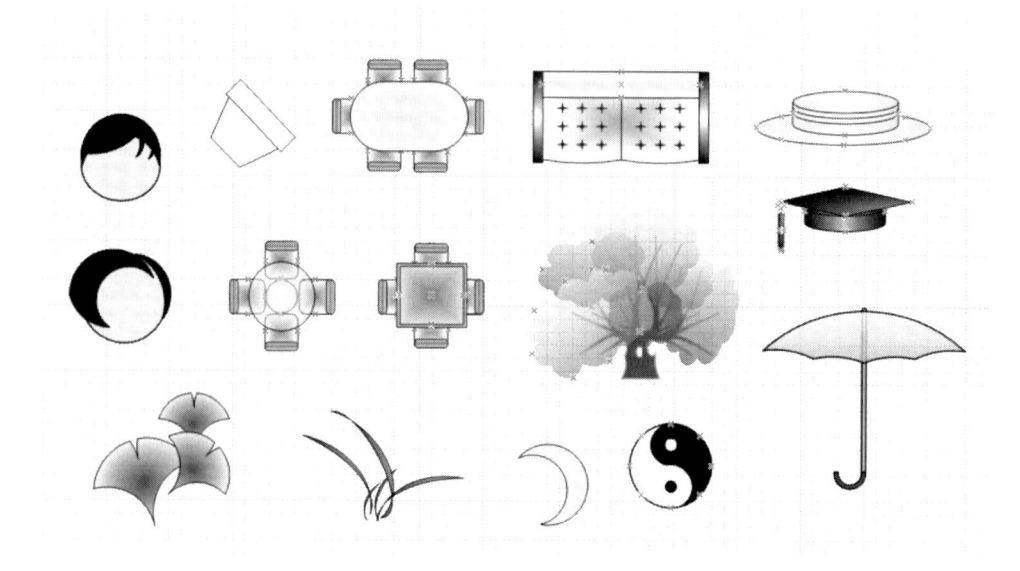

圖 4.15　嘗試自由創作一些自定義形狀

4.2.2　企業信息系統業務功能設計實訓

　　企業信息系統業務功能概要設計是在需求分析工作完成之後，形成了《需要規格說明書》的基礎上進行的；而詳細設計又在需求分析、概要設計的基礎上進行的。

4.2.2.1　從需求規格到概要設計

　　為了能夠更好地理解概要設計的內容，以下以一個相對獨立、完整的案例來介紹。

　　【參考4.1】某圖書館借閱系統概要設計。

　　為了能夠更好地理解如果開始概要設計工作，以下的案例中假設已經完成了信息資源規劃（包括研製職能域與業務過程、用戶視圖分析、數據結構規範化、數據流分析）、需求工程（需求獲取、需求建模與需求規格形成）、業務流程優化與再造（流程規劃、流程現狀分析、新流程設計）等工作，並形成了一份相對完整的《圖書館借閱系統需求規格說明書》。

圖書館借閱系統需求規格說明書

一、引言

一個軟件系統從立項到實際使用，大致需要經過軟件計劃、需求分析、系統設計（包括概要設計、詳細設計）、編程、測試以及維護等幾個階段，在這幾個階段中，工作量最大的是系統設計，這一個階段也是保證一個軟件系統成敗的關鍵。

經過前階段的工作，根據相關研究，我們對整個系統有了一個共同的理解，系統目的是為了達成一個實用、高效、低成本的圖書館借閱功能管理系統解決方案，能夠為圖書館工作提供依據與方便。

二、系統架構與主要功能模塊設計

（一）業務流程分析

圖書館的業務分為創建圖書證、借書業務、還書業務幾大塊。為避免業務複雜導致理解困難，將業務流程圖按業務分為多幅圖以便於理解。

1. 圖書證辦理業務流程圖

該圖書證主要根據學生證進行辦理，程序自動生成圖書證檔案和圖書證，並打印塑封後交給學生。（如圖4.16）。

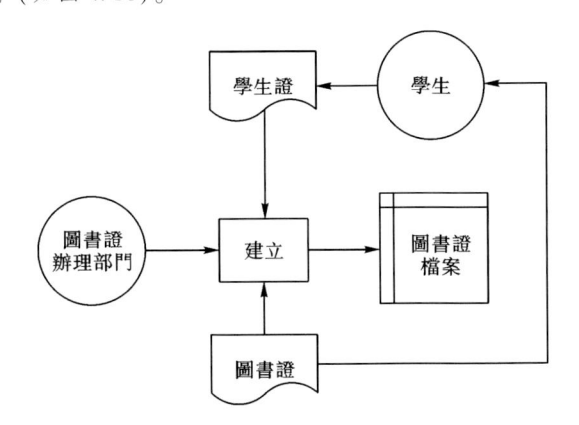

圖4.16 圖書證辦理業務流程圖

2. 圖書證借書業務流程圖

學生自行到書庫查找到圖書並帶到借還書處，同時將圖書證交上辦理。借還書處通過掃描圖書證判斷是否可以借書，可以後再掃描圖書上的條碼標籤並辦理借書手續。掃描後電腦將相關數據自動記錄入數據庫中（如圖4.17）。

圖書上的條碼是重要的數據來源，匯同圖書證上的圖書證號，能夠在圖書證檔案上記錄圖書證號與書號。注意：學生借完書後就帶走了書，圖上並未反應出來，原因是此業務反應的是物流而非信息流；此圖上只顯示信息流。

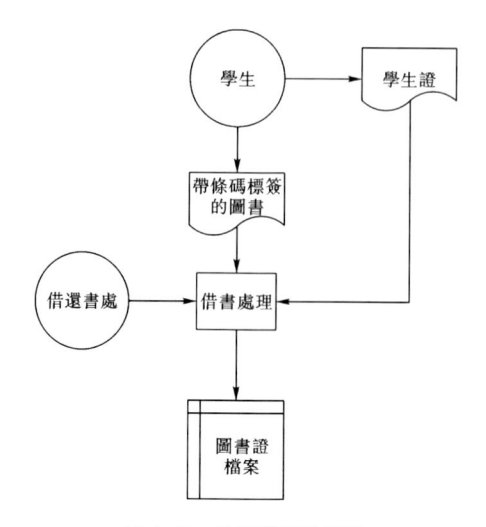

図4.17　借書業務流程圖

3. 圖書證還書業務流程圖

學生將帶條碼標籤的圖書交到借還書處，借還書處掃描圖書上的條碼標籤，系統自動判斷是否超期並處理相關還書手續（如圖4.18）。

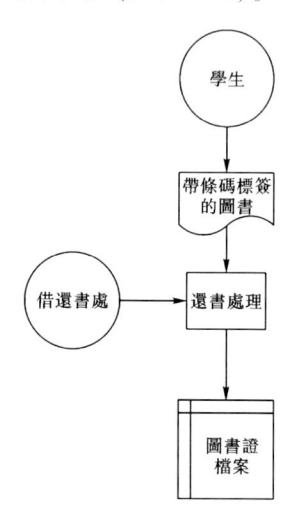

圖4.18　還書業務流程圖

圖書上的條碼標籤是重要的數據來源，掃描還書後電腦自動在圖書證檔案中銷掉相關借書記錄。圖書證本身只能提供一個身分識別，上面並不存儲數據。借還書的相關數據仍然保存在圖書證檔案庫中。

（二）概要設計

接下來，就是系統概要設計階段。概要設計主要分為兩大版塊：一是數據流分析（形成二級數據流圖）和數據庫概念設計，二是功能模塊劃分與簡要的功能模塊設計。

1. 二級數據流圖與數據庫概念模型

根據系統分析與數據流分析，最終設定二級數據流圖，如圖4.19所示。然後，根據需求規格說明書，設計數據庫模型，在概要設計階段，只設計出概念模型即可。

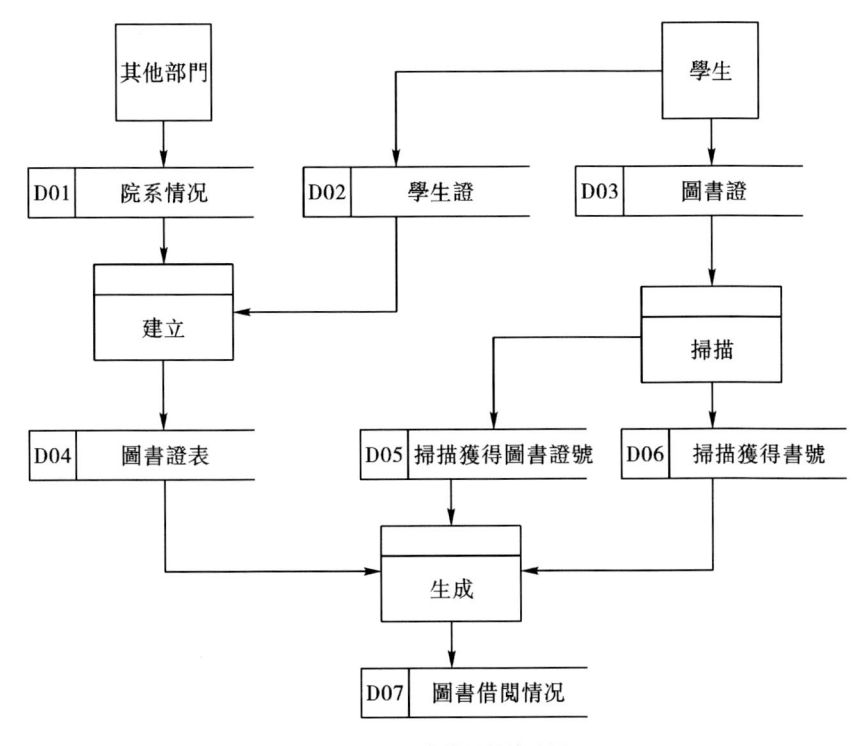

圖4.19　圖書借閱數據流圖

在需求分析階段，分析人員在分析數據流圖、實體關係圖的基礎之上，進一步細化，完成了圖書館借閱數據庫概念模型（如圖4.20）。

數據庫模型表示本系統所需要涉及的數據表。為了讓數據統一，數據表中某些字段並不記錄具體的文字內容，而是記錄了該文字內容的代碼。因此，為了在當前表中顯示該字段的文字內容，必須使用外鍵。

「圖書證表」中有一個叫「院系」的字段，計劃使用20字節長度，只能夠記錄院系的代碼，但在屏幕顯示的時候並不顯示院系代碼而直接顯示院系名稱。因此，這裡建立了一個名為「院系情況」的外鍵「FK」指向名為「院系情況」的表，表示當前「院系」字段的代碼將顯示「院系情況表」中的該代碼對應的「院系名稱」。

2. 功能模塊功能描述

根據職能域與業務過程、業務活動分析，最終確定圖書館借閱功能業務分為三個功能模塊。

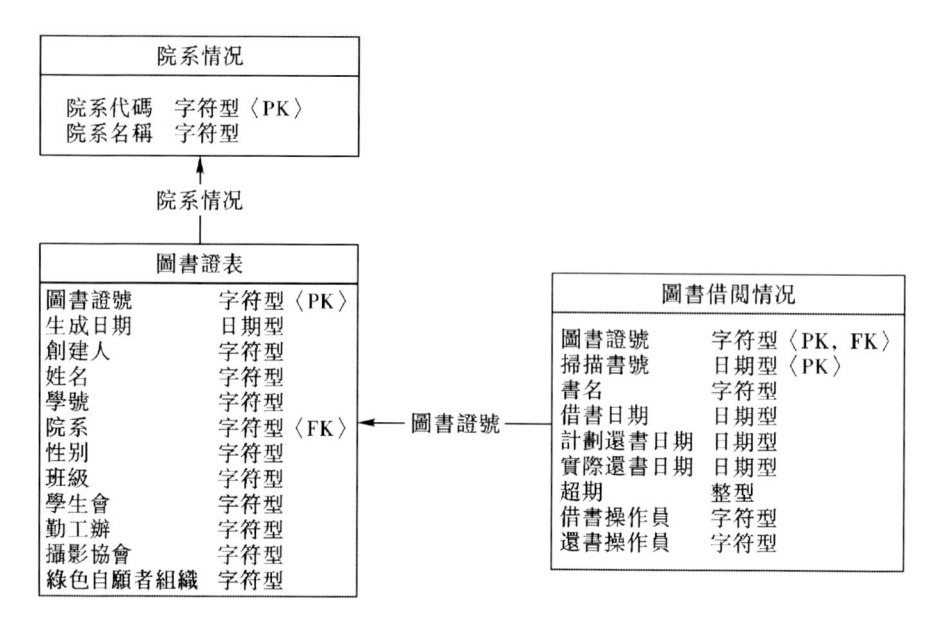

```
┌─────────────────────────┐
│      院系情況            │
├─────────────────────────┤
│ 院系代碼   字符型〈PK〉  │
│ 院系名稱   字符型        │
└─────────────────────────┘
           ↑ 院系情況
┌─────────────────────────┐        ┌─────────────────────────────┐
│       圖書證表           │        │       圖書借閱情況           │
├─────────────────────────┤        ├─────────────────────────────┤
│ 圖書證號   字符型〈PK〉  │        │ 圖書證號   字符型〈PK, FK〉 │
│ 生成日期   日期型        │        │ 掃描書號   日期型〈PK〉     │
│ 創建人     字符型        │        │ 書名       字符型            │
│ 姓名       字符型        │←圖書證號│ 借書日期   日期型            │
│ 學號       字符型        │        │ 計劃還書日期 日期型          │
│ 院系       字符型〈FK〉  │        │ 實際還書日期 日期型          │
│ 性別       字符型        │        │ 超期       整型              │
│ 班級       字符型        │        │ 借書操作員 字符型            │
│ 學生會     字符型        │        │ 還書操作員 字符型            │
│ 勤工辦     字符型        │        └─────────────────────────────┘
│ 攝影協會   字符型        │
│ 綠色自願者組織 字符型    │
└─────────────────────────┘
```

圖 4.20　圖書借閱數據庫概念模型

(1) 圖書證辦理功能。

根據學生出示的學生證進行辦理，程序自動要生成圖書證檔案和圖書證。

(2) 圖書證借書業務。

通過掃描學生圖書證判斷是否可以借書，如果符合條件再掃描圖書（學生將書庫中查找到圖書）上的條碼標籤並辦理借書。掃描後將相關數據自動記錄入數據庫中。

(3) 圖書證還書業務。

掃描學生歸還的圖書上的條碼標籤，自動判斷是否超期並進行相關還書處理。

【實訓練習 4.7】請根據你在前面撰寫完成的需求規格說明書，完成一份概要設計。

【實訓練習 4.8】參閱需求規格說明書的實例，以你熟知原某個領域的信息系統開發或者天華電動自行車廠的某管理領域為對象，撰寫一份概要設計。

4.2.2.2　企業信息系統業務功能詳細設計實訓

1. 詳細設計的要求

在概要設計工作完成之後，為了能夠使程序員實現的程序代碼與設計人員、需要分析人員以及客戶的要求相符，還需要完成詳細設計報告。設計人員完成詳細設計報告後，應首先對比需求規格說明書和概要設計報告，看是否與之不符；如果沒有問題，再交由需求分析人員和概要設計人員研討，確認無誤後才能將詳細設計報告交給程序員編寫代碼。

> ★小提示：測試用例編寫時間
>
> 在完成設計報告的同時，測試用例也同期開始編寫了。這項工作一般也是由設計人員完成的。

企業信息系統業務功能詳細設計主要有兩個方面：一是詳細的數據庫設計，細化到數據字典；二是按功能細化的設計，包括人機交互界面、功能詳細分解等。詳細設計對細化的要求較高，通常要求細化到功能不可再分割的程度，並且使程序員只看設計報告而不與設計人員交流討論就能理解設計人員的想法（程序員與設計人員交流人工成本非常高，並且影響後續設計進度）。

2. 詳細設計內容

以下接著前述圖書借閱功能概要設計，展示詳細設計的內容。

（1）數據字典設計。

【參考 4.2】某圖書館借閱系統數字字典詳細設計。

根據需求分析與概要設計，將概要設計中的數據類型進一步細化成具體的數據類型，並明確其長度。中文描述與引用說明與同時標註清楚（如表 4.1、表 4.2、表 4.3）。

表 4.1　　　　　　　　　　圖書證表（TSZB）

列名	數據類型	中文描述	主鍵	非空	引用與說明
TSZH	varchar（8）	圖書證號	√	√	
SCRQ	datetime	生成日期		√	
CJR	varchar（8）	創建人		√	
XM	varchar（10）	姓名		√	
XH	varchar（10）	學號		√	
YX	varchar（20）	院系			YXQK・YXDM
YB	varchar（1）	性別			1—男　0—女
BJ	varchar（1）	班級			
XSH	varchar（1）	學生會			1—是　0—否
QGB	varchar（1）	勤工辦			1—是　0—否
SYXH	varchar（1）	攝影協會			1—是　0—否
LSZYZZZ	varchar（1）	綠色表願者組織			1—是　0—否

> ★小提示：引用與說明
>
> 表中的「YXQK・YXDM」（中間用圓點符隔開），表示將引用 YXQK 表中的 YXDM 字段中的值為當前表中當前字段的值，即當前表前字段值不能隨意創造，來源是有依據的。
> 「1—是　0—否」或者「1—男　0—女」表示當前字段的值不能隨意創造，是枚舉類型。必須是 1 或者 0，例如當值為 1 時，界面顯示為「是」，當值為 0 時，界面顯示為「否」。

表4.2　　　　　　　　　　　　　院系情況（YXQK）

列名	數據類型	中文描述	主鍵	非空	引用與說明
YXDM	varchar（20）	院系代碼	√	√	
YXMC	varchar（30）	院系名稱			

表4.3　　　　　　　　　　　　圖書借閱情況（TSJYQK）

列名	數據類型	中文描述	主鍵	非空	引用與說明
TSZH	varchar（8）	圖書證號	√	√	TSZB・TSZH
SMSH	varchar（12）	掃描書號	√	√	
SM	varchar（50）	書名			
JSRQ	datetime	借書日期		√	
JHGHRQ	datetime	計劃歸還日期			
SJGHRQ	datetime	實際歸還日期			
CQ	integer	超期			
JSCZY	varchar（10）	借書操作員		√	
HSCZY	varchar（10）	還書操作員			

★小提示：詳細設計中常用的數據類型

數據類型的選擇是有講究的，常用的數據類型有如下幾種：
（1）varchar 類型，這是一種變長字符型，一般用於短文本輸入或編碼（無須進行加減乘除運算）的輸入；如果某條記錄未輸入值，則長度為0。
（2）char 類型，這是一種定長字符型，與varchar 不同的是，即使沒有輸入，它也占一定的長度（定義的長度）。
（3）text 類型，表示大文本對象類型，比前兩種類型能夠輸入更多的類型。
（4）int 或 integer 類型，這是整型，表示整數數字。
（5）dec 或 decimal 類型，這是常用的可以帶小數位的數字型，如decimal（12，2）表示總長為12，小數位為2，則整體部分長度為9，小數點占一位（正負號不占位）。
（6）double 類型，這是雙精度類型，如果你需要很高的小數位精度和很大的數，就可以採用這種類型，能夠表示比decimal 更大的數。
（7）float 類型，這是浮點類型，如果你要表示很長的小數位（整數部分表示不多），那麼就該選它了。
（8）datatime 類型，日期時間形，格式有多種表示，如2015-11-30,12：59：33
（9）image 類型，鏡像類型，可以保存圖像、壓縮文件等非常大的文件。
由於數據庫的多種多樣，還有許多類型沒有介紹，不過上述幾種已經基本夠用了，可以在各大流行數據庫之間方便移植。

（2）業務功能模塊詳細設計。

本部分設計是全文的核心部分，主要是通過界面設計、功能詳述、關鍵代碼設計來組成。無論是涉及界面、功能、還是關鍵代碼的設計，均需要理解為該部分內容為系統設計師寫出來給程序員看的。對於大家通用的東西可以不用描述出來，而個性化

的內容則必須描述清晰，以免出現理解偏差（無論是界面、功能的文字描述還是關鍵代碼或者偽代碼）。

比如：某 Web 頁面，可以只畫出 Web 頁面打開後顯示的部分（個性化部分），而不必畫出整個瀏覽器基本界面，因為瀏覽器的基本界面每臺電腦都是相同的，不是個性化的。

【參考4.3】某圖書館借閱系統業務功能模塊詳細設計

1. 圖書證檔案建立

進入該界面後會自動新增一條記錄，即自動生成一個圖書證號，並自動將當前操作員的姓名（工號）和生成日期生成（不可修改），如圖 4.21 所示。

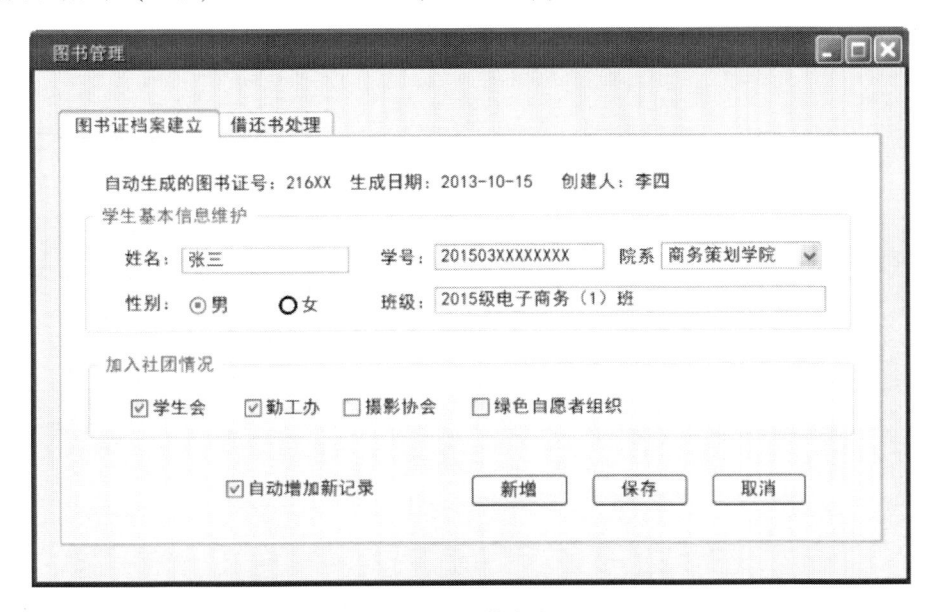

图 4.21　圖書證檔案建立界面

由圖書證檔案建立人員手工錄入學生姓名、學號、班級；通過下拉列表框選擇錄入院系，選擇錄入性別與加入社團的情況。

默認「自動增加新記錄」為已選項，用戶如果選擇了此選項，則點擊保存按鈕保存數據後自動將新增一條記錄；否則不新增記錄。

點擊「新增」後自動新增一條記錄，同進入該界面時的功能一樣。

（備註：這裡沒提供「刪除」功能，這個功能暫時省略，由另一個維護模塊來完成。在另一個維護模塊中，將用表格方式顯示圖書證的情況，一個人一行記錄；維護人員可以通過多選一次刪除一批記錄，也可以雙擊某條記錄查詢不可編輯的如上圖的詳細情況）。

點擊「保存」按鈕將自動保存當前信息，並同時打印出一份新的圖書證。

點擊「取消」按鈕將取消當前信息的編輯，關閉當前窗口，並返回到上一級功能。

> ★小提示：人機交互界面設計要點
>
> ・繪製人機交互界面的緣由
> 　圖中的個性化元素非常豐富，有下拉列表框、單選鈕、復選框、頁標、文本框、按鈕、分組框等內容，雖然顯得比較複雜，但清晰明了。如果不畫圖的話，無法想像設計師怎麼才能夠通過不見面的方式把設計意圖準確無誤地告訴程序員——這就是繪製人機交互界面圖的意義所在。
> 　畫圖不能通過系統運行截圖來實現，因為畫圖是設計的一部分工作，此時程序員還沒有開始編程工作，因此根本就沒有可以用於截圖的系統（圖 4.21 是用 Micorsoft Visio 工具欄中的「形狀—軟件—窗口和對話框」、「形狀—軟件—工具欄和菜單」、「形狀—軟件—公共控件」來繪製的，並沒有利用其他編程軟件工具）。如果此處顯示的是系統截圖，那麼就意味著該系統跳過了設計過程而直接開始編程工作了——違背了軟件工程中先分析、再設計、再編碼、再測試的循環原則（系統原型法中的先做一個粗糙系統，再根據客戶意見修訂、精化並不適用於本設計）。
> ・功能控件選用原則
> 　使用編輯框的原則：沒法選擇，只能通過手工錄入。
> 　使用下拉列表框的原則：可以通過其他地方預先進行錄入，以供更多的地方選擇，減少手工錄入工作量。
> 　使用單選鈕的原則：只能進行多選一，且幾者有明顯的互斥關係（如：男、女）。
> 　使用多選鈕的原則：A. 有多個可選項供復選；B. 只有一個可選項，但不是互斥關係（如：是否黨員）。

　由於業務很簡單，可以通過活動圖即描述清楚，因此文字暫省略。如果業務複雜，通過活動圖不易描述清楚，則可能需要通過偽代碼、用例數據（提供輸入數據和正確的輸出數據，能夠明確理解的處理方法）、文字描述等共同完成。關鍵算法設計不一定是必需的。在某些不容易講清楚的地方也許就需要，或者程序特別複雜時就需要。

　圖書證檔案建立的關鍵算法設計，如圖 4.20 所示。

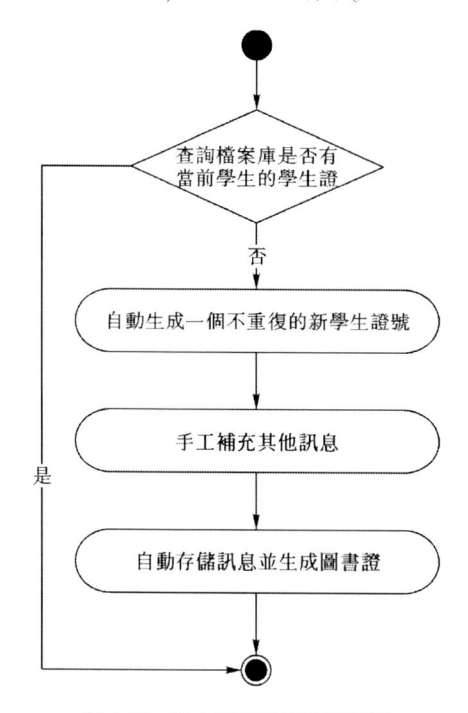

圖 4.22　建立圖書證檔案活動圖

★小提示：僞代碼設計示例

有時，關鍵算法用活動圖並不一定能夠很好地被程序員所理解，這時需要用到僞代碼來進行設計。僞代碼類似於程序代碼，但卻用大家更易理解的形式來表達。以下給出一個僞代碼的示例供參考：

  首先由用戶選擇左邊的樹狀結構中的某一條，系統自動在右邊的數據窗口中滾動到該編號記錄處。如果用戶不做選擇，系統進入時選擇左邊為根項目（編號），並自動在右邊滾動到根項目（編號）記錄處。
  當用戶選擇該樹狀結構時，讀出該級品相等級的當前品相等級號。
  當用戶點擊「修改」按鈕後，系統根據當前讀取的品相等級號。
  IF: 當前品相等級號是末級（通過父子鏈判斷）THEN
    IF: 當前品相等級號已被外鍵表引用 THEN
      彈出禁止修改的警告框
    ELSE: //當前品相等級號未被外鍵表引用
      讀取品相等級（Qualitygrade）表中該品相等級號的所有字段信息並顯示在彈出的 Form 格式的表單中（注意：可以修改所有可編輯列，窗口編號：qualitygrade_ 02）;
    END IF
  ELSE //當前品相等級號是非末級（通過父子鏈判斷）
    FOR 遞歸查找當前品相等級號及其下級所有品相等級號是否已被引用
    NEXT //結束遞歸循環
      IF 已被引用 THEN
        讀取品相等級（qualitygrade）表中該品相等級號的所有字段信息並顯示在彈出的 Form 格式的表單中（注意：禁止修改品相等級號和父級號碼，窗口編號：qualitygrade_ 02）;
      ELSE //未被引用
        讀取品相等級（qualitygrade）表中該品相等級號的所有字段信息並顯示在彈出的 Form 格式的表單中（注意：可以修改所有可編輯列，窗口編號：qualitygrade_ 02）;
  END IF
  END IF
  用戶錄入完畢後，點擊「確定」按鈕，系統將提交保存當前記錄，如果不成功將給出警告提示。

  如果提交成功，系統將關閉當前窗口（qualitygrade_ 02），返回原 Grid 格式的窗口（qualitygrade_ 00）。
  如果用戶點擊「重置」按鈕，系統將清空當前記錄的所有項。
  如果點擊「取消」按鈕，系統將自動對當前是否進行過編輯進行判斷，如果未進行過編輯就直接關閉當前菜單返回 Grid 格式的窗口；如果已進行過編輯就彈出提示窗口，讓用戶選擇操作：
  如果用戶點擊「保存」按鈕，系統將保存當前記錄內容，並關閉窗口 qualitygrade_ 02，返回到原 Grid 格式的窗口（qualitygrade_ 00）。
  如果用戶點擊「放棄」按鈕，系統將不保存當前記錄內容，並關閉窗口 qualitygrade_ 02，返回到原 Grid 格式的窗口（qualitygrade_ 00）。這時的 Grid 格式窗口和左邊的樹狀結構將不作任何變化。
  如果用戶點擊「取消」按鈕，系統將關閉提示窗口，返回到 qualitygrade_ 02 窗口界面。
  手工錄入品相等級號、中文名稱、英文名稱、備註，系統將前面讀取的當前級品相等級號碼自動錄入到「父級號碼」字段中，並顯示在屏幕上；對於生效標記採用復選框格式，選中時值為 1，未選中時值為 0，檢測標記採用下拉列表框枚舉（枚舉類型詳見字段說明和數據校驗）。
  系統自動根據當前情況錄入輸入者號、輸入者名、輸入日期。

2. 圖書借閱功能設計

通過手持條碼掃描儀自動識別、建立相關數據。借書限額數由另一系統模塊提供，這裡只讀取出來，進入該界面自動讀取（通過掃描條碼）當前圖書證號、當前借書情況（如圖 4.23）。

這個系統中的借還書全部是通過掃描儀處理的，而另一些比較複雜的系統中進行計算時，要有一個計算按鈕，如果計算時間較長，要提供一個進度條來完成。並且計

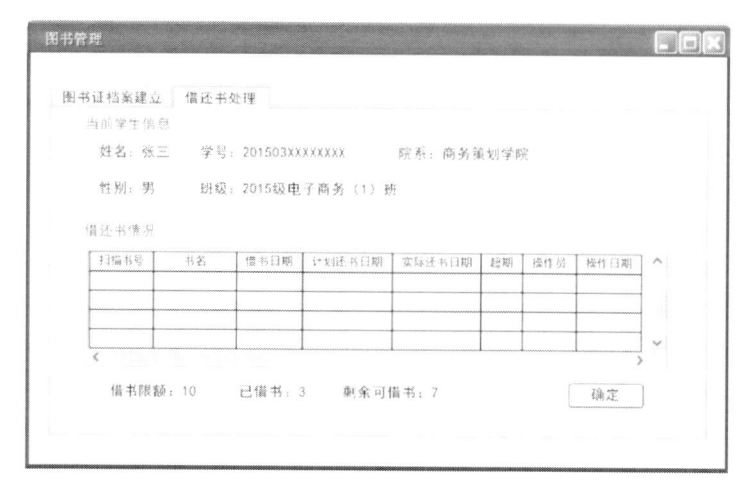

圖 4.23　借還書顯示界面

算的過程描述一定要詳細而準確、不使讀者產生歧義（如提供圖表、數據、計算公式、算法文字描述等），借書處理活動，如圖 4.24 所示。

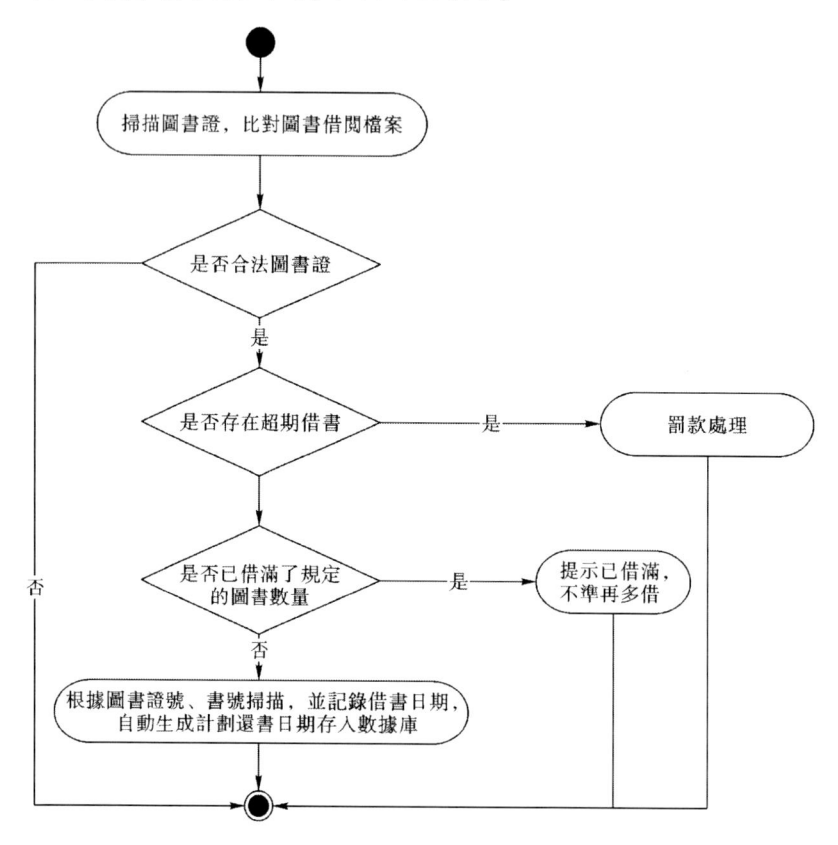

圖 4.24　借書處理活動圖

3. 圖書歸還功能設計

圖書歸還所使用的人機界面與圖書借閱的人機界面一樣，如圖 4.23 所示。通過手持條碼掃描儀自動識別、建立相關數據。借書限額數由另一系統模塊提供，這裡只讀取出來，進入該界面自動讀取（通過掃描條碼）當前還書情況和剩餘借書情況，還書活動如圖 4.25。

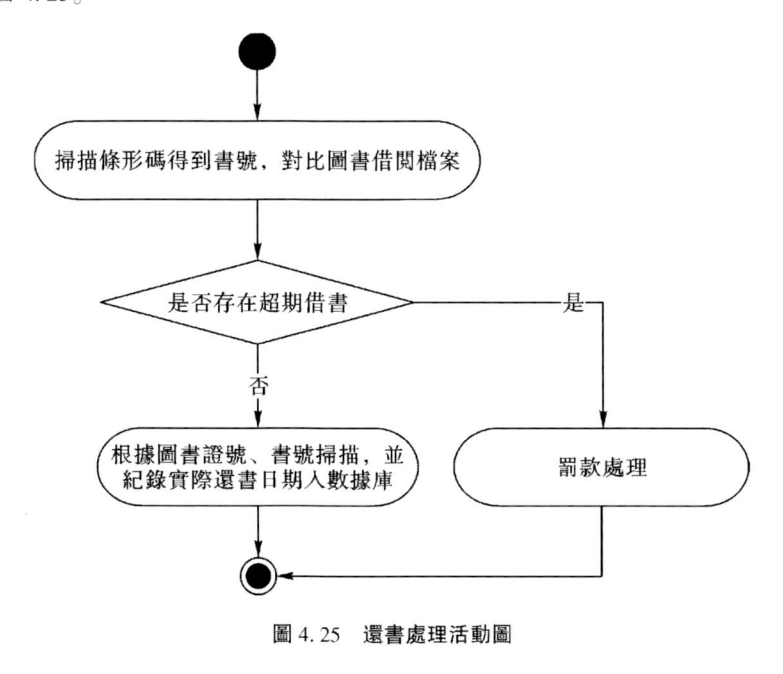

圖 4.25　還書處理活動圖

【實訓練習 4.9】請根據你在前面撰寫的概要設計，撰寫一份詳細設計文檔。

4.3　實訓思考題

1. 流程圖繪製應該是複雜華麗好，還是簡單明確好？
2. 為什麼需求工程、信息資源規劃等階段做過的數據流設計等工作，在概要設計階段還要做？
3. 需求分析階段與概要設計、詳細設計階段在數據設計上有什麼細節上的差別？
4. 詳細設計要詳細到哪個程度？
5. 為什麼要細緻地繪製人機界面圖？
6. 必須使用僞代碼或者關鍵業務的活動圖嗎？
7. 需求規格說明書、概要設計文檔、詳細設計文檔的讀者是哪些人？
8. 企業信息化規劃、需求分析、業務流程優化與再造、企業信息系統業務功能設計是同一批人做的嗎？

5 生產排程計劃編製實訓

企業資源計劃（ERP）是以計劃為驅動的計算機信息系統，計劃也是企業管理的首要職能。只有具備強有力的計劃功能，企業才能指導各項生產經營活動順利進行。當前，企業所面臨的市場競爭越來越激烈。在這種情況下，企業要生存和發展，就必須面對市場很好地計劃自己的資源和各項生產經營活動。生產排程計劃是企業資源計劃（ERP）中最核心的動態計劃工作，包括生產計劃、主生產計劃、粗能力計劃、物料需求計劃、能力需求計劃、車間作業計劃等內容。

這裡的計劃不同於計劃經濟中的「計劃」，這裡的計劃是指預先進行的行動安排，包括對事項的敘述、目標和指標的排列、所採用手段的選擇以及進度的安排等。製造業的生產管理核心在計劃，並以計劃為龍頭配置相關資源。計劃也是企業組織生產、管理營運的基本手段。縱觀世界級企業，它們的顯著特點就是都有一個以計算機系統為工具的有效生產計劃控制系統。所以，ERP 系統也是一個以計算機系統為工具的有效的生產計劃控制系統。

5.1 實訓要求

為了能夠更好地理解和掌握企業資源計劃中的各種生產管理計劃，僅僅依賴於某些軟件是不夠的。必須通過自己身體力行的按理論方法填製、實踐操作才能真正透澈理解和融會貫通 ERP 計劃的原理、思想與方法。

通過本章實訓，認真按要求進行分析、計算、填製，並不斷對比案例中的差別，掌握 ERP 計劃編製的精髓。

5.2 實訓內容

ERP 是計劃主導型的生產計劃與控制系統。ERP 的計劃管理中包括兩個方面的計劃，一方面是需求計劃，另一方面是供給計劃。兩方面的計劃相輔相成，從而實現企業對整個生產經營活動的計劃與控制。

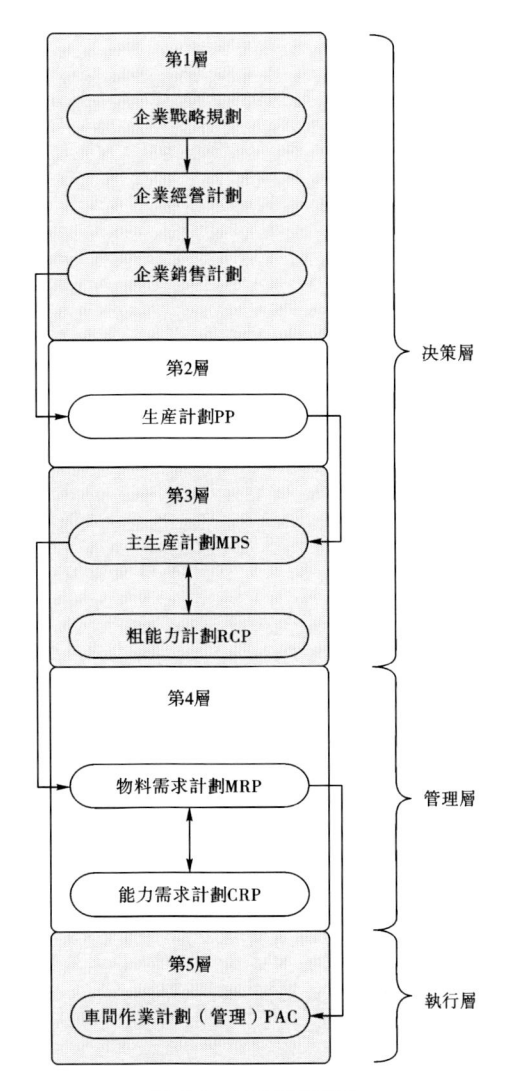

圖 5.1　ERP 計劃層次

在 ERP 中，計劃也是系統的核心，主要包括決策層、管理層、執行層的計劃，每個層次又各有劃分（見圖 5.1）。這些層次計劃實現了由宏觀到微觀、由戰略到戰術、由粗到細的深化過程。越接近頂層的計劃，對需求的預測成分越大，計劃內容也越粗略和概括，計劃展望期也越長；越接近底層的計劃，需求由估計變為現實，計劃的內容也越具體詳細，計劃展望期也越短。

本章實訓主要針對生產計劃大綱、主生產計劃、物料需求計劃、粗能力計劃、能力需求計劃等，各計劃之間有相當高的關聯度和承接性。

5.2.1 生產計劃編製實訓

生產計劃（Production Planning，PP）是根據經營計劃的市場目標制定的，是對企業經營計劃的細化，用以描述企業在可用資源的條件下，在一定時期（一般為1~3年）中的計劃，包括「每類產品的月產量」「所有產品類的月匯總量」「每一產品類的年匯總量」「所有產品的年匯總量」。

生產計劃是 ERP 系統中第二個計劃層次，是為了使企業的產品系列生產大綱能夠體現第一層次的要求。

5.2.1.1 生產計劃的概述

1. 生產計劃的含義

生產計劃把戰略級的經營和財務規劃與主生產計劃連接起來，通過該計劃過程協調高層計劃以及銷售、財務、工程、生產、採購等部門。銷售和生產規劃如果能夠有效協調，可以為企業管理提供更大清晰度，同時提高客戶服務水準。

在大多數企業中，生產計劃是用於指導更明細的主生產計劃，是市場需求與生產能力之間做的平衡。可以生成與工廠的生產能力一致的銷售計劃，也可以制定支持庫存目標和未來客戶訂單目標的生產規劃。

所有產品年匯總量應與銷售計劃中的市場目標相適應，最終成果表現為生產計劃，主要包括如下內容：

- 每類產品在未來一段時間內需要製造多少？
- 需要何種資源、多少數量來製造上述產品？
- 採取哪些措施來協調總生產需求與可用資源之間的差距？

2. 生產計劃的內容

生產計劃是對企業未來一段時間內預計資源可用量和市場需求量之間的平衡所制定的概括性設想，是根據企業所擁有的生產能力和需求預測，對企業未來較長一段時間內的產品、產出量等問題所做的概括性描述。主要包括以下內容：

（1）品種。

按照產品的需求特徵、加工特性、所需人力和設備的相似性等，將產品分為幾大系列，根據產品系列來制訂綜合生產計劃（見表5.1）。

表 5.1　　　　　天華電動自行車廠 2015 年生產計劃

產品類別	計劃週期（月）												合計
	1	2	3	4	5	6	7	8	9	10	11	12	
折疊車	1,500	1,500	1,600	1,600	1,600	1,500	1,500	1,500	1,600	1,600	1,600	1,500	18,600
爬坡王	800	800	800	800	800	900	900	900	1,000	1,000	1,000	1,000	10,700
山地車	1,000	1,000	1,000	1,200	1,200	1,200	1,200	1,000	1,000	1,000	1,200	1,200	13,200
匯總	3,300	3,300	3,400	3,600	3,600	3,600	3,600	3,400	3,600	3,600	3,800	3,700	42,500

（2）時間。

生產計劃的計劃展望期通常是 1 年，因此有些企業也把生產計劃稱為綜合生產計劃或年度生產計劃。在該計劃展望期內，使用的計劃時間單位是月、雙月或季。在滾動計劃中，還有可能近期 3 個月的執行計劃時間單位是月，而其他未來 9 個月的計劃時間單位是季等。

（3）人員。

生產規劃可用幾種不同方式來考慮人員安排問題，例如，將人員按照產品系列分成相應的組，分別考慮所需人員的水準或將人員按產品的工藝特點和人員所需的技能水準分組。生產計劃還需要考慮需求變化引起的所需人員數量的變動，決定是採取加班方式，還是聘用更多人員等。

3. 生產計劃的作用

生產計劃是對應於銷售計劃的，同屬於銷售與運作規劃。銷售與運作規劃的目的是要得到一個協調一致的單一運作計劃，使得所有關鍵資源，如人力、能力、材料、時間和資金都能夠有效地利用，用能夠獲利的方式滿足市場的需要。生產計劃的主要目標是建立一個集成和一致的營運規劃，是在較高計劃層次上解決各個核心業務之間的協調，也就是市場、銷售、產品研發、生產、供應、財務、能力資源、庫存等各項業務的供需平衡，其核心還是處理需求與供應的矛盾。

由於企業的預算和計劃往往是由幾個部門來制訂的，每個部門都知道其他部門的制約因素，同時又要千方百計地減少本部門的制約因素。其中，最關鍵的是生產部門和銷售部門，對於這樣的生產企業，銷售要向生產部門提供準確的需求信息，而生產部門要滿足訂單的要求。生產計劃就是要提出一個唯一、協調和集成的計劃來作為企業各部門行動的依據。因此，生產計劃一般由企業最高層領導主持，會同各級經理一起協調計劃以滿足企業的經營計劃。

對 MTO（訂貨生產）類型的生產企業，銷售部門要保證生產部門有足夠的提前期，而生產部門要保證產品在提前期內完成並交付。對 MTS（備貨生產）類型的生產企業，銷售部門要保證預測的準確性，而生產部門要在保證供應的前提下盡量控制庫存。生產規劃的主要作用包括：

（1）確定品種和銷量。

把經營計劃中用貨幣表達的目標轉變為用產品系列的產量來表達，制定出每個月生產哪些產品？銷售多少？

（2）制定一個均衡的月產率。

制定一個均衡的月產率，以便均衡地利用資源，保證穩定生產。讓起伏的需求與相對穩定和有限的生產能力相協調，結合庫存消耗量來保持生產穩定、同時又能滿足變動的需求量。

（3）控制拖欠量和庫存量。

控制拖欠量（對於 MTO 訂貨生產類型企業）或控制庫存量（對於 MTS 備貨生產類型企業）。

(4) 編製 MPS 依據。

生產計劃中所有產品年匯總量反應了經營計劃中市場目標的要求，確定了未來時間內各產品類的製造數量和資源需求，更早地預見了生產總需求和可用資源之間的矛盾，為主生產計劃的制訂提供了先期的基礎，保證了主生產計劃制訂的合理性和可行性。生產規劃還能起到「調節器」的作用，它通過調節生產率來調節未來庫存量和未完成訂單量。由於生產計劃是所有企業經營活動的調節器，因而它也調節現金流，從而為企業管理者提供可信的控制手段。

5.2.1.2 生產計劃的編製準備

1. 搜集信息

為了能夠讓計劃做到既現實又靈活，所有支持生產規劃的信息必須可靠、可信。為了編製生產計劃，需要從許多需求數據源中搜集具體數據，這些數據源包括經營計劃、市場部門、工程部門、生產部門和財務部門。

(1) 經營計劃。

經營計劃提出了企業未來的銷售目標和利潤目標，通常以金額為單位，例如天華電動自行車廠來年的銷售額目標為 3,800 萬元。

(2) 市場部門。

根據對產品類分時間段的銷售預測，得到客戶對某類產品或零件的未來需求的數量估計，例如天華電動自行車廠折疊電動自行車一年為 18,600 輛。

(3) 工程部門。

主要提供資源清單，即每單位產品類所需要的人力、設備和材料清單等，例如每生產一輛電動自行車所需要的鋼材數量。

(4) 生產部門。

主要提供資源可用性方面的數據，如可用的勞力工時、可用的設備工時、工作中心小時、當前庫存水準、未完成訂單數量等即時數據。

(5) 財務部門。

主要提供經過核算確定的單位產品成本和收入、增加資源的財務預算、可用資金限制等。

表 5.2 形象地給出了編製生產計劃時搜集需求數據來源的例子。經營計劃、市場部門和工程部門提出的是需求方面的數據，這些需求來自市場、客戶，也來自企業自身發展的需要。需求數據的表現形式可以是銷售額、產品數量、所需人力、設備材料。生產部門和財務部門提供的主要是能力方面的數據，以及關於人力、設備、庫存及資金方面的可用性。

表 5.2　　　　　　　　生產計劃編製中搜集信息數據案例

數據來源	數據	案例
經營計劃	銷售目標：人民幣元	某摩托車廠當年銷售額為 85,000,000 元
	庫存目標：人民幣元	庫存占用為 8,500,000 元

表5.2(續)

數據來源	數據	案例
市場部門	產品類分時間段的銷售預測數量	產品類的定義是可變的，如某摩托廠決定： 二輪類產品，預測是 5,000 輛； 三輪類產品，預測是 2,000 輛； 四輪類產品，預測是 500 輛
	分銷與運輸要求	分銷是 3 星期，占用資金 5,000,000 元
工程部門	資源清單——每單位產品類所需的人力與設備、材料清單	①每生產 1 輛兩輪車、三輪車、四輪車所需要用到的材料數量； ②每一類產品所需要的人力與裝配工時
	專用設備需求	工具、模具、裝具
	特殊說明	材料管理的國家規定
	影響資源計劃的產品設計、材料或生產方式的改變	從金屬鑄造到塑料鑄造的變更
生產部門	資源可用性，如： ①可用人力； ②可用設備/工作中心時數； ③企業當前庫存水準； ④企業當前未交付訂貨	每年工時：6,000 小時； 每月工時：500 小時； 鑄造中心：150 小時； 裝配中心：350 小時； 二輪車當前庫存：230 輛； 二輪車期初未交付訂貨：200 輛
財務部門	①單位產品收入； ②單位產品成本； ③增加資源的財務能力； ④資金的可用性	①銷售一輛摩托車收入為 5,000 元 ②生產一輛摩托車成本為 3,500 元 ③流動資金約束為 50,000,000 元 ④信貸資金約束為 600,000,000 元

生產計劃的編製是一個需求和能力平衡的過程，而需求和能力數據的正確與否直接影響生產計劃的編製與實現的可能性。

2. 選擇所適用的企業生產特徵

ERP 中計劃的制定，歸根到底是來自於市場的需求。而市場的需求主要有兩方面，一個是用戶訂單（當前市場），另一個是企業對市場的預測結果（未來市場）。

生產計劃的編製，也必須考慮企業生產特徵的不同。根據市場需求，企業的生產特徵主要有四種：備貨生產（MTS）、訂貨生產（MTO）、訂貨組裝（ATO）、定制生產（ETO）。其中，備貨生產、訂貨生產是最基本的生產特徵，而訂貨組裝、定制生產則是前兩種基本生產特徵的組合和混合。

（1）備貨生產（Make To Stock，MTS）。

備貨生產，又稱庫存生存或現貨生產，是指產品的計劃主要根據預測，並在接到用戶訂單之前已經生產產品，比如我們常見的電視機、香皂、藥品、菸酒、數碼相機等基本上都是採用備貨生產方式。

備貨生產型企業主要有四個特徵：

・產品需求一般比較穩定並可以預見；

・產品規格及品種較少，產品允許保留較長時間；

・產品存儲在倉庫中，根據需要隨時提取；

・生產計劃的主動權較大，計劃制定後，一般修改較少。

備貨生產要求生產部門重點抓好生產進度控制、車間投入產出控制、協調和平衡各生產服務部門的能力與計劃，抓好生產效率、質量控制與成本控制；庫存部門要不斷反應產品庫存信息，在下達車間生產訂單時應考慮產品的庫存控制，對預測與銷售出入較大的時候要及時進行調整、延後或提前安排生產。

（2）訂貨生產（Make To Order，MTO）。

訂貨生產，又稱為訂單生產或訂貨生產，是指產品的計劃主要根據用戶的訂單，一般在接到用戶的訂單後才開始生產產品。訂貨生產的最終對象是最終產品，比如飛機、大型郵輪、城市雕塑等。

訂貨生產型企業主要有四個特徵：

・具有一些可供選擇的產品品種和規格；

・生產和存儲這些產品的費用較大，產品是為專門的用戶而生產的；

・市場需求允許在一段時間後交貨；

・可以減少產品庫存量甚至實現「零庫存」。

訂貨生產型最重要的要求是保證訂單的交貨期。因此，必須保證生產的各種數據準確可靠，抓好生產能力平衡，解決關鍵資源約束；做好設備、儀器的維護與保養，合理安排維修計劃；同時，做好生產工藝優化、車間作業控制等工作。

（3）訂貨組裝（Assemble To Order，ATO）。

訂貨組裝，又稱訂單裝配或裝配生產，是指根據 MTS 方式先生產和儲存定型的零部件，在接到訂單後再根據訂單要求裝配成各種產品，以縮短產品的交貨期，增強市場競爭力。適用於訂貨組裝的產品有精密機床、計算機等。

訂貨組裝型企業主要有兩個特徵：

・產品的生產週期一般很長，若接到用戶訂單後才開始生產產品，則交貨期太長，不能滿足用戶的要求。

・產品的市場需求量通常比較大。

訂貨組裝要求科學合理地安排總裝計劃，嚴格控制產品的產出進度。

（4）定制生產（Engineer To Order，ETO）。

定制生產，又稱工程生產或專項生產，是指在接到客戶訂單後，按客戶訂單的要求進行專門設計和組織生產。整個過程的管理是按工程管理的方法進行的，其計劃的對象是最終產品。

定制生產適用於複雜結構的產品生產，如造船、電梯、專用測試設備、發電機組、鍋爐等。

其實，多數企業的市場環境既有訂單生產，也有預測備貨，在進行產品的最終組裝時，有時又會接到客戶專門的設計訂單。因此，企業的生產類型特徵是多種形式的組合，產品的結構可能是單層，也可能是多層，企業應該適應這種生產特徵的變化。

5.2.1.3 生產計劃的編製案例

1. 備貨生產（MTS）環境下的生產計劃編製方法

備貨生產環境下編製生產計劃，其目標是使生產滿足預測需求量和保持一定的庫存量及平穩的生產率，以此來確定月生產量和年生產量。其具體編製步驟如下：

- 預測頒布在計劃展望期上。
- 計算期初庫存（期初庫存＝當前庫存水準−拖欠訂單量）。
- 計算庫存水準變化（庫存水準變化＝目標庫存−期初庫存）。
- 計算總生產量（總生產量＝預測數量＋庫存改變量）
- 把總生產需求量按時間段分配在整個計劃展望期內，分配時通常要求按均衡生產率原則。

【參考 5.1】MTS 環境下生產計劃編製案例一。

天華電動自行車廠生產折疊型電動自行車，年預測量為 4,200 輛，月預測量 350 輛，當前庫存為 1,750 輛，拖欠訂貨數為 1,050 輛，目標庫存為 350 輛，請編製其生產計劃大綱初稿並填入表 5.3 中。

表 5.3　天華電動自行車廠生產折疊型電動自行車生產計劃表（MTS 環境未填）

月份	1	2	3	4	5	6	7	8	9	10	11	12	全年
銷售預測													
期初庫存：													
預計庫存													
生產計劃													

解：根據題意，按照 MTS 環境下生產計劃的編製方法，分析該表的填製方法：

複製表 5.3 為表 5.4，然後在表 5.4 中填寫。

① 預測分佈在計劃展望期上（表 5.4 中第 2 行）。

② 計算期初庫存＝當前庫存水準−拖欠訂貨數
$$= 1,750 - 1,050$$
$$= 700（輛）$$

③ 計算庫存水準變化＝目標庫存−期初庫存
$$= 350 - 700 = -350（輛）$$

④ 計算總生產量＝預測數量＋庫存改變量
$$= 4,200 + (-350)$$
$$= 3,850（輛）$$

（5）把總生產量和庫存量改變按時間段分佈在整個展望期上，分配時通常要求按均衡生產率原則。

① 把 3,850 輛產量（按均衡生產率）分佈到 12 個月，其中 1~10 月均為 315 輛，11~12 月為 350 輛（見表 5.4「生產計劃」所在行）。

②根據生產計劃大綱和銷售預測值按時間段計算庫存改變量，即按公式：本月庫存量=上月庫存量+本月產量－本月銷售量，並將其值填入表 5.4 中「預計庫存」所在行。

例如：

1 月份庫存量=上月庫存（期初庫存）+本月產量（1 月產量）－本月銷量（1 月銷量）
     = 700+315－350
     = 665（輛）

2 月份庫存量=上月庫存（1 月庫存）+本月產量（2 月產量）－本月銷量（2 月銷量）
     = 665+315－350
     = 630（輛）

……以此類推，最後算到第 12 月份的庫存量應該正好等於年末目標庫存。

表 5.4　天華電動自行車廠生產折疊型電動自行車生產計劃表（MTS 環境已填）

月份	1	2	3	4	5	6	7	8	9	10	11	12	全年
銷售預測	350	350	350	350	350	350	350	350	350	350	350	350	4200
期初庫存：700													
預計庫存	665	630	595	560	525	490	455	420	385	350	350	350	350
生產計劃	315	315	315	315	315	315	315	315	315	350	350	350	3850

【參考 5.2】MTS 環境下生產計劃編製案例二。

某兒童推車廠計劃展望期一年，按月劃分時區，年末目標庫存是 100 輛，當前實際庫存量是 500 輛，拖欠訂單數量是 300 輛，年銷售預測量是 1,200 輛。

解：根據題意，按照 MTS 環境下生產計劃的編製方法，分析該表的填製方法：
複製表 5.3 為表 5.5，然後在表 5.5 中填寫。
①預測分佈在計劃展望期上（表 5.5 中第 2 行）。
②計算期初庫存=當前庫存水準－拖欠訂貨數
     = 500－300
     = 200（輛）
③計算庫存水準變化=目標庫存－期初庫存
     = 100－200
     = －200（輛）
④計算總生產量=預測數量+庫存改變量
     = 1200+（－200）
     = 1,100（輛）
⑤把總生產量和庫存改變按時間段分佈在整個展望期上，分配時通常要求按均衡生產率原則。

・把 1,100 輛產量（按均衡生產率）分佈到 12 個月，其中 1~10 月均為 900 輛，11~12 月為 100 輛（見表 5.5「生產計劃」所在行）。

・根據生產計劃大綱和銷售預測值按時間段計算庫存改變量，即按公式：本月庫存量=上月庫存量+本月產量-本月銷售量，並將其值填入表5.5中「預計庫存」所在行。

例如：

1月份庫存量=上月庫存（期初庫存）+本月產量（1月產量）-本月銷量（1月銷量）
　　　　　=200+90-100
　　　　　=190（輛）

2月份庫存量=上月庫存（1月庫存）+本月產量（2月產量）-本月銷量（2月銷量）
　　　　　=190+90-100
　　　　　=180（輛）

……以此類推，最後算到第12月份的庫存量應該正好等於年末目標庫存。

表5.5　天華電動自行車廠生產折疊型電動自行車生產計劃表（MTS環境已填）

月份	1	2	3	4	5	6	7	8	9	10	11	12	全年
銷售預測	100	100	100	100	100	100	100	100	100	100	100	100	1200
期初庫存：200													
預計庫存	190	180	170	160	150	140	130	120	110	100	100	100	100
生產計劃	90	90	90	90	90	90	90	90	90	100	100	100	1100

2. 訂貨生產（MTO）環境下生產計劃的編製方法

訂貨生產環境下，生產計劃大綱的編製，其目標是使生產滿足預測需求量和拖欠訂貨量。其具體編製步驟如下：

・把預測分佈到展望期上。
・把未完成的訂單分佈在計劃展望期上。
・計算拖欠量變化（拖欠量變化=期末拖欠量-期初拖欠量）。
・計算總產量（總產量=預測量-拖欠量變化）。
・把總產量和預計未完成的訂單按時間段分佈在整個展望期上，分配時通常要求按均衡生產率的原則，且月生產量應保證滿足月末完成訂單的數據。

【參考5.3】MTO環境下生產計劃編製案例一。

西亞醫療設備廠生產的醫療設備，其年預測量為4,200臺，月預測量為350臺，期初未完成的拖欠預計為1,470臺，其數量為1月315臺，2月315臺，月245臺，4月210臺，5月175臺，6月105臺，7月105臺，期末拖欠量為1,050臺，請編製其生產大綱。

表5.6　西亞醫療設備廠生產醫療設備生產計劃表（MTO環境未填）

月份	1	2	3	4	5	6	7	8	9	10	11	12	全年
銷售預測													
期初拖欠訂單													

月份	1	2	3	4	5	6	7	8	9	10	11	12	全年
預計拖欠訂單													
生產計劃													

解：根據題意，按照 MTS 環境下生產計劃的編製方法，分析該表的填製方法：
複製表 5.6 為表 5.7，然後在表 5.7 中填寫。
①把預測分佈在計劃展望期上（表 5.7 中第 2 行）。
②把未完成的訂單分佈在計劃展望期上（表 5.7 第 3 行）
③計算拖欠量變化＝期末拖欠量－期初拖欠量

$$=1,050-1,470$$
$$=-420（輛）$$

④計算總生產量＝預測數量－拖欠量變化

$$=4,200-(-420)$$
$$=4,620（輛）$$

⑤把總生產量和預計未完成訂單按時間段分佈在計劃展望期上，分配時通常要求按均衡生產率原則，且月生產量應保持滿足月未完成訂單的數據。

· 把 4,620 輛產量（按均衡生產率）分佈到 12 個月，其中 1～12 月均為 385 輛（見表 5.7 第 5 行）。

· 根據生產計劃大綱和銷售預測值按時間段計算預計未完成的訂單量，即按公式：本月未完成訂單量＝上月未完成訂單＋本月計劃銷售量－本月計劃產量，並將其值填入表 5.7 中第 4 行。

表 5.7　西亞醫療設備廠生產醫療設備生產計劃表（MTO 環境已填）

月份	1	2	3	4	5	6	7	8	9	10	11	12	全年
銷售預測	350	350	350	350	350	350	350	350	350	350	350	350	4,200
期初拖欠訂單 1,470	315	315	245	210	175	105	105						
預計拖欠訂單	1,435	1,400	1,365	1,330	1,295	1,260	1,225	1,190	1,155	1,120	1,085	1,050	目標庫存 1,050
生產計劃	385	385	385	385	385	385	385	385	385	385	385	385	4,620

3. 根據資源清單和生產計劃確定資源需求

一個企業在制訂生產計劃過程中，確定了各產品系列的生產計劃後，還需要分析資源是否滿足要求。

企業為滿足生產計劃所需要的資源，具體包括人工、物料、機器設備、資金、加工場地、庫存場地等。根據企業生產的產品和生產過程的不同，還可以有許多其他的資源，如電能。分析資源需求的過程如下：

・建立資源清單；
・計算資源需求；
・比較可用資源和資源需求；
・協調可用資源和資源需求之間的差距；
・撰寫生產計劃大綱。

一旦確定了生產所需要的所有資源，就可以檢查是否有足夠的資源來滿足生產要求，資源清單也是面向產品系列的。編製資源需求計劃常採用資源清單法和能力需求計劃係數法。

（1）資源清單法。

①建立資源清單。

資源清單是生產單位產品系列所必需的材料、標準工時和設備的記錄，並標明材料、人力和設備工時的數量。資源清單的具體形式隨不同的產品和不同企業而不同。如表5.8是製造手推車、自行車、四輪車的資源清單，資源清單上的數值是產品系列中所有產品的平均值。

表5.8　　　　　　　　　　　　某廠資源清單表

產品系列	鋼（噸）	標準工時（小時）
手推車	0.005	0.54
自行車	0.004,3	0.48
四輪車	0.005,6	0.67

②計算資源需求。

確定資源的單位需求量，就可計算出生產計劃中產品所需的資源總數：

・每類產品的計劃生產量與單位需求資源量相乘。
・如果資源由幾類產品共享，則匯總所有產品系列的資源需求。

如表5.9是手推車、自行車、四輪車所需的資源數量。

表5.9　　　　　　　　　　　　某廠資源數量需求量

產品系列	生產計劃量	鋼材需求量（噸）		工時需求量（標準工時）	
		單位需求量	批需求量	單位需求量	批需求量
手推車	1,000	0.005	5	0.54	540
自行車	500	0.004,3	2.15	0.48	240
四輪車	1,000	0.005,6	5.6	0.67	670
資源需求量	—	—	12.75	—	1,450

這裡只考慮了兩種資源的需求量，對具體企業來說，可能還會涉及更多關鍵資源的需求。

③比較可用資源與資源需求。

在企業經常會有某個工作中心被認為是「瓶頸」，在制訂資源計劃時應當對其特別關注，因為瓶頸工作中心的能力限制了企業的最大生產量。

確定資源的可用性時，不同的資源應該採取不同方式。在計算鋼的需求量時，應把鋼的庫存、各時段的可採購量與鋼的需求量進行比較。對於工時的可用性，則需按不同工序、不同工作中心來分別考慮。

④協調可用資源與資源需求之間的差距。

如果資源計劃表明某些資源存在短缺，那麼在批准生產計劃之前，要麼增加資源、要麼縮減產量。如果必須調整生產計劃以協調資源短缺，那麼這種調整一定要反應在最後的生產計劃中，必須滿足經營計劃的目標。

對於資源需求超過可用資源時，協調可用資源與資源需求的方案可採取：

- 物料短缺：增加物料購買，減少生產問題，用其他供給源，用替換物料。
- 人力短缺：安排加班，轉包，減少產量，調整生產線。
- 設備短缺：購買或租用設備，升級設備，轉包，改變工藝，減少產量等。

⑤撰寫生產計劃大綱。

將上述生產計劃及中間所做的調整反應在最終的生產計劃大綱中，以滿足經營計劃的目標。通過生產計劃，可以提前發現問題，提早做出反應和處置。經過相關上級部門批准的生產計劃大綱將是下一步主生產計劃的基礎。

【參考5.4】根據資源清單和生產計劃確定資源需求。

銀谷摩托車廠的資源清單如表5.10，生產計劃如表5.11，請確定其資源需求計劃。

表5.10　　　　　　　　　　　銀谷摩托車廠的資源清單

產品系列	鋼（噸）	勞動工時（小時）	收入（元）	利潤（元）
二輪車類	0.005,2	0.87	200	50
三輪車類	0.009,5	0.96	280	40
四輪車類	0.011,3	1.54	60	45

表5.11　　　　　　　　　　　銀谷摩托車廠的生產計劃

產品系列	產量（臺）
二輪車類	1,500
三輪車類	1,000
四輪車類	200

解：根據題意，用簡單的「乘法」（即每類產品的計劃生產量和資源清單中的資源需求量相乘）便得到資源需求計劃，如表5.12所示。

表 5.12　　　　　　　　　　　銀谷摩托車廠的資源需求計劃

產品系列	計劃產量	勞動工時需求（小時）	鋼材需求量（噸）
二輪車類	1,500	1,305	7.8
三輪車類	1,000	960	9.6
四輪車類	200	308	2.26
合計	2,700	2,573	19.66

（2）能力需求計劃系數法。

能力需求計劃系數法是通過能力需求計劃系數（Capacity Planning Factor，CPF）來制訂資源需求計劃的，能力需求計劃系數是表示單位生產量占用的製造過程中的某種資源數，是利用產量與消耗資源的歷史數據進行大致的經驗估算，編製過程如下：

· 利用過去一段時間的經驗數據計算 CPF。
· 根據 CPF 和計劃產量計算能力需求。

【參考 5.5】根據能力需求計劃系數法計算資源需求。

天工電器廠的生產過程可分為 4 個部分——基本工序、輔助工序、精加工和裝配。在過去 6 個月中，這 4 個部分共用 47,000 個直接工時（小時），其中基本工序為 12,000 工時、輔助工序為 21,000 工時、精加工為 5,000 工時、裝配為 9,000 工時。在一條生產線上，有 9 個不同的產品型號使用上述生產製造設備。此時，工廠的生產計劃大綱是以綜合單位量給出的，綜合單位量泛指某個產品系列的單位產品。在過去 6 個月完成了這種系列產品 5,800 個綜合單位。生產計劃大綱下達的下兩個季度的計劃為 7,000 個綜合單位。請確定其資源需求計劃。

解：根據題意，在過去 6 個月生產了 5,800 個綜合單位產品，共用 47,000 個工時，由此可得到該廠的資源清單（見表 5.13）。

生產計劃大綱的計劃是下兩個季度生產 7,000 個綜合單位，由此並結合表 5.13 按照上述「乘法」，即得到該廠的資源需求計劃（見表 5.14）。

表 5.13　　　　　　　　　　　天工電器廠資源清單

工序名稱	工時（小時）	所占比例（%）	單位產品工時（CPF）
基本工序	12,000	25.53	2.069
輔助工序	21,000	44.68	3.621
精加工	5,000	1.64	0.862
裝配	9,000	19.15	1.552
合計	47,000	100	8.104

表 5.14　　　　　　　　　天工電器廠資源需求計劃　　　　　　　　（單位：小時）

工序名稱	計劃量	CPF	資源需求
基本工序	7,000	2.069	14,483
輔助工序	7,000	3.621	25,347

表5.14(續)

工序名稱	計劃量	CPF	資源需求
精加工	7,000	0.862	6,034
裝配	7,000	1.552	10,864
合計	—	8.104	56,728

【實訓練習 5.1】利用已知數據，做一個 MTS 下的生產計劃。

某公司的經營計劃目標為：完成全年錄像機市場銷售額的 10%。據預測，全部市場的年銷售額為 4,800 萬元。要做到全年均衡銷售，預計關鍵部件每月可滿足 900 臺設備的裝配需求；現有能力工時為每月 800 小時，初始庫存為 1,500 臺，未完成訂單為 100 臺，期末所需庫存為 800 臺。資源清單如表 5.15 所示。

表 5.15　　　　　　　　　資源清單（MTS）

產品	關鍵部件（個）	單臺關鍵部件勞力（小時）	單臺錄像機收入（元）
錄像機	10	1	500

要求：①按月編製生產計劃大綱初稿，填相應表格；②分析資源清單，計算並列出資源需求；③比較可用資源與需求。

【實訓練習 5.2】利用已知數據，做一個 MTO 下的生產計劃。

某公司的經營計劃目標為：完成全年激光切割機市場的銷售額的 10%。據預測，全部市場的年銷售額為 4800 萬元。要做到全年均衡銷售；預計關鍵部件每月可滿足 900 臺設備的裝配需求；現有能力工時為每月 800 小時。期初未交貨數量為 800 臺，交貨日期為：1 月 150 臺，2 月 400 臺，3 月 200 臺，4 月 50 臺。期末未交貨數量：1400 臺。資源清單如表 5.16 所示。

表 5.16　　　　　　　　　資源清單（MTO）

產品	關鍵部件（個）	勞力（小時/關鍵部件）	單臺收入（元）
激光切割機	10	1	500

要求：①按月編製生產計劃大綱初稿，填寫相應表格；②分析資源清單，計算並列出資源需求；③比較可用資源與需求。

5.2.2　主生產計劃編製實訓

5.2.2.1　主生產計劃概述

1. 主生產計劃的含義

主生產計劃（Master Production Schedule，MPS）是對企業生產計劃大綱的細化，確定每一個具體產品在每一個具體時間段的生產計劃。計劃的對象一般是最終產品，

即企業的銷售產品，但有時也可能先考慮組件 MPS 計劃，然後再下達最終的裝配計劃。具體來說，就是在一定時期內（3~18 個月）回答如下問題：生產什麼、生產多少、何時交貨？

2. 主生產計劃的作用

主生產計劃在 ERP 系統中起著承上啟下的作用，實現從宏觀計劃到微觀計劃的過渡與連接；同時，主生產計劃又是聯繫客戶與企業銷售部門的橋樑，所處的位置非常重要。

通過主生產計劃的計劃工作，再加上一些人工干預和均衡安排，使得一段時間內主生產計劃量和預測及客戶訂單在問題上相匹配；這樣，即使需求發生較大變化，但只要總需求量不變，就可以保持主生產計劃不變，從而得到一份相對穩定和均衡的生產計劃。由於獨立需求項目的主生產計劃是穩定和均衡的，因此所得到的非獨立需求的物料需求計劃也將是穩定和均衡的。

主生產計劃在企業生產中將會有不可替代的作用：

（1）主生產計劃週期的合理性。

主生產計劃以週或天作為計劃週期，從而可以及時地對多變的市場和不準確的預測做出反應，由於使用計劃時區和需求時區，主生產計劃將適應不同時區的需求變化，便於維護也便於滿足客戶需求。

（2）易於進行成本管理。

以物料單位表示的主生產計劃很容易轉換為以貨幣為單位的成本信息，易於進行成本管理。

（3）提高工作效率。

極大提高管理人員的工作效率，使數據採集、計算工作自動化的效率更高、準確度更高。

（4）確定資源的可用性。

通過主生產計劃的計算與驗證，最終將確定資源的可用性，為後期的管理層計劃做好準備。

5.2.2.2　確定主生產計劃需求數據

1. 需求數據與主生產計劃的關係

在 ERP 中，需求是指對特定產品需要的數量和時間。需求可分為兩種：獨立需求和相關需求。獨立需求是由主生產計劃來確定的，相關需求由物料需求計劃來確定的。

主生產計劃安排指導生產以滿足來自獨立需求的需要，獨立需求通常是指最終項目，但有時也指一些備件，一般通過預測得知。

2. 主生產計劃的主要需求數據

主生產計劃的主要數據來源包括未交付的訂單、最終項目的預測、工廠內部需求、備件、客戶可選件等。

（1）未交付訂單。

未交付訂單指那些未發貨的訂單項目，可以是上期沒完成拖欠下來的或是新的指

定要在本期內要求供貨的項目。

(2) 最終項目的預測。

最終項目的預測是用現有的和歷史的資料來估計將來的可能需求。

(3) 工廠內部的需求。

工廠內部的需求是將一個大的部件或成品作為最終項目產品來對待，以滿足工廠內其他部門的需要。

(4) 備件

備件指銷售給使用部門的一些零部件，以滿足維修更換的需要。

(5) 客戶可選件

客戶可選件根據客戶需求獨立配置的部件。

5.2.2.3 主生產計劃編製案例

1. 編製主生產計劃初步計劃

在收集整理需求數據之後，編製主生產計劃主要包括確定展望期和計劃週期並劃分時區、計算毛需求、計算淨需求、產生 MPS 初步計劃等（如圖 5.2 所示）。

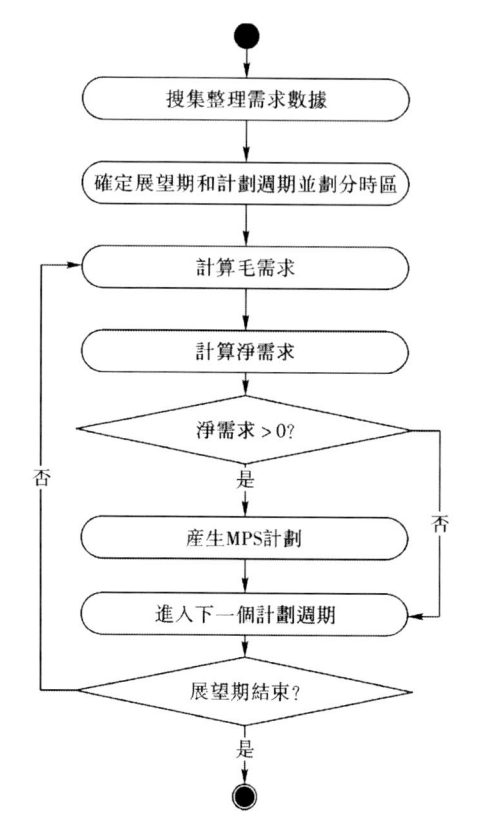

圖 5.2 主生產計劃編製步驟

（1）編製主生產計劃的基本步驟。

①確定展望期和計劃週期並劃分時區。

多數企業以 12 個月作為計劃展望期，主生產計劃的時段（即計劃的最小時間單位）不應大於週，以便使得低層物料有比較好的相對優先級。

在 ERP 系統中，一般根據需要將計劃展望期按順序分為三個時區（Time Zone）：需求時區、計劃時區、預測時區；時區之間的分界稱為時界。

・需求時區內：訂單已經確定，此時區內產品生產數量和交貨期一般不能變動。

・計劃時區內：已經安排了生產，產品生產數量和交貨期一般也不能改變。

預測時區內：由於對客戶的需求知道得很少，只能預測，此時區內的產品數量和交貨期可由系統任意變更。

②毛需求量。

毛需求量（Gross Requirement）是任意給定的計劃週期內，項目的總需求量。項目的毛需求量的計算，與該項目需求類別有關。主生產計劃僅考慮具有獨立需求項目的毛需求量，而相關需求項目的毛需求量則需要在物料需求計劃中考慮。毛需求量的一般計算方法為：

・需求時區：毛需求＝訂單量。

・計劃時區：毛需求＝MAX（預測量，訂單量）——即取兩者最大值。

・預測時區：毛需求＝預測量。

③計劃接收量。

計劃接收量也稱為預計入庫量，指前期已經下達的正在執行中的訂單，將在某個時段（時間）的產出數量，即任意給定計劃週期內，項目預計完成的總數。

④預計或用庫存量。

預計可用庫存量是指某個時段的期末庫存量，要扣除用於需求的數量，平衡庫存與計劃。其計算公式為：

預計可用庫存量＝前一週期期末可用庫存量＋本週期計劃接收量－本週期毛需求量＋本週期計劃產出量

⑤淨需求量。

淨需求量（Net Requirement）是指在任意給定計劃週期內，某項目實際需求數量，是從毛需求量中減去庫存可用量和預計入庫量之後的差。其計算公式為：

淨需求量＝本週期毛需求量－前一週期期末可用庫存量－本週期計劃接收量＋安全庫存量

⑥計劃產出量。

當需求不能滿足時，系統根據設置的批量策略計算得到的供應數量。

⑦計劃投入量。

根據計劃產出量、物料的提前期及物料的成品率等計算出的投入數量和投入比例。

⑧可供銷售量。

在某一期間內，物品的產出數量可能會大於訂單數量，這個差值就是可供銷售量。可供銷售量可以用於銷售的物品數量，不會影響其他訂單的交貨，計算公式如下：

可供銷售量＝某期間的計劃產出量＋該期間的計劃接收量－該期間訂單量總和

⑨批量規則。

主生產計劃的計劃量並非等於實際的淨需求量，這是由於在實際生產或訂貨中，準備加工、訂貨、運輸、包裝等都必須是按照「一定數量」進行的，因此實際淨需求量必須要以某種數量來實現，這「一定數量」稱為生產批量，確定該數量的規則稱為主生產計劃的批量規則。

批量規則是庫存管理人員根據庫存管理的要求和目標權衡利弊後選擇的。批量過大，占用的流動資金過多，但加工或採購的費用減少；批量過小，占用流動資金減少，但增加了加工或採購費用。常用的方法有：直接批量法、固定批量法、固定週期法、固定週期批量法、經濟批量法等。

直接批量法。完全根據實際需求量來確定主生產計劃的計劃量，即主生產計劃的生產批量等於實際需求量。這種批量規則往往適用於生產或訂購數量和時間基本上能夠給予保證的物料，並且所需要的物料的價值較高，不允許過多地生產或保存物料。

固定批量法。每次確定的主生產計劃的生產批量是相同的或者是某常量的倍數，但下達的間隔期不一定相同。

該規則一般用於訂貨費用較大的物料，如表5.17所示。該表中以60為固定批量的常量，第1週淨需求50，批量為60，剩餘10；第2週淨需求30，上一週剩餘的10件無法滿足需求，於是再設定一批60，結果剩餘40；第3週無淨需求，剩餘仍為40；第4週淨需求120，剩餘的40無法滿足需求，而120正好是60的兩倍，於是設定一批，數量為120，結果仍剩餘40；第5週淨需求40，上一週剩餘的40剛好可以用於交貨，於是這週無須設定生產計劃；第6週淨需求10，上一週沒有剩餘，於是設定一批，數量為60，剩餘50；第7週淨需求5，使用上週剩餘數量交貨後，還剩餘45；第8週淨需求0，生產計劃0，剩餘仍為45，第9週淨需求40，上一週期剩餘45，用上一週期剩餘量交貨後還剩餘5。

表 5.17　　　　　　　　　　　固定批量法案例

計劃週期	1	2	3	4	5	6	7	8	9
淨需求量	50	30	0	120	40	10	5	0	40
MPS計劃量	60	60	0	120	0	60	0	0	0
剩餘量	10	40	40	40	0	50	45	45	5

固定週期法。每次加工或訂貨間隔週期相同，但加工或訂貨的數量不一定相同的批量計算方法。該批量法一般用於內部加工自製品的生產計劃，以便於進行管理和控制。

如表5.18所示，在1、2、3、4週淨需求量總和為200，批量為200，間隔3週（固定週期為4週）；再在第5週設定批量為55，以滿足5、6、7、8週的淨需求量要求；再間隔3週，在第9週設定批量為60，以滿足9、10、11、12週的淨需求量要求。

表 5.18　　　　　　　　　　　　固定週期法案例

計劃週期	1	2	3	4	5	6	7	8	9	10	11	12
淨需求量	50	30	0	120	40	10	5	0	40	0	10	10
MPS 計劃量	200				55				60			

固定週期批量法。這種批量計算方法是將固定週期法與固定批量法結合起來，既要設定週期、又要考慮每個週期中的固定批量。

如表 5.19，固定週期為 4 週，批量常量為 60。則第 1 週需要滿足 1~4 週的需求（1~4 週合計為 50+30+0+120=200），並同時要求為 60 的倍數 240（大於 200 並且同時是 60 的倍數的最小數即為 240），剩餘 40；第 5 週需要滿足 5~8 週的需求（5~8 週合計為 40+10+5+0=55），上週的剩餘 40 不夠，於是新設定一批，數量為 60，剩餘 45；第 9 週滿足 9~12 週的需求（9~12 週合計為 20+20+55+5=100），上週剩餘 45 無法滿足，要求滿足 9~12 週的需求 100，於是同時考慮剩餘數與 60 的倍數（100-45=55，為大於 55 的並且同時是 60 的倍數的最小數即 60），於是新設定一批，數量為 60，最後剩餘為 5。

表 5.19　　　　　　　　　　　　固定週期批量法案例

計劃週期	1	2	3	4	5	6	7	8	9	10	11	12
淨需求量	50	30	0	120	40	10	5	0	20	20	55	5
MPS 計劃量	240				60				60			
剩餘量	40				45				5			

經濟批量法。經濟批量法是指某種物料的訂購費用和保管費用之和為最低時的最佳主生產計劃批量法。訂購費用是指從訂購至入庫所需要的差旅費用、運輸費用等。保管費用是指物料儲備費、驗收費、倉庫管理費所占用的流動資金利息費、物料儲存消耗費。

經濟批量法一般用於需求是常量和已知的，成本和提前期也是常量和已知的，庫存能立即補充的情況下、庫存消耗穩定的場合，通常用於連接需求。因此，對於需求是離散的物料需求計劃來說，庫存消費是變動的，此時經濟批量法的效率不高。

（2）編製主生產計劃案例。

【參考 5.6】編製主生產計劃案例。

已知某項目的期初庫存為 160，安全庫存為 20，MPS 批量為 200，銷售預測，第 3~12 週均為 80，實際需求為，第 1 週到第 12 週依次為 72、100、92、40、64、112、0、8、0、60、0、0。其中 1~2 週為需求時區，3~6 週為計劃時區，7~12 週為預測時區。

解：首先按前述方法計算出毛需求量，然後計算淨需求量。

淨需求量＝本週期毛需求量－前一週期期末可用庫存量－本週期計劃接收量+安全庫存量

預計可用庫存量＝前一週期期末可用庫存量＋本週期計劃接收量－本週期毛需求量＋

本週期計劃產出量

所以，第 1 週淨需求量為 72-160-0+20=-68，由於-68<0，第 1 週淨需求量為 0，MPS 計劃也為 0；第 1 週預計可用庫存量 = 160+0-72+0 = 88

第 2 週淨需求量為 100-88-0+20 = 32，由於 32>0，則應按計劃完成一批 200 臺的 MPS 初步計劃；同理，第 4 週淨需求量為 4>0，第 7 週淨需求量為 76>0 的淨需求量，第 9 週淨需求量為 36>0，第 12 週淨需求量為 76>0，均需要產生 200 臺的 MPS 計劃。依次類推，可算出全部時區的淨需求量、MPS 計劃和預計庫存量（如表 5.20 所示）。

表 5.20　　　　　　　　　　編製 MPS 計劃案例

週次	需求時區		計劃時區				預測時區					
	1	2	3	4	5	6	7	8	9	10	11	12
預測	90	85	80	80	80	80	80	80	80	80	80	80
實際需求	72	100	92	40	64	112	0	8	0	60	0	0
毛需求量	72	100	92	80	80	112	80	80	80	80	80	80
淨需求量		32		4			76		36			76
MPS 計劃		200		200			200		200			200
預計庫存	88	188	96	216	136	24	144	64	184	104	24	144

【實訓練習 5.3】編製主生產計劃。

編製一個 MPS 項目的初步計劃。要求決定毛需求量、淨需求量、MPS 計劃量和預計庫存量。

已知：

期初庫存 475；

安全庫存 20；

MPS 批量 400；

銷售預測第 1 週到第 8 週均為 200；

實際需求第 1 週到第 8 週依次為 180、230、110、230、60、275、30、30。

需求時區：1~3 週；

計劃時區：4~6 週；

預測時區：7~8 週。

請參考相關案例編製，並用表格表現出來。

2. 粗能力平衡

主生產計劃的可行性主要通過粗能力計劃（Rough Capacity Planning，簡稱 RCP）來進行驗證。粗能力計劃是對關鍵工作中心的能力進行運算而產生的一種能力需求計劃，它的計劃對象只針對設置為「關鍵工作中心」的工作能力，計算量比能力需求計劃小得多，計算過程即「粗能力平衡」。

根據約束理論（Theory of Constraints，簡稱 TOC）的觀點，關鍵資源（即瓶頸資

源）約束了企業的產能，所以粗能力計劃的運算與平衡是確認主生產計劃的重要過程，未進行粗能力平衡的主生產計劃是不可靠的。主生產計劃的對象主要是最終產品（BOM 中的 0 層物料），但也必須對下層的物料所用到的關鍵資源和工作中心進行確定與平衡。

（1）使用資源清單法編製粗能力計劃的基礎步驟。

①定義關鍵資源（關鍵工作中心）。

②從主生產計劃中的每種產品系列中選出代表產品。

③對每個代表產品，確定生產單位產品對關鍵資源的總需求量。

④分析各個關鍵工作中心的能力情況，並提出平衡能力建議。

（2）用資源清單法編製粗能力計劃案例。

【參考 5.7】編製粗能力計劃案例。

已知條件：某產品 A 對應的物料清單、主生產計劃、工藝路線及工時定額信息、關鍵資源額定能力分別見圖 5.3、表 5.21、表 5.22、表 5.23。

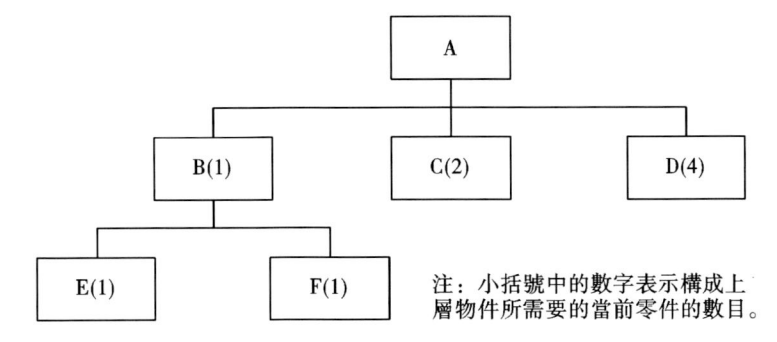

圖 5.3　產品 A 的 BOM 結構圖

注：小括號中的數字表示構成上層物件所需要的當前零件的數目。

表 5.21　　　　　　　　　　產品 A 的主生產計劃

計劃週期	1	2	3	4	5	6	7	8	9	10
主生產計劃	25	25	20	20	20	20	30	30	30	25

表 5.22　　　　　　　　　產品 A 的工藝路線及工時定額

項目	結構比例	工序號	關鍵工作中心	單件加工時間（小時）	生產準備時間（小時）	平均批量	單件準備時間（小時）	單件總時間（小時）
A	1	N10	W30	0.09	0.40	20	0.02	0.11
B	1	N10	W25	0.06	0.28	40	0.07	0.067
C	2	N10	W15	0.14	1.60	80	0.02	0.16
		N20	W20	0.07	1.10	80	0.013,8	0.083,8

表5.22(續)

項目	結構比例	工序號	關鍵工作中心	單件加工時間（小時）	生產準備時間（小時）	平均批量	單件準備時間（小時）	單件總時間（小時）
E	1	N10	W10	0.11	0.85	100	0.008,5	0.118,8
		N20	W15	0.26	0.96	100	0.009,6	0.239,6
F	1	N10	W10	0.11	0.85	80	0.010,6	0.120,6

表5.23　　　　　關鍵資源（關鍵工作中心）額定能力

關鍵工作中心	額定能力（小時/週期）
W30	3.0
W25	2.0
W20	5.5
W15	14.0
W10	5.5

解：

①計算各工作中心能力需求。

根據題中給出的信息，分別計算單件產品A對各工作中心的能力需求。例如，對工作中心W15而言，生產單件產品A需要2件C和1件E，且項目C的工序N10和項目E的工序N20在工作中心W15上加工，因此：

生產單件產品A對工作中心W15的單件加工時間為：$2\times 0.14+1\times 0.26=0.54$（小時）

生產單件產品A對工作中心W15的單件生產準備時間為：$2\times 0.02+0.009,6=0.049,6$（小時）

生產單件產品A對工作中心W15的單件總時間為：$0.54+0.049,6=0.589,6$（小時）

依照上述方法，將生產產品A對所有工作中心的需求分別計算出來，得到產品A的能力清單，如表5.24所示。

表5.24　　　　　　產品A能力清單

工作中心	單件加工時間	單件生產準備時間（h）	單件總時間（h）
W10	0.22	0.0191	0.2391
W15	0.54	0.0496	0.5896
W20	0.14	0.0276	0.1676
W25	0.06	0.007	0.067

表5.24(續)

工作中心	單件加工時間	單件生產準備時間（h）	單件總時間（h）
W30	0.09	0.02	0.11
合計	1.05	0.1233	1.1733

②計算粗能力需求計劃。

根據產品 A 的能力清單和主生產計劃，計算出產品 A 的粗能力需求，其中：

總工時＝當前週計劃量×當前工作中心單件總時間

如表 5.25 所示（其中的主生產計劃數據來源於前面的表 5.21，單件總時間的數據來源於表 5.24）。

表 5.25　　　　　　　　　產品 A 的粗能力需求計劃

工作中心	單件總時間（小時）	計劃週期及其對應的主生產計劃									
		1	2	3	4	5	6	7	8	9	10
		25	25	20	20	20	20	30	30	30	25
W30	0.11	2.75	2.75	2.2	2.2	2.2	2.2	3.3	3.3	3.3	2.75
W25	0.067	1.675	1.675	1.34	1.34	1.34	1.34	2.01	2.01	2.01	1.675
W20	0.167,6	4.19	4.19	3.352	3.352	3.352	3.352	5.028	5.028	5.028	4.19
W15	0.589,6	14.74	14.74	11.792	11.792	11.792	11.792	17.688	17.688	17.688	14.74
W10	0.239,1	5.977,5	5.977,5	4.782	4.782	4.782	4.782	7.173	7.173	7.173	5.977,5

③進行關鍵工作中心能力負荷分析。

根據關鍵資源（關鍵工作中心）額定能力（見表 5.23）和產品 A 的粗能力需求計劃（見表 5.25），對產品 A 在關鍵工作中心上的負荷和能力進行分析，以表格形式給出分析結果（見表 5.26）。

表 5.26　　　　　　　　　產品 A 的粗能力分析

工作中心	能力分析	計劃週期及其對應的主生產計劃									
		1	2	3	4	5	6	7	8	9	10
W30	負荷	2.75	2.75	2.2	2.2	2.2	2.2	3.3	3.3	3.3	2.75
	能力	3	3	3	3	3	3	3	3	3	3
	超欠	0.25	0.25	0.8	0.8	0.8	0.8	-0.3	-0.3	-0.3	0.25
	比率	92%	92%	73%	73%	73%	73%	110%	110%	110%	92%
W25	負荷	1.675	1.675	1.34	1.34	1.34	1.34	2.01	2.01	2.01	1.675
	能力	2	2	2	2	2	2	2	2	2	2
	超欠	0.325	0.325	0.66	0.66	0.66	0.66	-0.01	-0.01	-0.01	0.325
	比率	84%	84%	67%	67%	67%	67%	101%	101%	101%	84%

表5.26(續)

工作中心	能力分析	計劃週期及其對應的主生產計劃									
		1	2	3	4	5	6	7	8	9	10
W20	負荷	4.19	4.19	3.352	3.352	3.352	3.352	5.028	5.028	5.028	4.19
	能力	5.5	5.5	5.5	5.5	5.5	5.5	5.5	5.5	5.5	5.5
	超欠	1.31	1.31	2.148	2.148	2.148	2.148	0.472	0.472	0.472	1.31
	比率	76%	76%	61%	61%	61%	61%	91%	91%	91%	76%
W15	負荷	14.74	14.74	11.792	11.792	11.792	11.792	17.688	17.688	17.688	14.74
	能力	14	14	14	14	14	14	14	14	14	14
	超欠	-0.74	-0.74	2.208	2.208	2.208	2.208	-3.688	-3.688	-3.688	-0.74
	比率	105%	105%	84%	84%	84%	84%	126%	126%	126%	105%
W10	負荷	5.977,5	5.977,5	4.782	4.782	4.782	4.782	7.173	7.173	7.173	5.977,5
	能力	5.5	5.5	5.5	5.5	5.5	5.5	5.5	5.5	5.5	5.5
	超欠	-0.477,5	-0.477,5	0.718	0.718	0.718	0.718	-1.673	-1.673	-1.673	-0.477,5
	比率	109%	109%	87%	87%	87%	87%	130%	130%	130%	109%

其中，超欠是指能力超過或欠缺，由當前工作中心當前計劃週期的能力減去負荷得到；比率是指負荷百分比（即負荷率），由當前工作中心當前計劃週期的負荷除以能力得到，並以百分比展示出來。

3. 評估主生產計劃

只要制定出主生產計劃並進行粗能力平衡，應向有關決策部門提交主生產計劃及粗能力計劃分析結果。由企業高層負責，組織銷售、生產、設計、採購等部門參與審核，經過協商後做出相應的評估決策。

對主生產計劃的審核評估有兩個結果，同意或否定。

（1）同意主生產計劃。

同意可能有兩種方案，一是完全按照計劃執行，二是市場需求與企業生產能力基本平衡。

（2）否定主生產計劃。

否定後可能改變預計的生產量，採取重新安排訂單、推遲訂單、終止部分訂單、改變產品組合、訂單拆零等措施；否定後也可能改變生產能力，採取改變產品工藝、加班、外協、增加設備和工人等辦法。

5.2.3 物料需求計劃編製實訓

在生產製造過程中，企業為滿足不斷波動的市場需求，要對各種物料進行適當的儲備，以使生產連續不斷地按一定節拍有序進行；然而過多的庫存占用又會對企業資金週轉產生影響，物料需求計劃（Material Requirement Planning，簡稱MRP）正是為了

解決這一矛盾而提出來的。MRP 是一種有效的物料控制系統和較精確的生產計劃系統，能夠保證在滿足物料需求的同時，使物料的庫存水準保持在最小值範圍。

MRP 是 ERP 管理層的計劃，MRP 計劃的運行是在 ERP 決策層的主生產計劃（MPS）審核通過並下達後驅動編製的。

5.2.3.1 物料需求計劃概述

1. 物料需求計劃的含義

物料需求計劃的基本思想是圍繞物料轉化組織製造資源，實現按需要準時生產。對於加工裝配式生產而言，如果確定了產出數量和產出時間，就可按產品的結構確定產品的所有零件和部件的數量，並可按各種零件和部件的生產週期，反推出它們的產出時間和投入時間。物料轉化過程中有了各種物料的投入時間和數量，就可以確定生產中各種製造資源的需求數量和需求時間，實現按需要準時生產。

MRP 是對 MPS 的各個項目所需全部製造件和全部採購件的網絡支持計劃和時間進度計劃。MRP 根據主生產計劃對最終產品的需求數量和交貨期，推導出構成產品的零部件及材料的需求數量、需求時間，再導出自製零部件的製造訂單下達日期和採購件的採購訂單發放日期，並進行需求資源和可用能力的進一步平衡。

MRP 是在計算機系統支持下的生產與庫存計劃管理系統，管理方法主要用於單件小批量或多品種小批量的製造企業，每種產品需要一系列加工步驟完成。

2. 物料需求計劃的作用

利用有關輸入信息、實現各計劃時段的採購計劃和製造計劃，即 MRP 的作用。通常來說，MRP 要回答以下問題（見表 5.27）。

表 5.27　　　　　　　　　　MRP 需要回答的問題

問題	數據來源
生產（或採購）什麼，生產（或採購）多少？	從主生產計劃（MPS）獲得
要用到什麼？	從物料清單（BOM）獲得構成比率
已經有什麼？	即時庫存信息，從庫存 IO 獲得
還缺什麼？	從主生產計劃（MPS）獲得
何時安排生產或採購以滿足交貨期要求？	從物料清單（BOM）獲得提前期

3. 物料需求計劃的工作原理

根據主生產計劃、獨立需求、物料清單、庫存信息等，經過物料需求計劃計算，生成採購計劃和製造計劃。

5.2.3.2 物料需求計劃的編製準備

1. 物料需求計劃的兩種基本運行方式

（1）全重排式 MRP（也叫再生式 MRP）。

這種 MRP 生成後會對庫存信息重新計算，同時覆蓋原來計算的 MRP 數據，生成的是全新的 MRP，此類 MRP 的生成一般是週期進行的，如每週運行一次 MRP。現行

的 ERP 系統多採用此方式。

全重排式 MPR 處理內容：
- 主生產計劃中列出來的每一個最終項目的需求都要加以分解。
- 每一個 BOM 文件都被訪問到。
- 每一個庫存狀態記錄都要經過重新處理。

（2）淨改變式 MRP。

這種 MRP 只有在制定、生成 MRP 的條件（如主生產計劃 MPS 的變化、提前期變化）發生變化時，才相應地更新 MRP 有關部分的記錄。

淨改變式 MRP 一般適用於環境變化較大、計算複雜和更新 MRP 系統時間較長的企業。

淨改變式 MRP 的內容。
- 每次運行系統時，都只需要分解主生產計劃中的一部分內容；
- 由庫存事務處理引起的分解只局限在所分解的那個項目的下屬層次上。

2. 低位碼概念

低位碼（Low Level Code，簡稱 LLC）又稱低層碼，物料的低位碼是系統分配給物料清單上的每個物品一個從 0 至 N 的數字碼。在產品結構中，最上層的層級碼為 0，下一層部件的層級碼則為 1，依此類推。

一個物品只能有一個 MRP 低位碼，當一個物品在多個產品中所處的產品結構層次不同或者即使處於同一產品結構中但卻處於不同產品結構層次時，則取處在最低層的層級碼作為該物品的低位碼，即取數字最大的層級碼。

在展開 MPS 進行物料需求計算時，計算的順序是從上而下進行的，即從產品 0 層開始計算，按照低位碼順序從低層碼數字小的物料往低位碼數字高的物料進行計算。

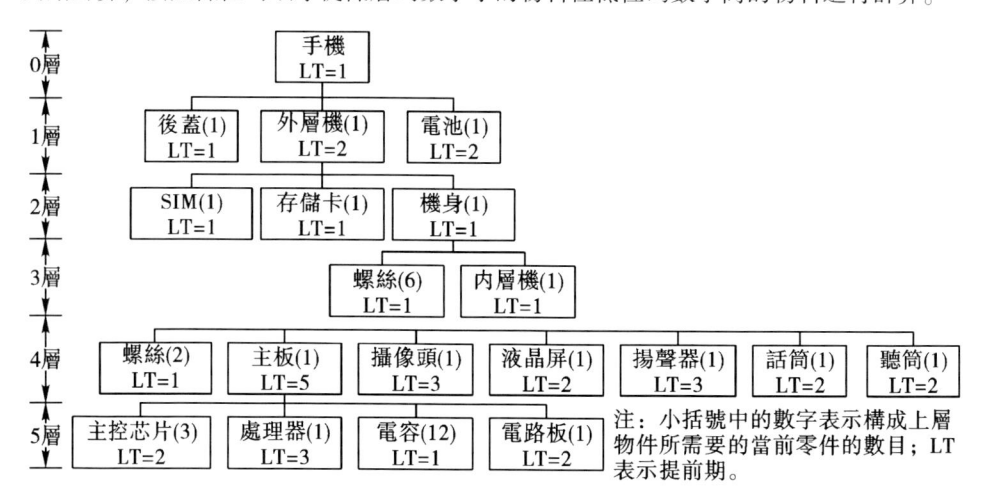

圖 5.4　具備低位碼的產品結構圖

如圖 5.4 共有 6 層的產品結構圖，根項目為第 0 層，其餘項目分佈在 1~5 層。這個層次結構表中，小括號中的數字表示構成比例，而 LT 則表示準備當前物料的提

前期。

圖 5.4 中，螺絲這種物料分別在第 3 層和第 4 層都有需求，按低位碼取最大層數的原則，螺絲的低位碼為 4。每種物料有且僅有一個低位碼，該碼的作用在於指出各種物料最早使用的時間，在 MRP 運算中，使用低位碼能簡化運算，同時避免相對上層的物料在計算時將數量耗盡影響下層的計算。

3. 物料需求計劃的處理過程

物料需求計劃的計算是一個逐層逐項計算的過程，通過將 MPS 導入的需求按物料清單（BOM）進行相關需求計算生成訂單計劃（如圖 5.5）。

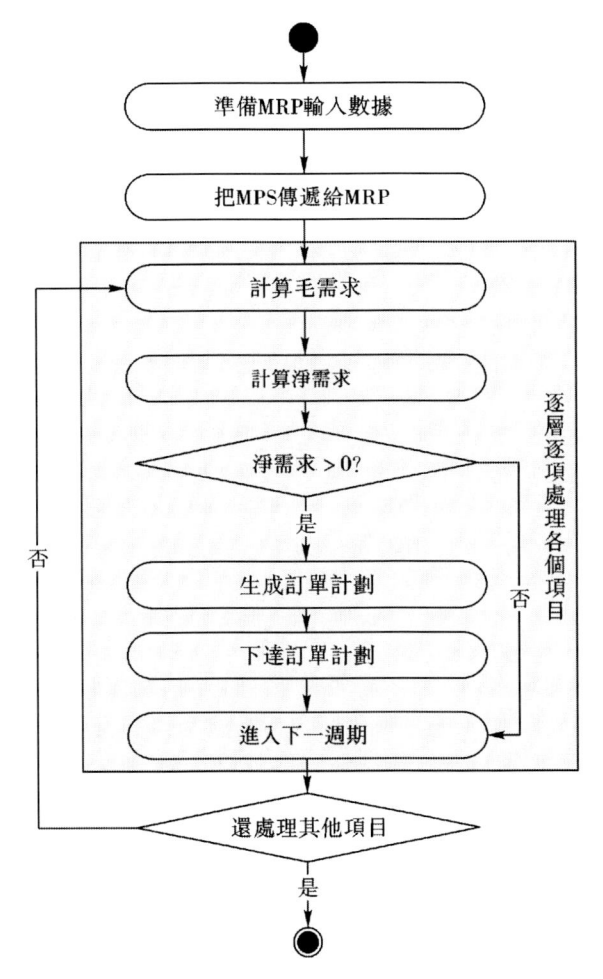

圖 5.5　MRP 計算流程

整個計算過程需要計算毛需求量、相關需求、預計庫存等，公式如下：

（1）計算毛需求量。

項目毛需求＝項目獨立需求＋父項的相關需求

父項的相關需求＝父項的計劃訂單數量×項目用量因子

（2）計算淨需求量。

①計算各個時段的預計庫存量。

預計庫存量（現有庫存的計算）＝前期庫存+計劃接收量-毛需求量-已分配量

②確定淨需求量。

淨需求量＝預計庫存的相反數+安全庫存

＝毛需求-前期庫存-本期計劃接收+已分配量+安全庫存

★小提示：淨需求與已分配量計算原則

如果在某個時間段上的預計庫存量小於等於零，則產生淨需求，否則，淨需求就為零。已分配物料是指已向庫房發出提貨單，但尚未由庫房發貨的物料。已分配量是尚未兌現的庫存需求。因此，已分配量僅用於第1週期，以後不必再算。

（3）生成訂單計劃和下達訂單計劃。

①生成訂單計劃。利用批量規則，生成訂單計劃（又稱計劃訂單入庫），即計劃產出量和產出的時間。

②考慮損耗與提前期。考慮損耗系統和提前期，下達訂單計劃，即計劃投入量和投入時間。

計劃產出量＝計劃投入量×損耗系數

計劃產出時間＝計劃投入時間+提前期

③進入下一循環。利用計劃訂單數量計算同一週期更低一層相關項目的毛需求量，進入下一循環。

5.2.3.3　物料需求計劃編製案例

【參考5.8】求毛需求量及下達訂單計劃。

已知MPS在第8個計劃週期時產出100件產品A，其中產品A的BOM結構如圖5.6所示。試計算各物料的毛需求量和下達訂單計劃。

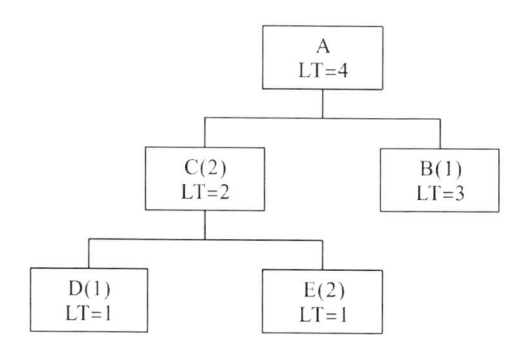

```
          A
          LT=4
         /    \
      C(2)    B(1)
      LT=2    LT=3
      /  \
   D(1)  E(2)
   LT=1  LT=1
```

圖5.6　產品A的BOM結構圖（求毛需求及訂單下達）

解：根據圖5.6所示的產品結構，結合物料需求計劃的處理過程，得到計算結果如表5.28。

表 5.28　　　　產品 A、B、C、D、E 的毛需求量及其下達的訂單計劃

提前期	物料項目	MRP 數據項	計劃週期							
			1	2	3	4	5	6	7	8
4	A	毛需求量								100
		下達訂單計劃				100				
3	B	毛需求量				100				
		下達訂單計劃	100							
2	C	毛需求量					200			
		下達訂單計劃		200						
1	D	毛需求量			200					
		下達訂單計劃		200						
1	E	毛需求量		400						
		下達訂單計劃	400							

根據表 5.26 的計算過程，可以看出：

· 各物料的需求量是由上層往下層進行分解的。

· 下達訂單的時間為該物料毛需求量時間減去提前期得到。

· 上一層物料的「下達訂單計劃」時間即為下一層物料的「毛需求時間」。

【參考 5.9】當獨立需求與相關需求同時存在時，物料需求的計算。

物料 A 既是產品 X 的組件又是產品 Y 的組件，其 BOM 結構如圖 5.7 所示。所以 A 的需求為相關需求；此外，A 作為配件又有獨立需求。已知 MPS 計劃為：在第 6、第 8、第 11 個計劃週期產出的產品 X 分別為 25、30、15 件；在第 9、第 11、第 13 個計劃週期時產出的產品 Y 分別為 40、15、30 件；在第 1，第 2 週期產出的 A 產品為 15 件。試計算產品 A 的毛需求量。

解：根據 MRP 計算流程圖可知，物料 A 的總的毛需求量應為其獨立需求和相關需求之和。物料 A 的毛需求計算如表 5.29 所示。

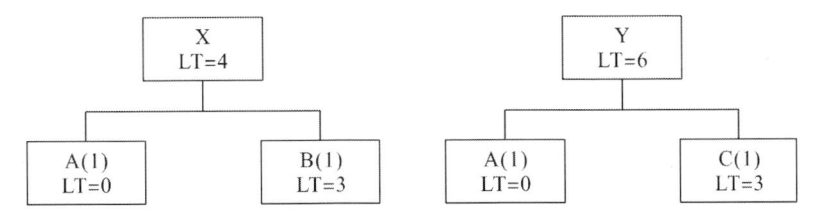

圖 5.7　物料 A 的需求關係 BOM 結構圖

表 5.29　　　　　　　　　　　　　物料 A 的毛需求量計算

MRP 項目	計劃週期												
	1	2	3	4	5	6	7	8	9	10	11	12	13
X（LT=4）						25		30			15		
Y（LT=6）									40		15		30
相關需求 X→A		25		30			15						
相關需求 Y→A			40		15		30						
獨立需求 A	15	15											
A 的毛需求量	15	40	40	30	15		45						

【參考 5.10】應用低位碼計算物料的淨需求量。

產品 A 的 BOM 結構如圖 5.8 所示。已知：MPS 在第 8 個計劃週期時產出 200 件 A 產品，各物料的計劃接收量和已分配量均為零；物料 A、B、C、D 批量規則為直接批量法。求物料 A、B、C、D 的淨需求量。

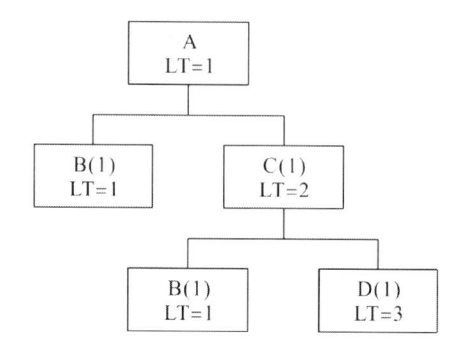

```
            A
           LT=1
          /    \
       B(1)    C(1)
       LT=1    LT=2
              /    \
           B(1)    D(1)
           LT=1    LT=3
```

圖 5.8　具有低位碼的產品 A 的 BOM 結構圖

解：由 BOM 圖可知，A、B、C、D 的低位碼分別為 0、2、1、2，由此不難得出淨需求量。則物料 B 的淨需求量是第 5 週 20 件，第 7 週 200 件。

對於物料 B，若不按低位碼計算，則計算結果將有偏差；因此，當某個物料存在低位碼時，在計算分解至該零件時即使其有毛需求量，也不要急於計算淨需求量，而要逐層分解直至該零件的最低層，此時再一併計算其淨需求量。最終計算結果如表 5.30 所示。

表 5.30　　　　　　　　　　　物料 A、B、C、D 的淨需求計算

提前期	物料項	現庫存	MRP 數據項	計劃週期							
				1	2	3	4	5	6	7	8
1	A	0	毛需求量								200
			淨需求量								200

表5.30(續)

提前期	物料項	現庫存	MRP 數據項	計劃週期 1	2	3	4	5	6	7	8
2	C	60	毛需求量							200	
			淨需求量							140	
3	D	70	毛需求量					140			
			淨需求量					70			
低位碼	B	120	毛需求量					140	200		
			淨需求量					20	200		

【參考5.11】利用批量規則編製 MRP 計劃。

已知：某產品的毛需求計劃見表 5.31，該產品的已分配量為零，提前期為 2 週，第 2 週計劃接收量為 20 件，現有庫存量為 20。請分別採用直接批量法和固定批量法（批量為 15）編製 MRP 計劃。

表 5.31　　　　　　　　　　某產品毛需求量

計劃週期	1	2	3	4	5	6	7	8
毛需求量	5	10	18	0	10	6	0	14

解一：採用直接批量法編製 MRP 計劃。

表 5.32 中第 2 週期的現有庫存為 25，其計算依據為：

上期庫存（15）+本期計劃接收（20）-本期毛需求（10）-已分配量（0）= 25

則，淨需求=現在庫存的相反數（-25）+安全庫存（0）= -25（小於 0 可以不標出）

表 5.32 中第 5 週期的現在庫存為 0，其計算依據為：

上期庫存（7）+本期計劃接收（0）-本期毛需求（10）-已分配量（0）= -3

因為-3<0，則庫存數不夠分配，這裡就標為 0，按直接批量法的方法，那麼就需要在第 5 週期生產 3 件，所以第 5 週期的計劃訂單入庫為 3；再考慮提前期 2 週，那麼第 3 週的計劃訂單下達就是 3。同理，求出其他週的 MRP 計劃。

表 5.32　　　　　　　　採用直接批量法確定 MRP 計劃

計劃週期	1	2	3	4	5	6	7	8
毛需求量	5	10	18	0	10	6	0	14
計劃接收量		20						
現在庫存：20	15	25	7	7	0	0	0	0
淨需求量					3	6		14
計劃訂單入庫					3	6		14
計劃訂單下達			3	6		14		

解二：採用固定批量法編製 MRP 計劃。

表 5.33 中第 2 週期的現有庫存為 25，其計算依據為：

上期庫存（15）+本期計劃接收（20）-本期毛需求（10）-已分配量（0）= 25

則，淨需求=現在庫存的相反數（-25）+安全庫存（0）= -25（小於 0 不標出）

表 5.33 中第 5 週期的現在庫存為 12，其計算依據為：

上期庫存（7）+本期計劃接收（0）-本期毛需求（10）-已分配量（0）= -3

因為-3<0，則庫存數不夠分配，需要生產一個批量 15，即計劃訂單入庫所以取該週期批量（即計劃訂單入庫）15 件，但因為有-3 件的耗損，所以 15-3 = 12

同理，求出第 8 週期現在庫存為 7，再考慮 2 週的提前期，分別在第 3 和第 6 週給出批量為 15 的計劃訂單下達數。

表 5.33　　　　　　　　　採用固定批量法確定 MRP 計劃

計劃週期	1	2	3	4	5	6	7	8
毛需求量	5	10	18	0	10	6	0	14
計劃接收量		20						
現在庫存：20	15	25	7	7	12	6	6	7
淨需求量					3			8
計劃訂單入庫					15			15
計劃訂單下達			15			15		

【參考 5.12】根據有關輸入信息編製 MRP 計劃。

已知產品 A 的 BOM 結構如圖 5.9，主要輸入數據項分別見表 5.34、5.35、5.36，請編製項目 B、C 的物料需求計劃。

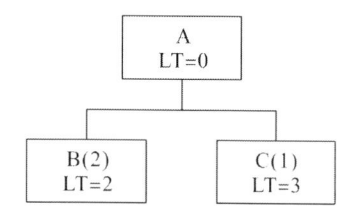

```
         ┌─────────┐
         │    A    │
         │  LT=0   │
         └────┬────┘
        ┌────┴────┐
   ┌────┴───┐ ┌───┴────┐
   │  B(2)  │ │  C(1)  │
   │  LT=2  │ │  LT=3  │
   └────────┘ └────────┘
```

圖 5.9　產品 A 的 BOM 結構

表 5.34　　　　　　　　　項目 A 主生產計劃清單

週期	1	2	3	4	5	6	7	8
項目 A	10	10	10	10	10	10	10	10

表 5.35　　　　　　　　　項目 C 的獨立需求

週期	1	2	3	4	5	6	7	8
項目 C	5	5	5	5	5	5	5	5

表 5.36　　　　　　　　　　　　　　　　庫存信息

項目	計劃接收量（計劃週期）								現有庫存	已分配量	提前期	固定批量
	1	2	3	4	5	6	7	8				
B				40					65	0	2	40
C			30						30	0	3	30

解：因為1件A需要2件B，所以第1~8週B的毛需求量均為20（=10×2）件；又因為1件A需要1件C，且每週有獨立需求5件，所以第1~8週C的毛需求量均為15（=10×1+5）件。

由此結合其他信息，便可以得到項目B第6、8週均需要生產一批（40件）產品，項目C第5，第7週均需要生產一批（30件）產品，並根據其提前期得到訂單下達日期，詳見表5.37和表5.38。

表 5.37　　　　　　　　　　　　　項目 B 的物料需求計劃

計劃週期	1	2	3	4	5	6	7	8
毛需求量	20	20	20	20	20	20	20	20
計劃接收量				40				
現在庫存：65	45	25	5	25	5	25	5	25
淨需求量						15		15
計劃訂單入庫						40		40
計劃訂單下達				40	40			

表 5.38　　　　　　　　　　　　　項目 C 的物料需求計劃

計劃週期	1	2	3	4	5	6	7	8
毛需求量	15	15	15	15	15	15	15	15
計劃接收量				30				
現在庫存：30	15	0	15	0	15	0	15	0
淨需求量					15		15	
計劃訂單入庫					30		30	
計劃訂單下達				30		30		

【實訓練習5.4】編製物料需求計劃。

已知：某產品W的BOM如圖5.10所示，MRP的有關輸入見表5.39、5.40、5.41，請編製項目X、Y、A、B、C的MRP計劃。

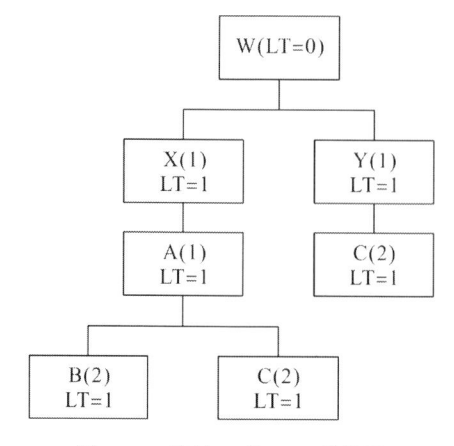

```
          W(LT=0)
         /       \
      X(1)      Y(1)
      LT=1      LT=1
       |          |
      A(1)      C(2)
      LT=1      LT=1
      /  \
   B(2)  C(2)
   LT=1  LT=1
```

圖 5.10　產品 W 的 BOM 結構圖

表 5.39　　　　　　　　　　　產品 W 主生產計劃清單

週期	1	2	3	4	5	6	7	8
產品 W				20	20	20	20	20

表 5.40　　　　　　　　　　　項目 C 的獨立需求

週期	1	2	3	4	5	6	7	8
項目 C	5	5	5	5	5	5	5	5

表 5.41　　　　　　　　　　　庫存信息

項目	計劃接收量（計劃週期）								現有庫存	已分配量	提前期	固定批量
	1	2	3	4	5	6	7	8				
X				40					45	10	1	40
Y			30						45	20	1	30
A					50				50	10	1	50
B							50		65	5	1	50
C		35							95	15	1	35

5.2.4　能力需求計劃編製實訓

5.2.4.1　能力需求計劃概述

1. 能力需求計劃的含義

能力需求計劃（Capacity Requirements Planning，簡稱 CRP）也就是所謂的細能力需求計劃，是對生產過程中（這裡指物料需求計劃）所需要的能力進行核算的計劃管理方法，以確定是否有足夠的生產能力來滿足生產的需求。能力需求計劃用於分析和

檢驗物料需求計劃的可靠性，將生產需求轉換成相應的能力需求，評估可用的能力並確定應採取的措施，以協調生產能力和生產負荷的差距。具體來說，能力需求計劃就是對各生產階段和工作中心所需的各種資源進行精確計算，得出人力負荷、設備負荷等資源負荷情況，並做好生產能力與生產負荷的平衡工作。

物料需求計劃的對象是物料，物料是具體的、形象的；能力需求計劃的對象是能力，能力是抽象的、變化的。能力需求計劃把物料需求轉換為能力需求，估計可用的能力並確定應採取的措施。

能力需求計劃把 MRP 計劃下達的訂單轉換為負荷小時，按工廠日曆轉換為每個工作中心各時區的能力需求。運行能力需求計劃，是根據物料需求計劃中加工件的數量和需求時段、它們在各自工藝路線中使用的工作中心及占用時間，對比工作中心在該時段的可用能力，生成能力需求報表的。

2. 能力需求計劃作用

能力需求計劃（CRP）主要在於通過分析比較 MRP 的需求和企業現有生產能力，及早發現能力的瓶頸所在，從而為實現企業的生產任務而提供能力方面的保障。

能力需求計劃是在確認下達的 MRP 基礎上，分析加工工藝路線、各工作中心能力而進行計算的，其目的是要回答以下問題：

①MRP 涉及的物料經過哪些工作中心加工？

②這些工作中心的可用能力是多少？在計劃展望期中，各工作中心在各計劃週期的可能能力是多少？

③MRP 涉及的物料在各工作中心的負荷是多少？這些物料在各工作中心、各計劃週期的負荷又是多少？

對於 MRP 包含的產品結構中每一級項目，MRP 分時間將製造訂單的排產計劃轉換成能力需求，並考慮製造過程中排隊、準備、搬運等時間消耗，使生產需求切實成為可控制的因素。此外，能力需求計劃（CRP）還考慮了現有庫存和在製品庫存，使主生產計劃所需的總能力數量更準確。由於訂單計劃是 MRP 產生的，其中考慮了維修件、廢品和安全庫存等因素，與之對應的能力需求計劃（CRP）也相應考慮了這些因素，使能力估計更加切實可行。

3. 能力需求計劃與粗能力計劃的區別

能力需求計劃（CRP）與粗能力計劃（RCP）的功能相似，都是為了平衡工作中心的能力與負荷，從而保證計劃的可靠與可行性。不過，兩者之間又有明顯的區別，如表 5.42 所示。

表 5.42　能力需求計劃（CRP）與粗能力計劃（RCP）之間的區別

對比項目	粗能力計劃（RCP）	能力需求計劃（CRP）
計劃階段	主生產計劃（MPS）	物料需求計劃（MRP）
計劃對象	獨立需求物料	相關需求物料
主要面向	主生產計劃（MPS）	車間作業控制（SFC）

表5.42(續)

對比項目	粗能力計劃（RCP）	能力需求計劃（CRP）
計算參照	資源清單	工藝路線
能力對象	關鍵工作中心	全部工作中心
訂單範圍	計劃及確定的需求	全部
現有庫存量	不扣除	扣除
提前期	以計劃週期為最小單位	物料完成的開始與完工時間，精確到天或小時
批量計算	因需定量	批量規則
工作日曆	企業通用工廠日曆	工作中心日曆

5.2.4.2 能力需求計劃的編製準備

1. 能力需求計劃的分類

ERP的能力需求計劃按照編製方法可分為無限能力計劃和有限能力計劃兩種方式。

（1）無限能力計劃。

無限能力計劃是指不考慮能力的限制，對各工作中心的能力和負荷進行計算，產生出工作中心能力與負荷報告。在負荷工時大於能力工時的情況下，稱為超負荷，此時對超過的部分進行調整，如延長工作時間、轉移工作中心負荷、外協加工等；採取以上措施無效的情況下，只能選擇延期交貨或者取消訂單。

（2）有限能力計劃。

有限能力計劃是指工作中心能力是不變的或有限的，計劃的安排按照優先級進行（數字越小優先級越高）。優先級計劃是按優先級分配給工作中心負荷，當滿負荷時優先級低的項目被推遲，這種方法不會產生超負荷，可以不做負荷調整。

2. 工作中心能力數據建立

建立工作中心能力數據通常包括選擇計量單位、計算定額能力和計算實際能力幾個步驟。

（1）選擇計量單位。

通常用於表示工作中心能力的單位有：工時、公斤（一公斤＝1千克）或噸、米、件數等，不過為了統一起見，用工時的情況居多。在離散型生產中多用加工單件所需要的標準時間：小時/件。在重複式生產中多用單位小時的產量作為計量單位，即件/小時。在流程企業中，多用是產量或日產量作為計量單位，比如噸/日。

（2）計算定額能力。

定額能力是在正常的生產條件下工作中心的計劃能力。定額能力不一定為最大能力，而是根據工作中心文件和車間日曆有關信息計算而得。計算定額能力所需要的主要信息有每班可用操作人員數、可用的機器數、單機的額定工時、工作中心利用率、工作中心效率、該工作中心每天排產小時數、每天開動班次、每週工作天數。

工作中心利用率＝實際直接工作工時數/計劃工作工時數

工作中心效率＝完成的標準定額工時數/實際直接工作工時數

完成定額工時＝生產的產品數量×按工藝路線計算的定額工時

工作中心的定額能力＝可用機器數或人數×每班工時×每天的開班數×每週的工作天數×工作中心利用率×工作中心效率

（3）計算實際能力。

實際能力是通過記錄某工作中心在某一生產週期內的產出而決定的，也稱歷史能力。

工作中心實際能力＝工作中心在數週期內的定額工時/週期數

3. 能力需求計劃（CRP）編製步驟

（1）搜集數據。

能力需求計劃（CRP）編製的第一步是搜集數據，用於 CRP 輸入的數據包括：

・已下達的車間訂單；

・MRP 計劃訂單；

・工作中心能力數據；

・工藝路線文件；

・工廠生產日曆；

・工作中心的工序間隔等。

（2）計算負荷。

將所有的訂單分派到工作中心上，然後確定有關工作中心的負荷，並從訂單的工藝路線記錄中計算出每個有關工作中心的負荷。當不同的訂單使用同一個工作中心時，將按時間段合併計算。最後，將每個工作中心的負荷與工作中心記錄中存儲的定額能力數據進行比較，得出工作中心負荷能力對比及工作中心利用率。

（3）分析負荷情況。

能力需求計劃將指出工作中心的能力負荷情況（不足、剛好、超過）及程度，分析負荷產生的原因，以便於正確地解決問題。

（4）能力負荷調整。

根據分析負荷情況，對能力和負荷進行調整：增加或降低能力、增加或降低負荷或者兩者同時調整。

・調整能力的方法：加班、增加人員和設備、提高工效、更改工藝路線、增加外協處理等。

・調整負荷的方法：修改計劃、調整生產批量、推遲交貨期、撤銷訂單、交叉作業等。

5.2.4.3 能力需求計劃編製案例

1. 計算設備能力與人員能力

【參考 5.13】計算設備能力與人員能力。

假設某企業共有 30 人，共有 5 臺設備，設備有效工作時間為 1,000 小時/臺，設備利用率為 45%，有效工作時間為 176 小時，單位產品工時定額為 8 小時/個，求設備能

力和人員能力。

解：

設備能力＝設備數量×設備有效工作時間×設備利用率

$$= 5 \times 1,000 \times 0.45$$

$$= 2,250（小時）$$

人員能力＝人員數量×有效工作時間/單位產品工時定額

$$= 30 \times 176/8$$

$$= 660（小時）$$

2. 完整的能力需求計劃（CRP）編製

【參考5.14】編製CRP計劃。

某產品A的物料清單如圖5.11所示，其主生產計劃、庫存信息、工藝路線及工作中心工時定額信息和工序間隔時間見表5.43、表5.44、表5.45、表5.46。

其中，零件B、C的批量規則均是2週淨需求，零件E的批量規則是3週淨需求，零件F的批量規則是固定批量80；每週工作5天，每天工作8小時，每個工作中心有一位操作工，所有的工作中心利用率和效率均為95%。

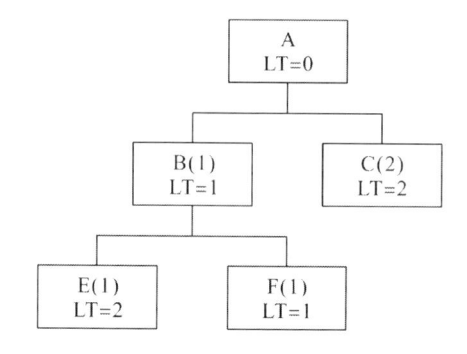

圖5.11　產品A物料清單

表5.43　項目A主生產計劃清單

週期	1	2	3	4	5	6	7	8	9	10
項目A	25	25	20	20	20	20	30	30	30	25

表5.44　庫存信息

項目	計劃接收日期（計劃週期）								現有庫存	已分配量	提前期	固定批量
	1	2	3	4	5	6	7	8				
A												
B	38								14		1	2週
E		76							5		2	3週
F									22		1	80
C	72								33		2	2週

表 5.45　　　　　　　　　工藝路線及工作中心工時定額

項目	工序號	工作中心	單件加工時間(小時)	生產準備時間(小時)	平均批量	單件準備時間(小時)	單件總時間(小時)
A	N10	W30	0.09	0.40	20	0.020,0	0.110,0
B	N10	W25	0.06	0.28	40	0.007,0	0.067,0
C	N10	W15	0.14	1.60	80	0.020,0	0.160,0
	N20	W20	0.07	1.10	80	0.013,8	0.083,8
E	N10	W10	0.11	0.85	100	0.008,5	0.118,5
	N20	W15	0.26	0.96	100	0.009,6	0.269,6
F	N10	W10	0.11	0.85	80	0.010,6	0.120,6

表 5.46　　　　　　　　　工作中心工序間隔時間

工作中心	工序間隔時間（天）	
	排隊時間	運輸時間
W30	2	1
W25	2	1
W20	1	1
W15	1	1
W10	1	1
庫房	—	1

解：能力需求計劃（CRP）是在物料需求計劃 MRP 編製之後，對 MRP 進行驗證的處理過程。為此，我們必須先編製 MRP 計劃，再編製能力需求計劃，而能力需求計劃的編製包括工作中心能力、用倒序排產法計算每道工序的開工日期、完工日期和編製負荷圖 3 個步驟。

（1）編製 MRP 計劃。

根據前述方法和已知條件，可以編製產品 A 的 MRP 計劃（如表 5.47）。

表 5.47　　　　　　　　　產品 A 的 MRP 計劃

零部件	計算項目	計劃週期									
		1	2	3	4	5	6	7	8	9	10
A	主生產計劃	25	25	20	20	20	20	30	30	30	25

表5.47(續)

零部件	計算項目	計劃週期									
		1	2	3	4	5	6	7	8	9	10
B LT=1	毛需求量	25	25	20	20	20	20	30	30	30	25
	計劃接收量	38									
	現有庫存: 14	27	2								
	淨需求量			18	20	20	20	30	30	30	25
	計劃訂單入庫			38		40		60		55	
	計劃訂單下達		38		40		60		55		
E LT=2	毛需求量		38		40		60		55		
	計劃接收量		76								
	現有庫存: 5	5	43	43	3	3					
	淨需求量						57		55		
	計劃訂單入庫						112				
	計劃訂單下達				112						
F LT=1	毛需求量		38		40		60		55		
	計劃接收量										
	現有庫存: 22	22									
	淨需求量		16		40		60		55		
	計劃訂單入庫		80				80		80		
	計劃訂單下達	80			80		80				
C LT=2	毛需求量	50	50	40	40	40	40	60	60	60	50
	計劃接收量	72									
	現有庫存: 33	55	5								
	淨需求量			35	40	40	40	60	60	60	50
	計劃訂單入庫			75		80		120		110	
	計劃訂單下達	75		80		120		110			

(2) 編製能力需求計劃(CRP)。

①計算工作中心能力。

工作負荷能力=件數×單件加工時間+準備時間

例如,工作中心W30,由於最終產品A在工作中心W30加工,單件加工時間和生產準備時間分別為0.09 小時和0.4 小時,因此:

工作中心W30在第1週期的負荷能力=25×0.09+0.4=2.65;

工作中心W30在第3週期的負荷能力=20×0.09+0.4=2.20;

工作中心 W30 在第 7 週期的負荷能力 = 30×0.09+0.4 = 3.10。

再如，工作中心 W15，零件 C 的第 1 道工序 N10 和零件 E 的最後一道工序均要在該工作中心加工。零件 C 的單件加工時間和生產準備時間分別為 0.14 小時和 1.6 小時，因此：

零件 C 工作中心 W15 第 1 週的負荷能力 = 75×0.14+1.6 = 12.1；
零件 C 工作中心 W15 第 3 週的負荷能力 = 80×0.14+1.6 = 12.8；
零件 C 工作中心 W15 第 5 週的負荷能力 = 120×0.14+1.6 = 18.4；
零件 C 工作中心 W15 第 7 週的負荷能力 = 110×0.14+1.6 = 17。

最終計算結果如表 5.48 所示。

表 5.48 工作中心能力需求計劃（CRP）

零件	工序	工作中心	計劃週期									
			1	2	3	4	5	6	7	8	9	10
A	N10	W30	2.65	2.65	2.2	2.2	2.2	2.2	3.1	3.1	3.1	2.65
B	N10	W25	0	2.56	0	2.68	0	3.88	0	3.58	0	0
C	N10	W15	12.1	0	12.8	0	18.4	0	17	0	0	0
C	N20	W20	6.35	0	6.7	0	9.5	0	8.8	0	0	0
E	N10	W10	0	0	0	13.17	0	0	0	0	0	0
E	N20	W15	0	0	0	30.08	0	0	0	0	0	0
F	N10	W10	9.65	0	0	0	9.65	0	9.65	0	0	0

② 用倒序排產法計算每道工序的開工日期和完工日期。

在項目的提前期（需求時間和下達日期），需要合理分配有關工序所需的工時定額，通常採用倒序排產法。

倒序排產法是指將 MRP 確定的訂單完成時間作為起點，然後安排各道工序，找出各工序的開工日期，進而得到 MRP 訂單的最晚開工日期。

以零件 C 為例，說明如何用倒序排產法計算每一批訂單、每道工序的形式日期和完工日期。

根據前述資料可知，零件 C 有兩道工序：工序 N10 和 N20，分別在工作中心 W15 和 W20 上完成。根據已知條件：每週工作 5 天，每天工作 8 小時，每個工作中心有一位操作工，所有的工作中心利用率和效率均為 95%，則可以得到各工作中心每天的可用能力為：8×1×0.95×0.95 = 7.22 小時；

每週的最大可用能力為 7.22×5 = 36.1 小時。

根據表 5.48 可知：

零件 C 工序 N20 第 1 週的生產時間為 6.35 小時（計劃負荷工時），則生產時間轉化為天數為：6.35 / 7.22 = 0.879,501,385 天。

零件 C 工序 N10 第 1 週的生產時間為 12.1 小時（計劃負荷工時），則生產時間轉化為天數為：12.1/7.22 = 1.675,900,277 天

以此類推，可以求出其他週按天數轉化後的生產時間。

根據已知條件可知，工作中心 W15 和 W20 的排除時間和運輸時間都是 1 天。

於是根據 MRP 計劃表中零件 C 的計劃訂單入庫，可以求出各週計劃訂單完工時間和最晚開工時間，如表 5.49（備註：總提前期四捨五入、每週工作時間只按 5 天計）。

表 5.49　　　　　　各批次零件 C 的最晚開工時間和完工時間

訂單批次	訂單數量	計劃訂單時間		提前期	工序間隔		加工時間		總提前期	推算最晚開工日期
		訂單入庫週次	推算完工日期		排隊時間	運輸時間	工序 N20	工序 N10		
1	75	第 3 週	第 2 週週五	2	1	1	0.879,501,385	1.675,900,277	6.555,401,662	第 1 週週四
2	80	第 5 週	第 4 週週五	2	1	1	0.934,903,047	1.772,853,186	6.707,756,233	第 3 週週四
3	120	第 7 週	第 6 週週五	2	1	1	1.315,789,474	2.548,476,454	7.864,265,928	第 5 週週三
4	110	第 9 週	第 8 週週五	2	1	1	1.218,836,565	2.354,570,637	7.573,407,202	第 7 週週三

③負荷分析。

由於工作中心 W15 每週的最大可用能力為 36.1 小時（7.22×5），在第 1、第 3、第 4、第 5、第 7 週的能力需求分別是 12.1、12.8、30.08、18.4、17，所以可知以上各週均處於低負荷狀態。

【實訓練習 5.5】編製能力需求計劃。

某玩具車的物料清單如圖 5.12 所示，其主生產計劃、庫存信息、工藝路線及工作中心工時定額信息和工序間隔時間見表 5.50、表 5.51、表 5.52、表 5.53。

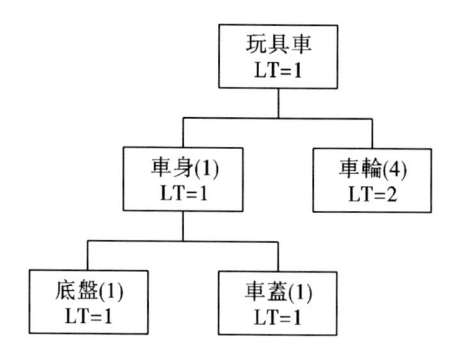

圖 5.12　玩具車的物料清單

其中，車身、車輪的批量規則均是 1 週淨需求，底盤的批量規則是 2 週淨需求，車蓋的批量規則是固定批量 100；每週工作 5 天，每天工作 8 小時，每個工作中心有一位操作工，所有的工作中心利用率、效率分別為 90% 和 95%，請編製其能力需求計劃，

用倒序排產法計算每道工序的開工日期和完工日期並進行負荷分析。

表 5.50　　　　　　　　　　玩具車的主生產計劃清單

週期	1	2	3	4	5	6	7	8	9	10
玩具車	80	80	80	80	80	100	100	100	100	100

表 5.51　　　　　　　　　　庫存信息

加工部件	計劃接收日期（計劃週期）								現有庫存	已分配量	提前期	固定批量
	1	2	3	4	5	6	7	8				
玩具車											1	
車身				25					3		1	1週
底盤		30							8		1	2週
車蓋					10				5		1	100
車輪			20						45		2	1週

表 5.52　　　　　　　　　　工藝路線及工作中心工時定額

加工部件	工序號	工作中心	單件加工時間（小時）	生產準備時間（小時）	平均批量	單件準備時間（小時）	單件總時間（小時）
玩具車	N10	W30	0.09	0.40	20	0.020,0	0.110,0
車身	N10	W25	0.06	0.28	40	0.007,0	0.067,0
車輪	N10	W15	0.14	1.60	80	0.020,0	0.160,0
	N20	W20	0.07	1.10	80	0.013,8	0.083,8
底盤	N10	W10	0.11	0.85	100	0.008,5	0.118,5
	N20	W15	0.26	0.96	100	0.009,6	0.269,6
底盤	N10	W10	0.11	0.85	80	0.010,6	0.120,6

表 5.53　　　　　　　　　　工作中心工序間隔時間

工作中心	工序間隔時間（天）	
	排隊時間	運輸時間
W30	1	1
W25	1	1
W20	2	1
W15	1	1
W10	1	1
庫房	-	1

5.2.5 車間作業計劃編製實訓

5.2.5.1 車間作業計劃概述

生產作業計劃（Procduction Activity Control，PAC），又稱生產作業控制、車間作業控制，屬於 ERP 執行層計劃，它是在 MRP 計劃輸出的製造訂單基礎上，對零部件生產計劃的細化，是一種實際的執行計劃。

車間作業按產品的工藝流程分為離散型和流程型，對於離散型車間作業通常稱之為車間作業控制（Shop Floor Control，SFC），而生產作業控制（PAC）則包含離散型和流程型的生產作業管理的統稱。

車間作業計劃是在 MRP 所產生的製造訂單基礎上，按照交貨期的前後和生產優先級選擇原則以及車間的生產資源情況，將零部件的生產計劃以訂單的形式下達給適當的車間。在車間內部，根據零部件的工藝路線等信息制訂車間生產的日計劃，並組織生產。同時，在訂單生產過程中，即時地採集車間生產的動態信息，瞭解生產進度，發現問題並及時解決，盡量使車間的實際生產接近於計劃。

車間作業計劃是根據零部件的工藝路線來編製工序排產計劃。在車間作業控制階段要處理相當多的動態信息。在此階段，反饋是重要的工作，因為系統要以反饋信息為依據對物料需求計劃、主生產計劃、生產規劃以至經營規劃做必要的調整，以便實現企業的生產管理過程。

車間作業計劃是車間作業管理的重要組成部分，一個可施行的車間作業計劃必須以車間控制管理的手段為前提。

5.2.5.2 車間作業計劃工作內容

1. 核實 MRP 產生的計劃訂單

雖然 MRP 為計劃訂單規定了計劃下達日期，並且做過能力計劃，但這些訂單在生產控制人員正式批准下達投產之前，還必須檢查物料、能力、提前期和工具的可用性。

作為生產控制人員，要通過計劃訂單報告、物料主文件和庫存報告、工藝路線文件和工作中心文件及工廠日曆來完成以下任務：

・確定加工工序。
・確定所需的物料、能力、提前期和工具。
・確定物料、能力、提前期和工具的可用性。
・解決物料、能力、提前期和工具的短缺問題。

2. 執行生產（製造）訂單

執行生產訂單的工作包括下達生產訂單和領料單、下達工作中心派工單和提供車間文檔。

一份生產訂單在生產管理過程中是有生命週期的。所謂下達生產訂單就是指明這份生產訂單可以執行了。在下達的生產訂單上要說明零件的加工工序和占用的時間。

當多份生產訂單下達到車間，需要在同一時間段內、同一工作中心上進行加工時，必須要向車間說明各生產訂單在同一工作中心上的優先級。

執行生產訂單的過程，除了下達生產訂單和工作中心派工單之外，還必須提供車間文檔，其中包括圖樣、工藝過程卡片、領料單、工票等。

3. 搜集信息、監控在製品生產

需要查詢工序狀態、完成工時、物料消耗、廢品、投入/產出等項報告；控制排除時間、分析投料批量、控制在製品庫存、預計是否出現物料短缺或拖期現象。

4. 採取調整措施

如預計將要出現物料短缺或拖期現象，則應採取措施，如通過加班、轉包或分解生產訂單來改變能力及負荷。如仍不能解決問題，則應給出反饋信息、修改物料需求計劃，甚至修改主生產計劃。

5. 生產訂單完成

統計實耗工時和物料、計算生產成本、分析差異、產品完工入庫事務處理。

5.2.5.3 車間作業計劃編製步驟

1. 根據 MRP 訂單生成車間任務

這個步驟的任務就是要把經過核實的 MRP 製造訂單下達給車間，一般情況下應該把物料需求計劃明確下達給某個車間加工，以滿足工藝路線的要求；但特殊情況下，也可以把同一個物料需求計劃分配給不同的車間。

車間任務往往是以報表的形式給出的，在報表中一般應包括任務號、MRP 號、物料代碼、物料名稱、需求量、需求日期、車間代碼、計劃開工日期、計劃完工日期等數據項（如表 5.54 所示）。

表 5.54　　　　　　　　車間任務表

任務號	MRP 號	物料代碼	需求量	需求日期	計劃開工日期	計劃完工日期
B01	M10	MT001	100	2017.11.01	2017.10.25	2017.11.01
B02	M20	MT002	200	2017.11.05	2017.11.02	2017.11.05

2. 下達加工單

加工單以工作中心為加工單位，是車間任務的細化，在計劃開工日期和計劃完工日期的基礎上進一步細劃的最早開工時間、最早完工時間、最晚開工時間、最晚完工時間等計劃進度，其中的訂單時間細化到小時（如表 5.55）。

表 5.55　　　　　　　　加工單表

加工單號：JG12　　　　計劃日期：2017.10.31　　　　計劃員：張三

物料代碼：MT335　　　需求數量：100　　　　　　需求日期：2017.11.08

工序號	工作中心代碼	工時定額		本批訂單時間	計劃進度			
		準備	加工		最早開工時間	最早完工時間	最晚開工時間	最晚完工時間
1	WC01	0.2	0.1	10.2	2017.11.02	2017.11.04	2017.11.03	2017.11.05
2	WC02	0.3	0.2	20.3	2017.11.03	2017.11.07	2017.11.04	2017.11.08

3. 生產調度

生產調度就是對分配到同一時區、同一工作中心不同物料的加工順序進行優先級排序。

（1）生產調度的目的。
- 將作業任務按優先級編排。
- 提高設備和人力的利用率。
- 保證任務如期完成以滿足交貨期。
- 完成任務時間最短、成本最低。

（2）生產調度的方法。

生產調度的方法即優先級的確定方法，常見有如下幾種：

①先到先服務法。

優先級＝（訂單送達日期－固定日期）/365

固定日期是系統設置的固定日期，如當年的1月1日。

②交貨期法。

優先級＝交貨期－當前日期

③最早開工法。

優先級＝交貨期－提前期－當前日期

④剩餘鬆弛時間法。

優先級＝交貨剩餘時間（天）－完工剩餘時間（天）

⑤最小單個工序平均時差法（Least Slack Per Operation，LSPO）。

優先級＝（交貨日期－當前日期－剩餘工序所需加工時間）/剩餘工序數

⑥緊迫系數法（Critical Ratio，CR）。

優先級＝（交貨日期－系統當前時間）/剩餘的計劃提前期

- 當 CR<=0 時，說明已經拖期；
- 當 0<CR<1 時，說明剩餘時間不夠；
- 當 CR＝1 時，說明剩餘時間剛好；
- 當 CR>1 時，說明剩餘時間有餘。

4. 下達派工單

派工單是指向工作中心的加工說明文件，包括根據生產調度確定的優先級、某時段的加工任務等信息（如表5.56）。

表5.56　　　　　　　　　　　　　派工單

車間代碼：MT156　　　　工作中心代碼：WC12　　　　派工日期：2017.10.31

物料代碼	任務號	工序號	需求數量	開工時間	完工時間	加工時間	優先級系數
MT001	B01	1	100	2017.11.02	2017.11.05	10.2	1
MT009	B05	1	500	2017.11.08	2017.11.12	53.6	2

5.3 實訓思考題

1. 生產計劃、主生產計劃、粗能力計劃、物料需求計劃、能力需求計劃、車間作業計劃分別屬於 ERP 中哪個計劃層次？
2. 生產計劃的編製是否必需的？可以直接從主生產計劃開始編製嗎？
3. MTO 與 MTS 環境下，生產計劃編製有什麼不同？
4. 既然有粗能力計劃和能力需求計劃，為什麼還要在生產計劃時考慮資源清單？
5. 時區、時界有什麼不同？時區是怎麼劃分的？
6. 能力需求計劃編製時，如果某週有計劃接收量會占用當週的工作中心能力嗎？
7. 提前期為 0 時有什麼特別的含義？通俗的意思是什麼？
8. 批量策略在 MRP 中如何使用？
9. 淨需求與計劃產出之間的關係是什麼？
10. 無限能力計劃不考慮能力的約束嗎？
11. 如何確定工序的開工日期和完工日期？
12. 車間作業計劃為什麼不存在像 MRP 和 CRP 那樣的複雜計算？
13. 車間作業計劃必須嚴格按計劃執行、中途不可變更嗎？
14. 車間作業計劃與其他計劃之間是什麼關係？

6 有效物料管理計劃編製實訓

任何一個製造企業的生產活動，都是先從廠外購買各種物料，然後在廠內使用這些物料組織生產，形成產品，銷售出廠的。在各個環節中的各種物料相互之間具有聯繫，都屬於 ERP 系統物料管理的範疇。

對於眾多企業經營者來說，第二次石油危機已然造成了一種新的困境與挑戰。物料管理是生產管理中一個至關重要的環節，其管理好壞直接影響到一個企業的客戶服務水準，以及在市場上的競爭力。面對日趨白熱化的全球性競爭，物料管理的地位和作用更是日益凸顯。

6.1 實訓要求

物料管理通常被狹義地理解為對物品材料的管理，事實上，現代企業已經開始從供應鏈系統管理的觀點來重新審視物料管理的定義。任何一種物料都是由於某種需求而存在的，因此必須處於經常流動的狀態，而不應該在某個地方長期滯留，不流動的物料是一種積壓和浪費。如果倉庫中某種物料長期積壓，可能是由於產品設計已經修改而不再需要這種物料或者是由於其他物料出現短缺而使之不能配套裝配。

一個製造企業的生產過程實質上是一個物流過程。所謂生產計劃，實際上是物料流動的計劃。計劃的對象是物料，計劃執行的結果也要通過對物料流動的監控來考核。完成生產計劃，必定伴隨著物料數量、形態和存儲位置的改變。任何物料都必定存放在一定的空間位置，這些存儲位置就是物料的監控點。對計劃執行情況的監控、對物料狀況的反饋信息，都來自這些監控點。物料管理強調對物料存儲、傳送、數量和狀態的變化等信息的管理。物料管理思想精髓，在於其有效性與合理性。為了能夠直接有效地管理物料，必須從實踐過程中以定量的方法去量化那些定性的需求。

通過本章實訓，學生將參照案例中的一系列管理與控制方法、量化方法，掌握 ERP 中物料管理的精髓。

6.2 實訓內容

物料管理的範疇博大精深，從採購控制、訂貨量到庫存與倉庫管理、貨物配送管理、流程管理到全面質量管理等，而本章實訓將主要側重於供應商選擇與數量控制、

獨立需求訂購系統方面的內容。

6.2.1 供應商選擇與適當數量控制

物料需求大部分來自於生產計劃產生的需求，採購部門必須按物料規格、數量、需求的時間及質量要求把物料提供給生產部門。對要求外協加工的物料，由生產技術部門與採購部門共同確定外協加工方案。

供應商處於企業供應鏈的供應端，所以供應商也是企業的資源之一。採購部門掌握更多的優質供應商，企業的供應來源和質量就更有保障。

過多的物料將占用過多的倉儲資源和資金資源，但過少的物料又使企業的穩定生產容易受到影響，為了保證合理的物料管理水準，就必須通過適當的數量控制手段來保障。

6.2.1.1 供應商選擇

為了使工廠的生產活動一分不差、有條不紊地進行，務必嚴守品質、交貨期、數量、價格 4 個因素。

不過，關於品質與價格，通常以「價廉物美」來表現，其實銷售任何商品的困難莫過於品質很好的貨品，以低價出售，並且還要獲得必要的利潤。

通常，4 個因素必須同時考慮，為了能夠實現滿意的採購，如何開發、選定、確保有能力而積極的供應商就成為第一步。

1. 適當供應商的界定

供應商也是企業，並且通常也是處於成長中的企業，因此同樣會出現各種問題。對於這類企業而言，最常見的問題就是因為資金和產能的原因而非均衡的發展。所以，適當的供應商應能克服不均衡現狀，能做到均衡地成長與發展。因此，理想的供應商應該是企業的生命週期中，正處於成長期與發展期、對客戶關心、積極協作、相處良好的企業。

另外，供應商對企業是否關心、積極協作，目前是否相處良好，將來是否也能更好地協作都是需要認真考慮的事情。

2. 供應商選定的基準

・優秀的企業領導人；
・高素質的管理人員；
・穩定的員工群體；
・良好的機器設備；
・良好的技術；
・良好的管理制度。

3. 供應商的開發

為了選擇適當的供應商，需要預先搜集供應源的各種信息並進行分析、評價，然後編製好供應源一覽表，以便隨時掌握購入品或外包加工品的特性，以及所需要的各種條件。

（1）物料分類。

①將主生產物料和輔助生產物料按採購金額比例分成 A、B、C 三類。

②按材料成分或性能分類，如塑料類、五金類、電子類、化工類、包裝類等。

（2）搜集廠商資料。

根據材料的分類，搜集生產各類物料的廠家，每類產品 5~10 家，填寫在「廠商資料表」上（如表 6.1）。

表 6.1　　　　　　　　　　　　　廠商資料表

公司名稱	（中文）		
	（英文）		
公司地址			
工廠地址			
營業執照號碼		註冊資金	
年營業額		法定代表人	
業務負責人		聯絡電話	
電子郵箱		傳真	
廠房面積		員工人數	
管理人員		技術人員	
先進管理方法			
材料來源		品管狀況	
主要設備		生管狀況	
主要客戶		聯繫方式	
主要產品			
備註			

①業界報導、技術資訊為主的新聞和雜誌。

②行業類網站（最好註冊為用戶），由網絡系統自動匹配。

③成為阿里巴巴（www.alibaba.com 和 www.alibaba.cn）或慧聰網（www.hc360.com）等大型電子商務服務提供商會員，以便發布相關需求信息。

④產品目錄、廣告。

⑤相關人員介紹或推薦。

⑥電話號碼黃頁。

（3）供應商調查。

在潛在供應商中，為適當的對象編製調查表。調查內容如下：

①公司概況。

②銷售狀況（顧客別、品種別）。

③購貨狀況（供應廠商別、品種別）。
④機器設備狀況（機種別、生產廠別）。
⑤財務報告（資產負債表、損益表、生產成本明細表）。

（4）成立供應商選擇小組。

由副總經理任組長，採購、品管、技術部經理、生管、工程師組成評估小組。

（5）調查評估。

根據反饋資料，按規模、生產能力等基本指標進行分類，按 A、B、C 物料採購金額的大小，由評估小組選派人員按「供應商調查表」所列標準進行實地調查（如表6.2）。

表 6.2　　　　　　　　　　　　供應商調查表

序號	項目	調查內容	結果
1	管理人員水準	管理人員素質的高低； 管理人員工作經驗是否豐富； 管理人員工作能力的高低	
2	專業技術能力	技術人員素質的高低； 技術人員的研發能力； 各類專業技術能力的高低	
3	機器設備情況	機器設備的名稱、規格、廠牌、合作年限及生產能力； 機器設備的新舊、性能及維護狀況	
4	材料供應情況	產品所用原材料的供應來源； 材料的供應渠道是否暢通； 原材料的品質是否穩定； 供應商原料來源發生困難時，其應變能力的高低等	
5	品質控制情況	品管組織是否健全； 品管人員素質的高低； 品管制度是否完善； 檢驗儀器是否精密及維護是否良好； 原材料的選擇及進料檢驗的嚴格程度； 操作方法及制程管制標準是否規範； 成品規格及成品檢驗標準是否規範； 品質異常的追溯是否程序化； 統計技術是否科學以及統計資料是否翔實等	
6	財務及信用狀況	每月的產值、銷售額； 來往的客戶； 來往的銀行； 經營的業績及發展前景等	
7	管理規範制度	管理制度是否系統化、科學化； 工作指導規範是否完備； 執行的狀況是否嚴格	
8	備註		

（6）送樣或小批量試驗。

對於經調查合格的廠商，可通知其送樣或小批量試採購，送樣檢驗或試驗合格者即可正式列入《合格供應商名冊》，未合格者可列入候補序列。樣品檢測使用樣品評價表（如表6.3）。

表6.3　　　　　　　　　　　　　　樣品評價表

項目	內容
供應商名稱	
聯繫人	
地址	
電話、傳真	
樣品名稱	
型號規格	
樣品數量	
檢測部門	
檢測標準	
檢測結論	
檢驗報告號碼	
用於何種產品	
試用部門	
試用情況	
評價結果	
評價工程師	
經理	
主管	
日期	

之後的採購只可從合格供應商中選擇，財務付款時也應審核名單，若從非合格供應商中採購應呈報上級批准。

（7）比價議價。

對送樣或小批量試驗合格的材料評定品質的，應進行比價和議價，確定一個最優的性價比。

（8）供應商輔導。

對於列入《合格供應商名冊》的供應商，公司應給予管理、技術、品管上的輔導。

（9）追蹤考核。

①月考評。

每月對供應商的交貨期、交貨量、品質、售後服務等項目進行統計，並繪製成圖表。

②季度考評。

每個季度或半年進行綜合考評一次，按評分等級分成優秀、良好、一般、較差幾個等級。

③考核的內容。

通常從價格、品質、交貨期和配合度（服務）等幾個方面來考核供應商，並按百分制形式來計算得分，至於如何來分，各公司可視具體情況自行決定。

A 價格。

根據市場同類材料最低價、最高價、平均價、自行估價，然後計算出一個較為標準、合理的價格。

B 品質。

批退率。根據某固定時間內（如1月、1季、半年、1年）的批退率來判定品質的好壞，如上半年某供應商交貨50批次，判退3批次，其批退率 = $3 \div 50 \times 100\% = 6\%$。批退率越高，表明其品質越差，得分越低。

平均合格率。根據每次交貨的合格率，再計算出某固定時間內合格率的平均值來判定品質的好壞，如一月份某供應商交貨3次，其合格率分別為：90%、85%、95%，則：

平均合格率 = （90%+85%+95%）÷3 = 90%

合格率越高，表明品質越好，得分越高。

總合格率。根據固定時間內總的合格率來判定品質的好壞，如某供應商第一季度分5批，共交貨10,000個，總合格數為9,850個，則其合格率 = $9,850 \div 10,000 \times 100\% = 98.5\%$。

C 交貨期。

交貨率 = 送貨數量÷訂貨數量×100%。交貨率越高，得分越高。

逾期率 = 逾期批數÷交貨批數×100%。逾期率越高，得分越低；逾期越長，扣分越多；逾期造成停工待料，則加重扣分。

D 配合度（服務）

配備適當的分數，服務越好，得分越多。

供應商績效 = 價格得分+品質得分+交貨期得分+配合度得分

(10) 供應商的篩選。

①對於較差的供應商，應及時淘汰，將其列入候補名單，重新評估。

②對於一般的供應商，應減少採購量，並重點加以輔導。

③對於優秀的供應商，應加大採購量，予以嘉獎，並通報所有供應商。

★小提示：供貨比

為了保證更好的供貨質量，通常不要只選擇1家供應商，而要有幾家以形成一定的供貨比例。

【實訓練習 6.1】開發供應商。

假設你要開設一家銷售某種實物（非虛擬物品）的網店，但對於貨源問題一直放心不下，請按照所學內容，全面開發你的供應商。

6.2.1.2 適當數量控制

1. 適當數量控制的原則

適當的數量指對買賣雙方最為經濟的數量。所以，對買方來說是經濟的訂貨數量，對賣方來說是經濟的受訂數量。經濟的訂貨數量視材料或零配件而不同。需要考慮的訂貨因素：

（1）來自採購批量大小的價格變化。

一般是數量越多，價格越低，因為供應商不需要換模、重新安排作業等，一次加以生產，運輸也能一次完成。

（2）庫存量變化。

要擁有多少庫存，基本上除涉及經營方針之外，應視材料的不同而異。要考慮現有庫存容量、未來庫存容量變化、生產消耗變化、物料保存的期限等細節。

（3）訂貨次數。

訂貨單的填製，次數越多所花費的成本越高。尤其是低價的 C 類貨品，如果零零碎碎訂貨，辦手續所花的成本恐怕會高於物品本身的價格。

（4）採購費用。

採購費用主要包括人事費、消耗品、通信費、差旅費、交通費等，也應充分考慮。

（5）用於議價的費用。

與賣方討價還價的費用。

（6）庫存維持費用。

為了保管所需的設備、搬運費用、老化、減耗、破損等損失的費用。

（7）庫存投資的利息。

為購買庫存品的資金所付的利息。

（8）保管占地面積的費用。

建築物的折舊、維護費、光熱費用等。

（9）倉庫部門的人事費用。

從事於物品收受、保管、領出等工作人員的薪資。

（10）折舊。

對設備或機器所提的費用。

考慮以上許多因素之後，掌握最經濟的訂貨數量並加以修正後決定。

因此，決定適當的數量不僅僅是靠 MRP 運算、經濟批量法預算，還要考慮以上的相關因素。採購人員除了具有專業知識、經驗之外，還需要掌握當前的有關生產狀況、將來的計劃或訊息等資料。

2. 影響訂貨數量的因素

（1）資金是否充裕。

如果資金寬裕，那麼合起來訂貨肯定因訂貨批量較大而更加便宜；不過資金緊張時，要合理考慮合適的訂量。另外，資金還足夠充裕的企業，如是要新購大量新設備，也需要控制訂貨數量。

（2）消費量。

每天的使用數量不多，不過因為作為交易的單位必須要達到一定的交易單位才行。比如購買電線，至少要一「卷」，也許你只需用一半，也得買一「卷」。

（3）備用材料的有無。

進貨延遲時，若備有可供替換使用的材料，則訂貨數量可以減少。

（4）材料取得的難易程度。

由於具有季節性的因素，僅某一季節才能上市的材料，也只好集中在一起訂購。

（5）生產管理方式。

如果採用 JIT 準時制生產管理的企業，其訂貨數量必須限於最小。

（6）訂貨到進貨的期間。

假如不考慮賣方制訂生產計劃所需的時間、生產所需時間、運輸時間、驗收時間就決定訂貨的數量，則會發生缺貨損失。

（7）生產、捆包、出貨的一般交易單位。

假如少於此一交易單位，就會發生無法進貨或延誤進貨等事情。

（8）保管設備。

缺乏充分的保管設備的場合或保管場所充裕的場合，訂貨數量也應減少。

（9）市場狀況與價格傾向。

由於市場景氣而價格會變動者，判斷其價格會上漲時則要制定整批的訂貨數量。

3. ABC 庫存控制

庫存管理是通過庫存管理單位的單個物品的管理來進行的。在庫存管理中，我們必須回答以下 4 個問題：

・什麼是庫存管理的重要性？

・它們是如何管理的？

・每次應該訂購多少？

・訂單應該什麼時候簽發？

（1）ABC 原則。

ABC 庫存分類系統可以回答上述問題中的前兩個，它確定每一物品的重要性，然後根據物品的相對重要性進行不同水準的管理。

大多數公司都有很多不同的物料品種。為了能夠以合理的成本更好地管理庫存，根據庫存的重要性對庫存進行分類將有效地達成這一目標。ABC 原則是基於這樣的一種觀察，少數的東西經常主導大的結果，也稱為帕累托法則（Pareto's law）。當此法則運用於庫存管理時，通常發現物品的百分比與每年資金使用的百分比遵循如下規律：

・大約 20% 的物品占用 80% 的資金。

- 大約30%的物品占用15%的資金。
- 大約50%的物品占用5%的資金。

雖然這裡的百分比是大約的數值,並非絕對值,但這樣的簡單分佈有助於對庫存進行管理。

(2) ABC分析步驟。
- 建立影響庫存管理結果的物品特徵,如年資金使用量或物品缺乏等。
- 根據已經建立的標準將物品分類。
- 根據每組的相對重要性施以不同的管理力度(如年資金使用量)。
- 決定每一物品的年使用量。
- 每一物品年使用量乘以該物品的單價得到年總資金使用量。
- 根據年資金使用量排列物品。
- 計算累計年資金使用量和累計物品所占百分比。
- 檢查年資金使用分佈,並根據年資金使用百分比將物品分類為A、B、C類。

某公司生產一系列10種不同產品。物品的使用量、單位成本及年資金使用狀況如表所示。

【參考6.1】ABC劃分實訓。

某公司生產一系列10種不同產品。物品的使用量、單位成本及年資金使用狀況如表6.4所示。

表6.4　　　　　某公司產品的使用量及資金占用情況

部件號	單位使用量	單位成本(元)	年資金使用量(元)
1	1,100	2	2,200
2	600	40	24,000
3	100	4	400
4	1,300	1	1,300
5	100	60	6,000
6	10	25	250
7	100	2	200
8	1,500	2	3,000
9	200	2	400
10	500	1	500
總計	5,510	-	38,250

要求:
①根據年資金使用量排列物品。
②計算累計年資金使用量和物品累計百分比。
③將物品分類為ABC。

解：先根據年資金使用量排序，再計算和分類（其中累計物品百分比由統計得到）。

表 6.5　　　　　　按 ABC 劃分（排序、計算和分類）的物料

部件號	年資金使用量	累計資金使用量	累計資金使用百分比	累計物品（%）	等級
2	24,000	24,000	62.75	10	A
5	6,000	30,000	78.43	20	A
8	3,000	33,000	86.27	30	B
1	2,200	35,200	92.03	40	B
4	1,300	36,500	95.42	50	B
10	500	37,000	96.73	60	C
9	400	37,400	97.78	70	C
3	400	37,800	98.82	80	C
6	250	38,050	99.48	90	C
7	200	38,250	100.00	100	C

【實訓練習 6.2】ABC 劃分實訓。

天華電動自行車廠生產一系列 10 種不同產品。物品的使用量、單位成本及年資金使用狀況如表 6.6 所示。

表 6.6　　　　　天華電動自行車廠產品的使用量及資金占用情況

部件號	單位使用量	單位成本（元）	年資金使用量（元）
1	3,000	2	6,000
2	1,600	5	8,000
3	2,100	4	8,400
4	1,300	1	1,300
5	100	50	5,000
6	50	500	25,000
7	100	40	4,000
8	4,500	5	22,500
9	200	20	4,000
10	30	265	7,950
總計	12,980	—	92,150

要求：
①根據年資金使用量排列物品。

②計算累計年資金使用量和物品累計百分比。

③將物品分類為 A、B、C。

4. 經濟訂購量的計算

經濟訂購量（Economic Order Quantity，EOQ）所根據的假設條件如下：

・需求相對穩定，並且是已知數。

・物品是批量生產或批量採購的，而不是持續性生產或採購的。

・訂單準備成本和庫存保管成本不變，並且是已知數。

・物品的補充是瞬間發生。

對那些需求獨立並且大致統一的商品來說，這些假設條件通常行之有效。然而，在很多情況下這些假設條件仍然無效，在這種情況下，EOQ 理論便沒有立足之地，比如訂單式生產。

（1）經濟訂購量公式。

A 為年需要數量 = 720 個。

B 為每次訂貨（下單）費用 = 100 元。

C 為單價 = 3 元。

i 為庫存維持費用（年率%）= 30%。

Q 為經濟訂貨數量。

r 為缺貨損失額。

則，

①經濟訂貨量 Q 可由如下公式算出：

$$Q = \sqrt{\frac{2AB}{Ci}}$$

$$Q = \sqrt{\frac{2 \times 720 \times 100}{3 \times 0.3}}$$

= 400（個）

②最適訂貨次數（N）由下列公式算出：

$$N = \sqrt{\frac{ACi}{2B}}$$

$$N = \sqrt{\frac{720 \times 3 \times 0.3}{2 \times 100}}$$

= 1.8（個）

（2）製作經濟訂購量表

經濟的訂貨數量，若每次下單都要計算則十分麻煩，所以有必要繪製經濟訂貨量的計算圖表，以使任何人都能輕易查知（如表 6.7，該表對數量由 100~1000 個，價格由 1~5 元變化的物料的經濟訂貨量計算結果）。

表 6.7　　　　　　　　　　考慮需要量與價格的經濟訂購表

數量（個）	價格（元）				
	1	2	3	4	5
100	1,414	1,000	816	707	632
200	2,000	1,414	1,154	1,000	849
300	2,449	1,732	1,414	1,224	1,095
400	2,828	2,000	1,632	1,414	1,264
500	3,162	2,236	1,825	1,586	1,414
600	3,464	2,449	2,000	1,732	1,549
700	3,741	2,645	2,160	1,870	1,673
800	4,000	2,828	2,309	2,000	1,788
900	4,242	3,000	2,449	2,121	1,897
1,000	4,472	3,162	2,581	2,236	2,000

【實訓練習 6.3】經濟訂購量實訓。

請自擬數據，參考經濟訂購量公式和計算表，計算其經濟訂購量，並製作經濟訂購表。

6.2.2　獨立需求訂購系統

很多時候，並非企業中只充斥著相關需求的管理，獨立需求的計算與管理也是物料管理工作的重點。為此，需要為這些獨立需求採取不同的管理方法。

6.2.2.1　安全庫存量與訂購點確定

1. 訂購點系統

（1）訂購點計算。

當現有物品庫存消耗到達預先確定的水準——訂購點（Order Point）時，訂單就下達給供應商。所訂購的數量通常是根據經濟訂購量預先計算出來的。圖 6.1 展示了安全庫存、週期時間（採購提前期）、訂購量和訂購點之間的關係。

公式：OP＝DDLT+SS

其中，OP 為訂購點；DDLT 為週期時間內的需求；SS 為安全庫存。

【實訓練習 6.4】計算訂購點。

假設每週的需求是 200 單位，週期時間是 3 週，安全庫存量是 300 單位，計算訂購點。

解：

OP ＝DDLT+SS

　　＝200×3+300

　　＝900

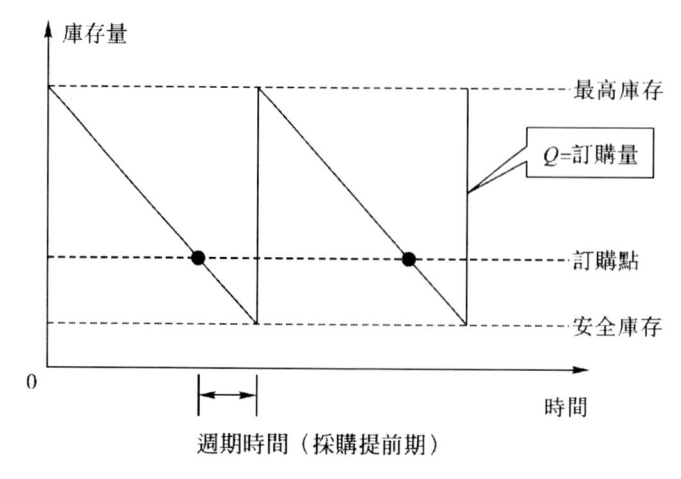

圖6.1 獨立需求部件的訂購點系統

（2）訂購點原則。

①採購量通常是固定的。

②訂購點由週期時間內的平均需求量決定。如果平均需求或週期時間改變，訂購點並不做相應改變，但安全庫存量會立即變化。

③公式：平均庫存量＝訂購量/2＋安全庫存量＝$Q/2+SS$。

【實訓練習6.5】計算年平均庫存量。

訂購量是1,000，安全庫存是300，年平均庫存量是多少？

平均庫存＝$Q/2+SS$

　　　　＝1,000/2＋300

　　　　＝800

2. 確定安全庫存量

安全庫存的目的是預防供給和需求中的不確定性。不確定性可能以兩種方式發生：數量的不確定性和時間的不確定性。

有兩種方式可以預防不確定性：保留額外庫存，稱之為安全庫存；或者提前訂購，稱之為安全週期時間。

安全庫存量（Safety Stock）是指計算出來的額外庫存量，其目的是用來預防數量的不確定性。

安全週期時間（Safety Lead Time）是通過提早計劃訂單的釋出和訂單的接受來預防時間的不確定性。

（1）週期時間內需求的變化。

需求與預測的誤差是由於兩個原因造成：預測平均需求時的偏差及平均需求中的隨機變化。

產品A和產品B平均都是1,000，不過產品A的週需求是700~1,400，而產品B的週需求是200~1,600，則產品B更容易比產品A出現誤差（見表6.8）。

表 6.8　　　　　　　　　　　　　兩個產品的實際需求

週	產品 A	產品 B
1	1200	400
2	1000	600
3	800	1600
4	900	1300
5	1400	200
6	1100	1100
7	1100	1500
8	700	800
9	1000	1400
10	800	1100
總計	10000	10000
平均	1000	1000

如果兩種產品的訂購點都是 1,200，A 產品將會有一個期缺貨，而產品 B 則會為 4 個期缺貨。如果對兩者提供同樣的服務水準，就需要應用一些預估所需產品隨機性的方法。

（2）平均需求的變化。

①需求柱狀圖。

假如在過去 100 週中，某一產品的週銷售歷史顯示平均需求為 1,000 單位。

正如所期望的，大多數需求都在 1,000 單位上下，只有少數需求離平均需求數較遠，離平均數最遠的需求就更沒有幾個。如果我們將週需求歸類為幾組或平均值的一定範圍的話，平均值需求的分佈圖就會出現。假如需求分佈見表 6.9。

表 6.9　　　　　　　　　　　　　需求分佈表

週需求	星期數
725~774	2
775~824	3
825~874	7
875~924	12
925~974	17
975~1,024	20
1,025~1,074	17
1,075~1,124	12

表6.9(續)

週需求	星期數
1,125~1,174	7
1,175~1,224	3
1,225~1,274	2

將這些數據整理後的結果是一個柱狀圖，如圖6.2所示。

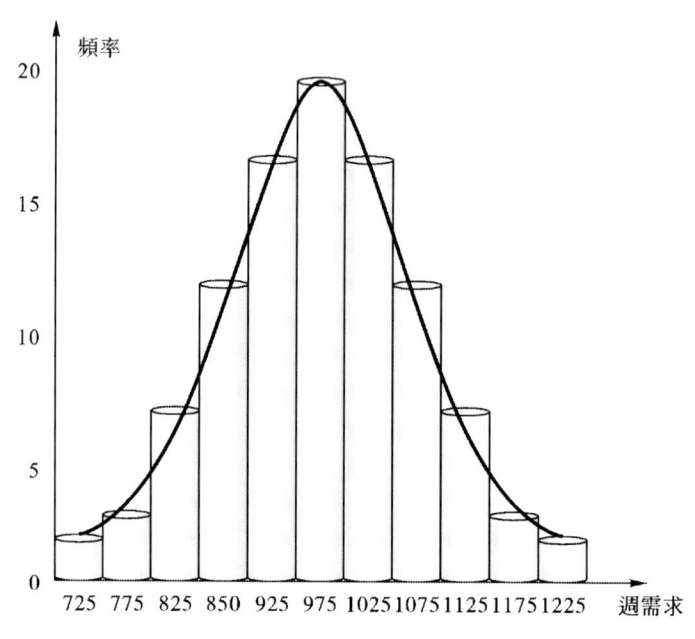

圖6.2 實際需求柱狀圖

②正態分佈。

平均值需求分佈的模型將隨不同的產品和市場而各有差異，因此我們需要一些方法來描述這些模型的分佈，包括分佈的形狀、分佈的中心和分佈的延展。

上面的柱狀圖可以表明，雖然分佈有一定的變化，但它遵循一定的模型，如果需求模型近似於前面的柱狀圖形態，則這種形態稱為正態曲線或門鈴曲線（Normal Curve or Bell Curve），因為它的形狀像一個門鈴。完美的正態分佈如圖6.3所示。

正態分佈有兩個明顯特徵：一個與正態分佈的中央傾向性或平均值有關，另一個與實際平均值的變量或差量有關

③平均值（中間值，Average or Mean）。

位於曲線的最高點，是正態分佈的中央傾向點。平均值由數據的總和除以數據的總數計算而來。數學公式表示為 $\bar{x} = \dfrac{\sum x}{n}$。

【參考6.1】根據表6.10數據，計算10週的平均分佈。

6　有效物料管理計劃編製實訓

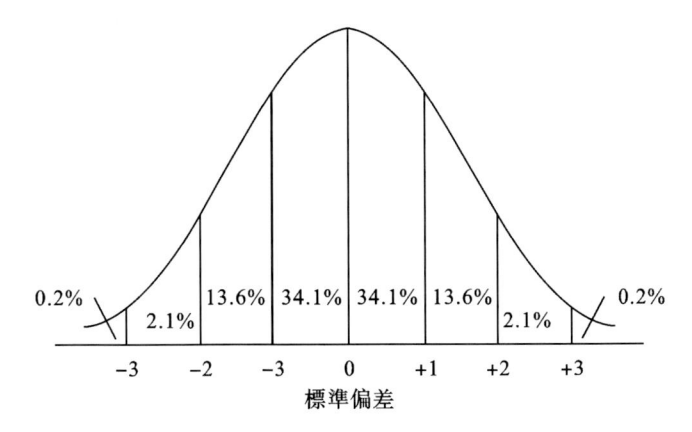

```
     0.2%  2.1%  13.6%  34.1%  34.1%  13.6%  2.1%  0.2%
      -3    -2    -3     0     +1    +2    +3
                      標準偏差
```

圖 6.3　完美的正態分佈

表 6.10　　　　　　　　　　10 週實際需求數據

期	實際需求
1	1,200
2	1,000
3	800
4	900
5	1,400
6	1,100
7	1,100
8	700
9	1,000
10	800
總計	10,000

解：

$$\bar{x} = \frac{\sum x}{n} = \frac{10,000}{10} = 10,000$$

④差量。

平均值實際需求的變量或差量（Dispersion）指的是單個數值在中間值附近的分佈有多麼密集。

差量可以用幾種不同的方式來衡量：

- 最大值減最小值的區間。
- 平均絕對偏差（MAD），它是對平均預測誤差的衡量。
- 標準偏差。

(3) 標準偏差（Sigma）。

標準偏差（Standard Deviation）是一個統計學數值，它用來衡量單個數值在中間值附近的分佈有多麼密集，由希臘字母 σ 代表。

【參考6.2】用表6.10 的數據計算標準偏差。

解：

偏差平方平均值 = 400,000/10 = 40,000

$\sigma = \sqrt{40,000} = 200$

表6.11　　　　　　　　　　　　　根據已知數據求出的標準偏差

期	預測需求	實際需求	偏差	平方偏差
1	1,000	1,200	200	40,000
2	1,000	1,000	0	0
3	1,000	800	−200	40,000
4	1,000	900	−100	10,000
5	1,000	1,400	400	160,000
6	1,000	1,100	100	10,000
7	1,000	1,100	100	10,000
8	1,000	700	−300	90,000
9	1,000	1,000	0	0
10	1,000	800	−200	40,000
總計	10,000	10,000	0	400,000

從統計學上，可以確定：

・大約 68% 的時間，實際需求將在預測平均的 ±1σ 之內。

・大約 98% 的時間，實際需求將在預測平均的 ±2σ 之內。

・大約 99.88% 的時間，實際需求將在預測平均的 ±3σ 之內。

(4) 確定安全庫存量和訂購點。

正態曲線的特徵之一在於平均值兩邊是對稱的，這意味著一半時間實際需求小於平均值，一半時間實際需求大於平均值。

安全庫存只需要用來涵蓋那些週期時間內需求大於平均值的時期。因此，50%的服務水準可以在安全庫存的情況下達成。如果想維持更高的服務水準，那麼就必須儲藏安全庫存以預備當實際需求大於平均值之時的需要。

儲備多少合適？這就是我們需要確定的。

①標準差確定法。

根據前面的統計學觀點，我們認為68%的時間誤差在預測的±σ 之內（34.1%的時間誤差小於預測，34.1%的時間誤差大於預測，詳見前面的完美的正態分佈圖）。

假定週期時間內需求的標準偏差是100，將這100作為安全庫存。這一安全庫存在

實際需求大於預期的34%時間提供供貨保障。加起來，有足夠的安全庫存為可能缺貨的84%（50%+34%）的時間提供保障。

84%的時間能夠供應客戶的需求意味著當可能缺貨時可以照常提供服務；如果安全庫存量相當於1個中間絕對偏差，平均來說可以預期100次供貨中將有84次不會缺貨。

【參考6.3】求安全庫存量及訂購點。

根據上一例的數據，週期內的需求預測為1000，標準偏差為200，求：

A. 84%服務水準情況下的安全庫存量和訂購點。

B. 如果保留2個標準偏差的安全庫存量的安全庫存量和訂購點。

解：

A. 安全庫存量 = 1σ
   　　　　　 = 1×200
   　　　　　 = 200

訂購點 = DDLT+SS = 1,000+200 = 1,200

B. SS = 2 * 200 = 400

OP = DDLT+SS
   = 1,000+400
   = 1,400

②安全指數確定法。

安全指數是指服務水準作為安全庫存量的標準偏差數值，表6.12了不同服務水準的安全指數。注意：服務水準是不缺貨的訂單週期的百分比。

表6.12　　　　　　　　　　　　安全指數表

序號	服務水準（%）	安全指數
1	50	0.00
2	75	0.67
3	80	0.84
4	85	1.04
5	90	1.28
6	94	1.56
7	95	1.65
8	96	1.75
9	97	1.88
10	98	2.05
11	99	2.33
12	99.86	3.00
13	99.99	4.00

【參考6.4】根據標準偏差確定服務水準。

如果標準偏差是200，應該保留多少安全庫存以提供90%的服務水準？如果週期內預期需求是1,500，訂購點是多少？

解：根據上表，我們可以得知90%服務水準的安全指數是1.28，因此：

安全庫存量 = σ×安全指數

$\qquad$ = 200 ×1.28

$\qquad$ = 256

訂購點 = DDLT+SS

$\qquad$ = 1,500+256

$\qquad$ = 1,756

（5）確定服務水準。

管理層有責任確定每年可以容忍的缺貨次數。相應的，服務水準、安全庫存量和訂購點都可以因此計算出來。

【參考6.5】計算服務水準及訂購點。

某公司管理層決定，對某一特定產品公司每年只能容忍1次缺貨。這一特定產品的年需求量是52,000單位，每次訂購量是2,600單位，週期時間內需求的標準偏差是100單位，訂購週期時間是1週，計算：

A. 每年訂購次數。

B. 服務水準。

C. 安全庫存量。

D. 訂購點。

解：

A. 每年訂購次數 = 年需求/訂購量 = 52,000/2,600 = 20次/年

B. 因為每年只可容忍1次缺貨，所以每年必須有20-1次不缺貨，

服務水準 =（20-1）/20 = 95%。

C. 從安全指數表中得知，95%服務水準的安全指數為1.65，

因此，安全庫存量 = 安全指數×σ = 1.65 ×100 = 165 單位

D. 週期時間內需求 DDLT = 1 週×52000/（365/7）= 1000。

訂購點 = DDLT +SS = 1165 單位。

【實訓練習6.6】計算服務水準及訂購點。

天華電動自行車廠管理層決定，對YK36型車架每年能容忍2次缺貨。YK36型車架的年需求量是72,000單位，每次訂購量是360單位，週期時間內需求的標準偏差是100單位，訂購週期時間是1週，計算：

A. 每年訂購次數。

B. 服務水準。

C. 安全庫存量。

D. 訂購點。

6.2.2.2 確定何時達到訂購點

1. 不同的預測和週期間隔

(1) 確定新安全庫存量的緣由。

通常來講，庫存中有很多不同物品，而每一種物品都有不同的週期時間。實際需求和預測的記錄在正常情況下是以週或月為基礎，並且是針對所有的物品，而不在乎單個物品的週期時間是多少。因此，幾乎是不可能對每一個週期時間衡量平均值需求的變化。

另外，標準偏差並不與週期的時間同步增加。例如，某物品週期時間為1週，標準偏差為100，如果週期時間增加到4週，標準偏差不會增加到400，因為連續4週的偏差不可能那麼高。隨時時間間隔的增加，會出現一種潤滑效應。這時，再保持較高的安全庫存就顯得不經濟。

(2) 計算標準偏差與新的安全庫存。

我們可以對標準偏差或安全庫存量進行調整，以彌補週期時間間隔（LTI）和預測時間間隔（FI）之間的差異。

$$\sigma(LTI) = \sigma(FI)\sqrt{\frac{LTI}{FI}}$$

【參考6.6】計算週期時間間隔的標準偏差。

預測時間間隔是4週，週期時間間隔是2週，預測時間間隔的 σ 等於150單位，計算週期時間間隔的標準偏差。

解：

$$\sigma(LTI) = 150 \times \sqrt{\frac{2}{4}} = 150 \times 0.707 = 106$$

以上公式也適用於當週期時間間隔有變化的時候。或許，直接用安全庫存量，而不是用平均絕對偏差值，工作起來更方便。

$$新安全庫存量 = 舊安全庫存量\sqrt{\frac{新時間間隔}{舊時間間隔}}$$

【參考6.7】計算新的安全庫存量。

某一物品的安全庫存量是150單位，週期時間是2週。如果週期增加到3週，計算新的安全庫存量。

解：$SS（新） = 150 \times \sqrt{\frac{3}{2}}$

$= 150 \times 1.22$

$= 183$

2. 確定何時到達訂購點（雙筐系統、永久庫存記錄系統）

(1) 雙筐系統。

等於將訂購點訂購量的物品數量擺放在一邊（經常放在分開的或第二個筐內），直到主要的庫存用完了以後再去動用筐內的物品。當這一庫存需要使用時，告知生產控

制部門或採購部門，然後發出補貨採購訂單。

> ★小提示：雙筐系統的變化形式——紅牌系統
>
> 紅牌系統是雙筐系統的另一種變化形式。將紅牌放在庫存中相當於採購點的某個地方，舊式的書店經常使用這一系統，將一張紅牌或卡片置於某一本書之中，紅牌或卡片所處位置就是訂購點。當客戶將這本書拿去付款的時候，就等於告知書店，是該給這本書補貨的時候了。

雙筐系統（Two-bin System）是管理 C 類物品的簡便方法。由於 C 類物品價值較低，最好是花最少的時間和資金來管理它們。然而，C 類物品又必須進行管理，應該有人負責確保常用到預留庫存時，訂單必須發出。當 C 類物品缺貨時，C 類物品就變成 A 類物品。

（2）永久庫存記錄系統

永久庫存記錄系統（Perpetual Inventory Record System）是指當庫存增加和減少時，隨時記錄庫存交易變化。在任何時候都保持最新的庫存交易記錄。至少，庫存記錄包括現在庫存量，但也可能包括已經訂購但還沒有收到的物品、已經分配但還沒有發出的物品，以及現有庫存量。

庫存記錄的準確性取決於交易記錄的速度和輸入數據的準確性。由於人工系統效率低且缺乏準確性，永久庫存記錄系統完全可以通過 ERP 相關排程計劃來完成。

6.2.2.3 定期檢查系統與配送庫存

1. 定期檢查系統

（1）定期檢查系統使用理由。

應用定期檢查系統，某一物品的現在庫存量由特定的、固定時間間隔確定，然後發出訂單。

檢查的時間是固定的，但訂購量卻視情況不同而不同。現有庫存量加上訂購量必須等於週期時間內需求、檢查期間需求和安全庫存量的總和。

（2）定期檢查系統相關概念。

等於週期時間需求、檢查期間需求和安全庫存量總和的庫存數量稱為目標水準（Target Level）或最高水準庫存（Maximum-level Inventory）

（3）公式。

①求目標（最高）庫存水準。

$T = D(R+L) + SS$

其中，T 為目標（最高）庫存水準；D 為每一時間單位需求；L 為週期時間；R 為檢查期時間；SS 為安全庫存量

②求訂購量。

$Q = T - I$

其中，Q 為訂購量；T 為目標（最高）庫存水準；I 為現有庫存量。

（4）定期檢查系統的適用範圍。

①庫存中有很多小的進出交易，將每筆交易都記錄在案成本高昂，如小型超市和

零售店。

②訂購成本低。例如，很多不同物品從同一家供應商那裡訂購。一個地區配送中心可能從一個中心倉庫訂購大部分或全部所需物品。

③很多物品一起訂購以進行一個批量的生產，或者裝滿一車。一個典型的例子就是一個地區配送中心每週從中心倉庫訂購一車的物品。

【參考6.8】目標庫存水準計算。

天華電動自行車廠儲存有電動車軸承，廠裡每10個工作日從當地一家供應商訂購一次軸承，週期時間是2天。已知7號軸承的平均需求是每週（5個工作日）150件，希望能夠留足3天供應的安全庫存。本週將發出一個訂單，現在庫存是130個7號軸承，計算：目標庫存水準是多少？這次應該訂購多少7號軸承？

解：假設 D = 單位時間需求量 = 150/5 = 30（件/日）

L = 週期時間 = 2 天

R = 檢查期時間 = 10 天

SS = 安全庫存量 = 3 天供應量 = 90 件

I = 現有庫存量 = 130 件

那麼，

目標水準 $T = D(R+L) + SS$

$\qquad\qquad\quad = 30 * (10+2) + 90$

$\qquad\qquad\quad = 450$（件）

訂購量 $Q = T - I = 450 - 130 = 320$（件）

2. 配送庫存

配送庫存包括所有在配送系統中儲存的成品。在配送中心保留庫存的目的是將產品保存在客戶附近以改善客戶服務水準，並且減少運輸成本使製造商能夠在遠距離一次運送滿載的產品，而不是半載的產品。

配送庫存管理的目標是提供所期望的客戶服務水準，最大限度降低運輸和搬運成本，以及與工廠保持良性互動，最大程度地減少與排程相關的問題。

中央供應中心除了配送工作之外，還有一個配送需求計劃的工作。雖然客戶的需求相對統一，但中央供應中心卻取決於配送中心什麼時候發出補貨訂單（如圖6.4）。

配送庫存管理系統可以歸納為：分散式系統、集中式系統、配送需求計劃。

（1）分散式系統（也叫拉動系統）。

在分散式系統（Decentralized System）中，每一個配送中心首先確認它自己需要什麼、何時需要，然後向中央供應中心發出訂購訂單。每一個配送中心訂購自己所需物品，而不考慮其他配送中心的需要，也不考慮中央供應中心的可供庫存或工廠的生產計劃。

①優點：每一個配送中心可以獨立作業，由此降低配送中心之間的溝通和協調成本。

②缺點：缺乏配送中心之間的協調，這可能對庫存、客戶服務及工廠的排程產生負面影響。因為這些不利因素，許多配送中心系統都已經朝中央控制的方向發展。

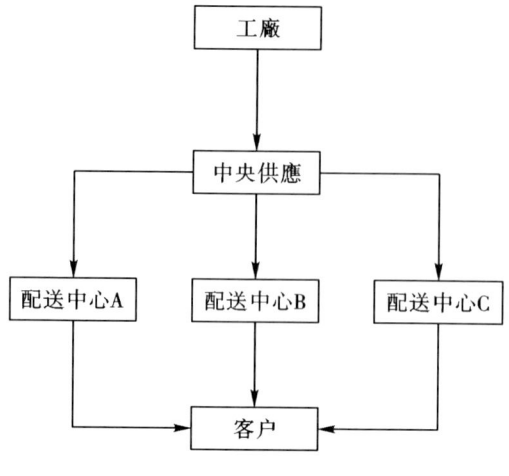

```
                    ┌──────┐
                    │ 工廠 │
                    └───┬──┘
                        ↓
                  ┌──────────┐
          ┌───────┤ 中央供應 ├───────┐
          │       └────┬─────┘       │
          ↓            ↓             ↓
    ┌─────────┐  ┌─────────┐  ┌─────────┐
    │配送中心A│  │配送中心B│  │配送中心C│
    └────┬────┘  └────┬────┘  └────┬────┘
         │            ↓            │
         └────────→ ┌────┐ ←───────┘
                    │客戶│
                    └────┘
```

圖 6.4　配送系統示意圖

（2）集中式系統。

在集中式系統（Centralized System）中，所有預測和訂購決策都以集中的方式制定。庫存從中央供應中心推向整個系統。配送中心對它們所收到的貨物沒有決策權。

集中式系統試圖平衡可供庫存與每一個配送中心之間的需求。

①優點：協調工廠、中心供應中心和配送中心的需求。

②缺點：不能對地方性需求做出快速反應，因而降低了客戶服務水準。

（3）配送需求計劃。

配送需求計劃（Distribution Requirements Planning）是預測配送系統什麼時候會向中央供應中心提出各式需求的系統。通過該項工作，使中央供應中心和配送中心能夠對實際需要的產品及何時需要這些產品進行計劃，並使中央供應中心和工廠兩者都能夠回應客戶需要，有效協調計劃和控制。

配送需求計劃將物料需求計劃的邏輯應用於配送系統。各配送中心的計劃訂單釋出成為中央供應中心物料計劃的信息來源。而中央供應中心的計劃訂單釋出則成為工廠主生產排程的需求預測。

例如圖 6.5 展示了該系統之間的聯繫，顯示部件 AK91 的所有記錄。

【參考 6.9】編製配送需求計劃。

西亞電器公司在工廠附近設有一個中央供應中心、另設有兩個配送中心。

配送中心 A 對將來 5 週的空調機預測需求分別為：25、30、55、50 和 30 部，並且有 100 部空調機正在運輸途中，預計第 2 週將會到達。運輸時間為 2 週，訂購量為 100 部，現有庫存是 50 部。

配送中心 B 對將來 5 週的預測需求分別為：95、85、100、70 和 50 部，運輸時間為 1 週，訂購量為 200 部，現在庫存是 100 部。分別計算兩個配送中心的粗需求、預期可供庫存和計劃訂單釋出，以及中央倉庫的粗需求、預期可供庫存和計劃訂單釋出。

6 有效物料管理計劃編製實訓

配送中心A 部件AK91

週	1	2	3
計劃訂單釋出	200		200

配送中心B 部件AK91

週	1	2	3
計劃訂單釋出		100	

中心供應 部件AK91
週期時間：2週
訂購量：500

週	1	2	3
粗需求	200	100	200
排程收據			
預期可供量：400	200	100	400
計劃訂單釋出	500		

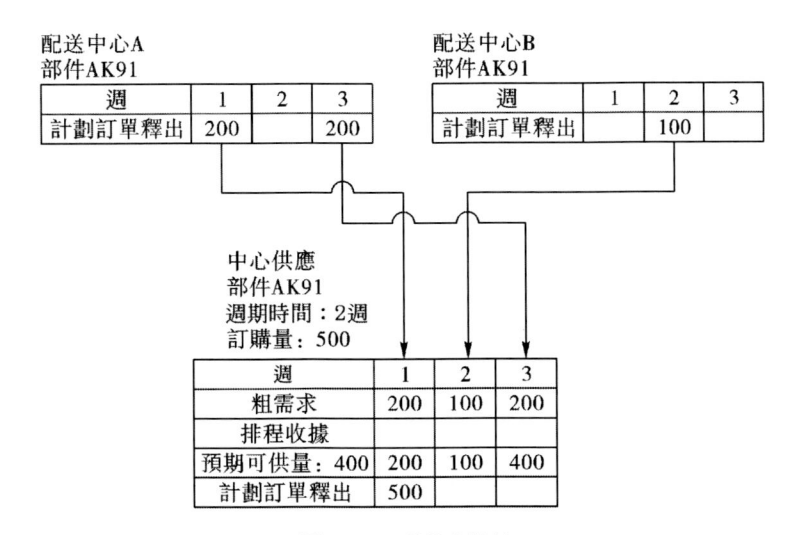

圖 6.5　配送需求計劃

解：

配送中心 A 根據題意，計算結果如表 6.13 所示。

運輸時間：2 週

訂購量：100 部

表 6.13　　　　　　　　配送中心 A 的配送需求計劃

週	1	2	3	4	5
粗需求	25	30	55	50	30
運輸途中		100			
預計可供庫存 50	25	95	40	90	60
計劃訂單釋出		100			

配送中心 B 根據題意，計算結果如表 6.14 所示。

運輸時間：1 週

訂購量：200 部

表 6.14　　　　　　　　配送中心 B 的配送需求計劃

週	1	2	3	4	5
粗需求	95	85	100	70	50
運輸途中					
預計可供庫存：100	5	120	20	150	100
計劃訂單釋出	200		200		

中央供應中心根據題意，計算結果如表 6.15 所示。

運輸時間：2 週

訂購量：500 部

表 6.15　　　　　　　　　中央供應中心配送需求計劃

週	1	2	3	4	5
粗需求	200	100	200		
運輸途中					
預計可供庫存：400	200	100	400		
計劃訂單釋出	500				

【實訓練習 6.7】編製配送需求計劃。

萬成公司在工廠附近設有一個中央供應中心、另設有兩個配送中心。

配送中心 A 對將來 5 週的電機預測需求分別為：15、20、35、40 和 20 部，並且有 80 部電機正在運輸途中，預計第 2 週將會到達。運輸時間為 2 週，訂購量為 80 部，現有庫存是 60 部。

配送中心 B 對將來 5 週的預測需求分別為：75、55、120、60 和 70 部，運輸時間為 1 週，訂購量為 180 部，現在庫存是 80 部。分別計算兩個配送中心的粗需求、預期可供庫存和計劃訂單釋出，以及中央倉庫的粗需求、預期可供庫存和計劃訂單釋出。

6.3　實訓思考題

1. 為什麼在 ERP 時代依然要運用訂貨點法？
2. 週期時間的長短如何影響保留的安全庫存量？
3. 偏差、服務水準、訂購點之間有什麼關係？
4. 配送管理的目標是什麼？
5. 如果工廠不直接供貨給客戶，對工廠的需求從何而來？它是獨立需求還是非獨立需求？
6. ABC 訂貨法的理念是什麼？
7. 如何確定標準偏差和安全庫存？

7　ERP 成本計算實訓

從閉環 MRP 發展到 MRP Ⅱ 的一個重要標誌就是把財務和成本包括到系統中來，成本管理已成為 ERP 系統極為重要的組成部分。

企業競爭力取決於產品的競爭力，而產品的競爭最終取決於成本的競爭。因而，成本已成為企業預測、決策、控制、考核等環節的核心因素。

會計是以貨幣作為反應方式，採用專門方法，對經濟業務進行核算和監督的一種管理活動或經濟信息系統。現代會計學把主要為企業外部提供財務信息的會計事務稱為財務會計，把主要為企業內部提供財務信息的會計事務稱為管理會計。

管理會計是 20 世紀 50 年代發展起來的一門新學科，是現代管理學的重要組成部分。管理會計的主要目的在於為企業內部各級管理部門和人員提供進行經營決策所需的各種經濟信息。這些信息要滿足特定的要求，詳細到可供計劃、控制和決策使用。提供信息的範圍可根據需要而有極大的伸縮性。所提供的信息既有歷史信息，也有預測信息；所遵循的約束條件是以滿足成本/效益分析的要求為準，無外部的強制約束。

ERP 的成本管理是按照管理會計的原理，對企業的生產成本進行預測、計劃、決策、控制、分析與考核。

7.1　實訓要求

傳統手工管理的成本會計往往局限於事後算帳，標準成本體系則將成就成本管理的科學過程。由於 ERP 採用標準成本體系，因此更傾向於管理會計。標準成本體系是 20 世紀早期產生並被廣泛應用的一種成本管理制度。標準成本體系的特點是事前計劃、事中控制、事後分析。

在成本發生前，通過對歷史資料的分析研究和反覆測算，制訂出未來某個時期內各種生產條件處於正常狀態下的標準成本。在成本發生過程中，將實際發生的成本與標準成本進行對比，記錄產生的差異，並作適當的控制和調整。在成本發生後，對實際成本與標準成本的差異進行全面的綜合分析和研究，發現並解決問題，制訂新的標準成本。

本章實訓通過對產品成本和作業成本的計算過程，使學生掌握 ERP 成本體系的計算方法，並使標準成本體系的觀念深入人心。

7.2 實訓內容

工業企業的基本生產經營活動是生產與銷售企業產品。產品的直接生產過程中，從原材料的投入生產到產成品製成的整個製造過程，會發生各種各樣的生產耗費。

概括地說，包括勞動資料與勞動對象的物化勞動耗費主要包括原材料、輔助材料、燃料等支出，生產單位（分廠、車間等）的固定資產的折舊，直接生產人員及生產單位管理人員的工資以及其他一些貨幣的支出等。所有這些支出就構成了企業在製品製造過程的全部生產費用，為生產一定品種、一定數量的產品而發生的各種生產費用支出的總和就構成了產品的生產成本。

產品的銷售過程中，企業為了銷售產品也會發生各種各樣的費用支出，如企業負擔的運輸費、裝卸費、包裝費、保險費、展覽費、差旅費、廣告費，以及銷售人員工資和銷售機構的其他費用等。所有這些為銷售本企業產品而發生的費用，構成了企業的產品銷售費用。此外，還有行政部門管理費用、財務費用等，直接計入當期損益，這些費用構成了企業的期間費用。

本章實訓主要是對產品成本和作業成本的計算，體會標準成本法超越完全成本法在 ERP 系統運行中的現實意義。

7.2.1 成本計算方法及其特點

迄今為止，按照資源消耗的特點及在產品中所占的比例，人們把有關成本的計算大致分為兩類：一類是產品成本的計算，另一類是作業成本的計算。

有關產品成本的計算方法很多，按適應範圍和管理目標也可分為兩類：一類是完全成本法；另一類是製造成本法。在完全成本法的類別中又有品種法、分批法、分步法等主要的產品成本計算方法；在製造成本法類別中主要是標準成本法（如圖 7.1）。

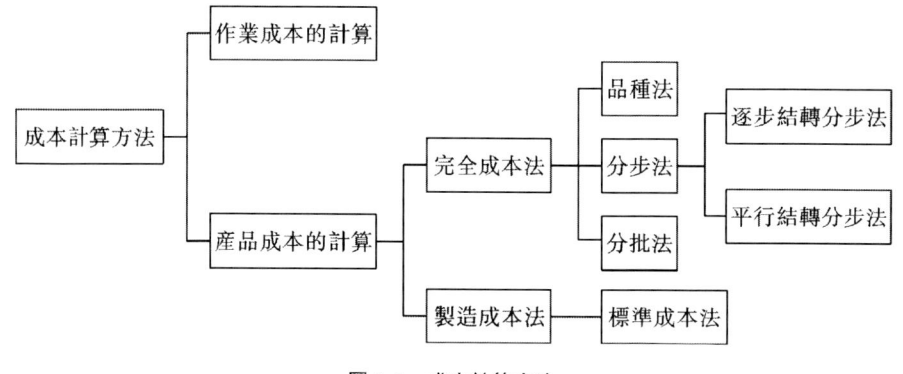

圖 7.1 成本計算方法

7.2.1.1 完全成本法

完全成本又稱「全部成本」或「全額成本法」，指企業為生產一定種類和數量的產品（或勞務、作業）所消耗的全部生產費用。它不僅包括產品的生產成本，而且包括管理費用、財務費用、銷售費用等期間費用。完全成本是生產和銷售一定種類和數量的產品或勞務所發生的全部費用。

中國過去曾較長時期採用完全成本法計算產品成本。

1. 完全成本法的優點

可反應產品在生產經營過程中消耗的全部生產費用，便於計算產品銷售利潤和產品出廠價格。

2. 完全成本法的缺點

把管理費用等期間費用按照一定程序和標準，在企業在產品、自製半成品和產成品之間進行分配，人為因素較大，容易產生費用分配的隨意性；同時也使企業成本計算工作量加大，不利於成本預測和決策。

從理論上說，管理費用等期間費用都是為企業組織生產經營活動而發生的，按照會計配比原則，應計入當期費用，從當期銷售收入加以補償。如將它攤入產品成本，一部分費用就要到以後會計期間才能補償，在產品滯銷的情況下，就會使企業虛盈實虧。所以在現行會計制度中，產品成本都按製造成本法計算生產成本。

7.2.1.2 製造成本法

製造成本法主要是標準成本，另外還包括現行標準成本和模擬成本。

1. 標準成本

標準成本是成本管理中的計劃成本，是經營目標和評價的尺度，反應了在一定時間內要達到的成本水準，有其科學性和客觀性。標準成本在計劃期內（如會計年度）保持不變，是一種凍結成本，作為預計企業收入、物料庫存價值及報價的基礎。

制訂標準成本時，應充分考慮到在有效作業狀態下所需要的材料和人工數量，預期支付的材料和人工費用，以及在正常生產情況下所應分攤的製造費用等因素。標準成本的制訂，應有各相關部門人員參加，並定期評價和維護。

2. 現行標準成本

現行標準成本也稱為現行成本，類似於人們所說的定額成本，是一種當前使用的標準成本，或者將其看作是標準成本的執行成本。現行成本反應的是生產計劃期內某一時間的成本標準。在實際生產過程中，產品結構、加工工藝、採購費用和勞動生產率等因素發生變化，因而也會導致成本數據發生變化。為了使標準成本數據盡量接近實際，可對現行標準成本定期（如半年）進行調整，而標準成本保持不變。

3. 模擬成本

ERP 系統的特點之一是它的模擬功能，回答「如果怎樣，將會怎樣？」的問題。例如，有時想要知道產品設計變更、結構變化或工藝材料變化所引起的成本變化，則可以通過 ERP 的模擬功能來實現。為了在成本模擬或預計時不影響現行運行數據，可以設置模擬成本（Simulated Cost），這對產品設計過程、談判報價過程中進行分析有極大的

幫助。

通常在制定下一個會計年度的標準成本之前，先把修訂的成本項輸入模擬成本系統，經過多次模擬比較，提出多種可行的方案，經審批後再轉換到標準成本系統。因此，模擬成本有時稱建議成本（Proposed Cost）。

ERP 系統允許各類成本方便地相互轉換。

4. 製造成本法的特點

（1）成本按其習性進行分類（固定成本、變動成本和混合成本）。與成本按經濟用途分類在產品成本構成上的差異在於：固定製造費用不包含在內。

（2）標準成本是一種「定額成本、相關成本」，在成本制度上排除了成本要素歸集的隨意性。

（3）每個成本要素都必須進一步劃分為數量標準與價格標準。

（4）標準成本的定額必須依據各自企業具體的技術、管理、生產現狀來合理制訂、及時維護。所謂合理制訂是指工時定額數值的得出，必須通過動作分析、作業研究來確定，必須靠科學、合理的期量標準來保證。

（5）標準成本計算體系簡化了成本計算的過程和複雜程度。

（6）包括標準成本制定、成本差異分析、成本差異處理三大方面。

7.2.1.3 ERP 成本核算的對象與幅度

ERP 採用的是標準成本體系，它對成本計算的變革主要體現在 ERP 的成本計算思路、處理方法，具體應用上與傳統的產品成本計算方法有許多不同。

新的成本制度將過去的完全成本法改為製造成本法。企業的產品成本包括直接材料、直接人工和製造費用，因此，產品成本只核算到車間級（或相當於車間的分廠）為止發生的成本。不過，責任會計制要求建立責任中心。製造業的主要責任中心有成本中心與利潤中心。成本中心只負責對成本的管理與控制，是一個成本累積點，它可以是分廠、業務部門、車間、班組與工作中心等。利潤中心是獨立核算、有收入來源的部門（或單位），如分廠等。

產品的成本反應車間一級的成本水準，可用於考核車間的管理績效。

凡是與具體生產的物料、物品有關的費用，分別計入直接材料費與直接人工費作為直接成本。

間接成本是指那些不能明確分清用於哪個具體物料上的費用。其中與產量有一定關係的稱為變動間接費用（如動力、燃料費用等），而與產量無直接關係的稱為固定間接費用（如非直接生產人員的工資、辦公費用、房屋折舊與照明等）。

7.2.1.4 按經濟用途劃分的成本構成

1. 產品製造成本

（1）企業直接為生產產品發生的直接人工、直接材料、商品進價、其他直接費用，直接計入產品生產成本。

（2）企業為生產產品所發生的各項間接費用，包括間接人工、間接材料、其他間接費用，先通過「製造費用」科目匯集，期末再按一定的分配標準，分配計入有關產

品成本。

2. 非製造成本（期間費用、經營費用）

企業行政管理部門為組織和管理生產經營活動所發生的管理費用，為銷售和提供勞務而發生的進貨費用和銷售費用，不再計入產品成本，直接計入當期損益，即從當期收入中直接扣除。此外，企業為籌集資金而發生的財務費用，包括利息淨支出、匯兌淨損失以及相關的手續費等，也與管理費用和銷售費用一樣，直接計入當期損益（如圖 7.2）。

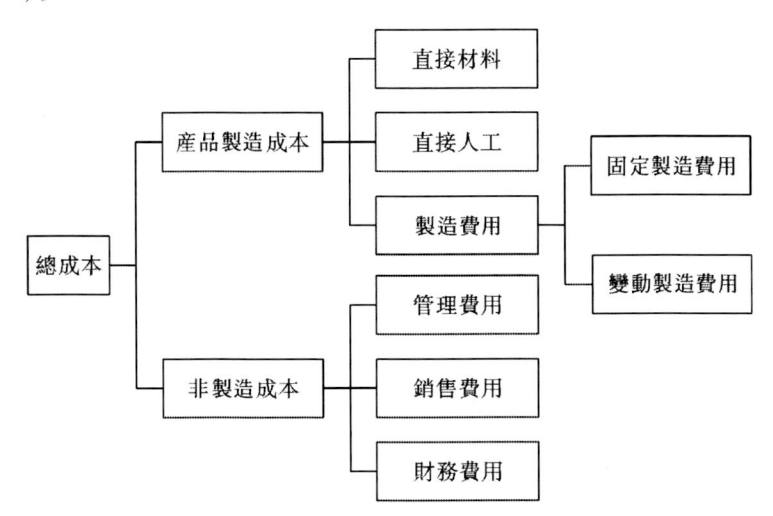

圖 7.2 按經濟用途劃分的成本構成

7.2.2 產品成本計算

7.2.2.1 產品成本計算步驟

ERP 的成本計算方法支持品種法、分批法與分步法，在用分步法計算時，企業按產品生產的步驟歸集生產成本，這時其實就是歸集到工作中心。產品成本的計算工作大致可以劃分為以下幾項工作：

- 確定成本計算對象。
- 確定成本項目。
- 確定成本計算期間。
- 審核和控制生產費用。
- 歸集和分配各項生產費用。
- 在完工產成品和月末在製品之間分配產品成本。

1. 確定成本計算對象

成本計算對象是為計算產品而確定的歸集生產費用的各個對象，即成本的承擔者。確定成本計算對象是設置產品成本明細帳、分配生產費用和計算產品成本的前提。

由於企業的生產特點、管理要求、規模大小、管理水準的不同，企業成本計算對

象也不相同。對於製造企業而言,產品成本計算對象,包括產品品種、產品批別和產品生產步驟三種。

2. 確定成本項目

成本項目是指生產費用要素按照經濟用途劃分成若干項目。通過成本項目,可以反應成本的經濟構成以及產品生產過程中不同的資金耗費情況(如表7.1)。

表7.1　　　　　　　　　　　　　成本項目舉例

直接材料			直接人工		製造費用				
外購材料	外購燃料	外購動力	工資	福利費	折舊	維修	利息支出	稅金	其他
原料、主要材料、外購半成品、輔助材料、包裝物、修理用備件和低值易耗品等	天然氣、乙炔、煤等	動力電、高壓電等	車間生產工人工資	按生產經營費用的工資的14%計提的職工福利費用	按規定計算的應計入生產經營費用的固定資產折舊費	按規定預提或攤銷的大修理費用	企業應計入生產經營費用的向銀行借款的利息支出減去利息收入後的淨額	應計算管理費用的各種稅金,如房產稅、車船稅、印花稅、土地使用稅等	如郵電費、差旅費、租賃費、外協費等

3. 確定成本計算期

成本計算期是指計算產品成本時,生產費用計入產品成本所規定的起止日期,即每次計算產品成本的期間(最常見的是按月劃分)。

產品成本計算期的確定,主要取決於企業生產組織的特點。通常在大量、大批生產的情況下,產品成本的計算期間與會計期間相一致。在單件、小批生產的情況下,產品成本的計算期間則與產品的生產週期相一致。

4. 生產費用的審核與控制

對生產費用進行審核和控制,主要是確定各項費用是否應該開支,開支的費用是否應該計入產品成本。這項工作主要是人為控制,在 ERP 系統中,成本費用項目更多地來源於自動採取,準確性和合理性大為提高。

5. 生產費用的歸集與分配

一般為產品生產直接發生的生產費用直接作為產品成本的構成內容,直接記入該產品成本。對於那些為產品生產服務發生的間接費用,可先按發生地點和用途進行歸集匯總,然後分配計入各受益產品。產品成本計算的過程也就是生產費用的分配和匯總過程。具體步驟有:

(1) 分配各要素費用,生產領用自制半成品。
(2) 分配待攤費用和預提費用。
(3) 分配輔助生產成本。
(4) 分配製造費用。
(5) 結轉不可修復廢品成本。
(6) 分配廢品損失和停工損失。

（7）結轉產成品成本及自制半成品成本。

6. 計算完工產品成本和月末在產品成本

對既有完工產品又有月末在產品的產品，應將計入各產品的生產費用，在其完工產品和月末在產品之間採用適當的方法進行劃分，以求得完工產品和月末在產品的成本。

7. 在產品計算方法

各產品的的基本資料庫中都設立了在製品成本的計算方法，如不計算在產品成本法、按年初數固定計算在製品成本法、在製品按消耗原材料費用計價法、約當產量法、在製品完工產品成本計算法、在製品按定額成本計價法、定額比例法。

（1）約當產量法含義。

最常見的月末在製品計算方法就是約當產量法：將月在製品實際數量按其完工程度折算為完工產品的數量，將本月所匯集的全部生產費用按照完工產品的數量和月末在品的約當產量的比例進行分配。

約當產量是指在產品大約相當於完工產品的數量。它是將期末在產品的數量按其完工程度或投料程度折算為完工產品的數量。

（2）約當產量計算公式。

應計合格產品成本＝完工產品成本＋月末在產品成本

完工產品成本＝完工產品數量×單位產品成本

月末在產品成本＝月末在產品約當產量×單位產品成本

在產品約當產量＝在產品實際數量×單位產品成本

①用以分配直接材料成本的在產品約當產量的計算。

通常用以分配直接材料成本的在產品約當產量按投料程度（投料百分比）計算。

某工序投料程度＝（單位在產品上道工序累計投入直接材料（數量）成本＋單位在產品本工序投入直接材料（數量）成本）/單位完工產品直接材料（數量）各工序合計成本×100%

【參考7.1】某產品經過三道工序加工而成，其原材料分三道工序。在每道工序開始時一次投入，其相關數據如表7.2。

表7.2　　　　　　　　　　　　各工序相關數據

工序	各工序開始時單位產品投料定額（元）	各工序在產品的投料程度	各工序在產品實際數量（件）	在產品約當產量（件）
1	400		100	
2	300		150	
3	300		200	
合計	1,000	—	—	

解：

第一道工序在產品投料程度＝400/1,000×100%＝40%

第二道工序在產品投料程度＝（400+300）/1,000×100%＝70%

第三道工序在產品投料程度＝（700+300）/1,000×100%＝100%

成本計算結果如表7.3所示。

表7.3　　　　　　　　　　　　成本計算結果

工序	各工序開始時單位產品投料定額（元）	各工序在產品的投料程度（％）	各工序在產品實際數量（件）	在產品約當產量（件）
1	400	40	100	40
2	300	70	150	105
3	300	100	200	200
合計	1,000	—	—	345

②用以分配其他成本項目在產品約當產量的計算。

對於直接材料以外的其他成本項目，通常按完工程度計算約當產量。

某工序在產品完工程度＝（單位在產品上道工序累計工時定額＋單位在產品本工序定時定額×50％）/單位完工產品工時定額×100％

【參考7.2】某產品經過三道工序加工而成，各工序定額資料、在產品盤存數量資料，如表7.4所示。

表7.4　　　　　　　　　　　　各工序相關資料

工序	各工序開始時其他成本	各工序在產品的完工程度	各工序在產品實際數量（件）	在產品約當產量（件）
1	100		200	
2	60		150	
3	40		100	
合計	200	—	—	

解：

第一道工序在產品完工程度＝100×50％/200×100％＝25％

第二道工序在產品完工程度＝（100＋60×50％）/200×100％＝65％

第三道工序在產品完工程度＝（160＋40×50％）/200×100％＝90％

計算結果如表7.5所示。

表7.5　　　　　　　　　　　　成本計算結果

工序	各工序開始時其他成本（元）	各工序在產品的完工程度	各工序在產品實際數量（件）	在產品約當產量（件）
1	100	25％	200	50
2	60	65％	150	97.5
3	40	90％	100	90
合計	200	—	—	237.5

【實訓練習7.1】約當產量法計算。

某產品經過三道工序加工而成，其原材料分三道工序。在每道工序開始時一次投

入，其相關數據如表7.6，請用約當產量法分別按投料程度和完工程度計算其成本。

表7.6　　　　　　　　　　各工序相關數據

工序	各工序開始時單位產品投料定額（元）	各工序開始時其他成本	各工序在產品的投料程度	各工序在產品的完工程度	各工序在產品實際數量（件）
1	200	150			400
2	120	100			300
3	80	200			200
合計	400	450	—	—	—

7.2.2.2　材料成本計算

1. 進料成本的確定

外購材料一般包括以下內容：

買價：即採購人格。對於購貨時存在的購貨折扣應予扣除，即購入的材料物品，應按扣除購貨折扣後的淨額入帳。

貨品存入貨倉以前發生的各種附帶成本，包括運輸費、裝卸費、保險費、倉儲費、運輸途中的合理損耗、有關稅金（不含增值稅）等。

對於買價可以直接計入各種材料的採購。

對於各種成本，凡能分清歸屬的，可直接計入各種材料的採購成本。不能分清歸屬的，可以根據各種材料的特點，採用一的分配方法分配計入各種材料採購成本。其分配方法通常有按材料的重量、體積、買價等分配。

【參考7.3】按重量分攤運費。

某企業購入材料一批，甲材料200噸，買價100元/噸，乙材料800噸，買價80元/噸，共支付運費8,000元，甲材料運輸途中的定額損耗為0.5%，實際損耗0.8噸。乙材料經過入庫前的挑選整理，實際入庫790噸。運費按材料重量比例分攤。

分析：

根據題意，可知：

材料買價＝重量×購買單價

運費分配率＝當前材料重量/該批材料總重量

運費金額＝該批材料總重量×運費分配率

解：

甲、乙兩種材料的進料成本計算，如表7.7。

表7.7　　　　　兩種材料的進料成本計算

材料名稱	買價（元）	運費分配率	運費金額（元）	總成本（元）	單位成本（元）
甲	20,000	0.2	1,600	21,600	108.4
乙	64,000	0.8	6,400	70,400	89.1

2. 計算應計數量合計

應計數量並非簡單的合格品數量,這步工作主要是統計各成本中心完工半成品、產成品數量,包括合格品數量、加工廢品數量、在產品約當產量,以及這幾項的合計數。

應計數量獲得的最終目的:一是作為固定成本分配計入變動成本的分攤依據,二是作為直接材料的計算依據。合理準確地確定在制產品的數量是在制產品成本計算的基礎。在傳統的成本計算方法中,在制產品數量的確定方式通常有兩種,一是通過帳面核算資料確定在制產品數量,二是通過月末實地盤點來確定在制產品成本的數量。

對於 ERP 系統而言,在制產品的數量獲得相對就要簡單得多。為簡化在制產品數量的求法,在有加工任務單的前提下,只要材料一投入到某工作中心,即使未產出完工半成品,也可視同為現在的物料在該工作中心都是在產品。

由於 MRP 運算之後,將生成製造訂單,製造訂單進一步分解將獲得各工作中心的加工任務單。根據加工任務單,我們可以統計獲得某個會計期間(時段)、某成本中心各半成品的計劃任務數,再根據統計實際的合格品數量、加工廢品數量,將可以獲得在制產品數量。

3. 滾動計算產品成本

直接材料費計算的基礎是產品結構,即製造物料清單 BOM,計算的最底層都是從原材料開始。企業的原材料是外購件(含外加工件),這層的費用包括材料採購價格與費用(採購部的管理費、材料運輸費與材料的保管費等)。通常,ERP 中各層物料的直接材料費的計算是個滾動計算的過程(如圖 7.3),計算公式如下:

本層製造件的直接材料費=Σ 下層製造件的直接材料費+Σ 下層原材料的直接材料費

各材料採購間接費=採購件數×採購間接費率

其中,採購間接費率可以按重量或數量或體積等分配標準分配而來。

材料費=材料實際耗用量×材料的價格×產品用量

直接人工計算是按各層製造件的加工與組裝的工資率而來的。計算方式分為計件工資與計時工資兩種。在製品結構中,各層製造件的加工與組裝會產生加工成本。加工成本主要是直接人工費。直接人工費的計算過程是利用產品的工藝路線文件及產品結構文件(BOM)從底層向高層累加,一直到產品頂層的直接人工費(如圖 7.3)。計算公式如下:

各層直接人工費=人工費率(工作中心文件)×工作小時數(工藝路線文件)

加工間接費用分配=加工間接費率(工作中心文件)×工作小時數(工藝路線文件)

滾動計算法由於成本構成分解較細,便於企業財務人員按不同要求進行匯總。如果對工序跟蹤,也便於期末在製品的成本結息或結轉。產品結構中任何層次的任何物料成本有了變化,都可以迅速計算出完整產品成本的變化,便於及時調整產品價格。

4. 間接費用的計算

無論採購間接費還是加工間接費的間接費率,都應是按照分配規則求出。這裡的

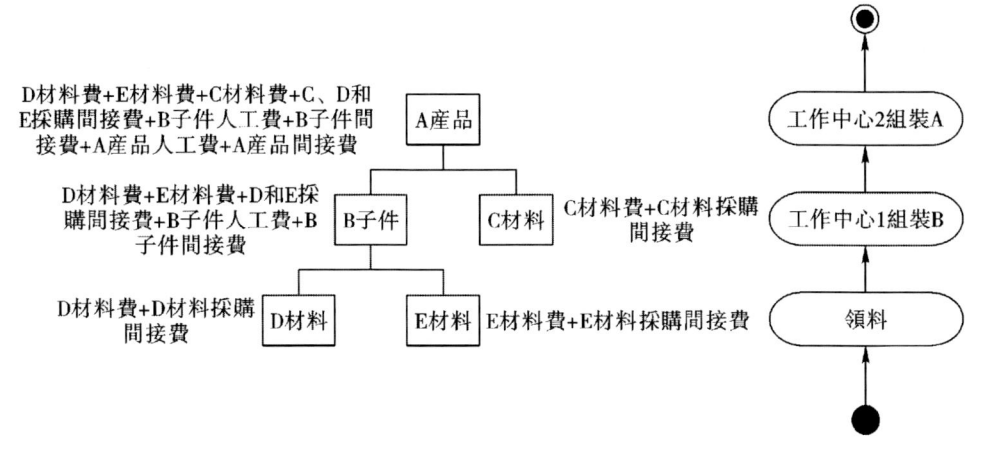

圖 7.3　產品成本滾動計算法

間接費包括可變間接費和固定間接費，它們可有不同的費率，但計算公式相同。直接人工費和間接費之和稱為加工成本，是物料項目在本層的增值，也稱為增值成本。再將加工成本同低層各項成本累加在一起，則組成滾加至本層的物料項目成本。

製造費用的分攤主要是按實際工時、應計數量等分攤依據進行分攤。實際工時取自各成本中心每月工時統計文件，應計數量取各成本中心各產品的應計數量合計。

間接費用分配方法由三個步驟構成：

（1）確定分配依據。

根據企業的歷史統計資料，預計會計期間生產部門的產能，結合產品、車間、工作中心和費用類型等情況來確定分配依據。因此，分配依據的類型多種多樣，如表 7.8。

表 7.8　　　　　　　　　　　　間接費用分配依據

間接費用成本項目	分配依據
照明、空調	覆蓋面積
電力費	設備功率、使用時間
折舊、保險費、維修費	固定資產價值
管理人員工資、辦公費	員工人數
搬運費	搬運次數
×××	產品重量
×××	產品數量
×××	產品容積
×××	產品自然時效時間

(2) 計算各工作中心的間接費率。
將上述費用進一步分配到工作中心。
(3) 分配產品的間接費用。
將各工作中心的費用進一步分配到產品。

【參考7.4】計算間接分配成本。
計算下列各產品的間接分配成本（以實際工時為分配依據），如表7.9。

表7.9　　　　天華電動自行車廠某產品加工未分配間接費用

加工步驟	成本中心	未分配間接費用合計（元）	完工品	實際工時（時）	分配後各產品間接費用（按實際工時）
一	甲	1,000	車龍頭	300	
	乙	5,000	車龍頭	500	
二	丙	6,000	車座	200	
			車前叉	400	
	丁	1,000	車座	500	
			車前叉	300	
三	戊	3,000	車架	200	
四	己	1,200	整車	600	

解：
甲成本中心車龍頭應承擔間接費用＝1,000×300÷300＝1,000
乙成本中心車龍頭應承擔間接費用＝5,000×500÷500＝5,000
丙成本中心車座應承擔間接費用＝6,000×200÷（200+400）＝2,000
丙成本中心車前叉應承擔間接費用＝6,000×400÷（200+400）＝4,000
丁成本中心車座應承擔間接費用＝1,000×500÷（500+300）＝625
丁成本中心車前叉應承擔間接費用＝1,000×300÷（500+300）＝375
戊成本中心車架應承擔間接費用＝3,000×200÷200＝3,000
己成本中心整車應承擔間接費用＝1,200×600÷600＝1,200
計算完畢後，結果填入表7.10中。

表7.10　　　　天華電動自行車廠某產品加工分配後間接費用

加工步驟	成本中心	未分配間接費用合計（元）	完工品	實際工時（時）	分配後各產品間接費用（按實際工時）（元）
一	甲	1,000	車龍頭	300	1,000
	乙	5,000	車龍頭	500	5,000

表7.10(續)

加工步驟	成本中心	未分配間接費用合計（元）	完工品	實際工時（時）	分配後各產品間接費用（按實際工時）（元）
二	丙	6,000	車座	200	2,000
			車前叉	400	4,000
	丁	1,000	車座	500	625
			車前叉	300	375
三	戊	3,000	車架	200	3,000
四	己	1,200	整車	600	1,200

【實訓練習7.2】產品成本滾動計算。

已知產品P00構成結構如圖7.4所示，相關數據見表7.11和表7.12，請通過產品成本滾動計算法計算生產1件產品P00的總成本。其中，M1、M2、M3三種材料第一批運來，M4、M5、M6、M7四種材料第二批運來；第一批材料按重量劃分採購間接費率，第二批材料按數量劃分採購間接費率。所有工作中心存在著另外一筆廠房租金12,000元，計劃按加工數量來分配；工作中心內部的間接費用：WC01按照明時間分配、WC03按加工人數分配。

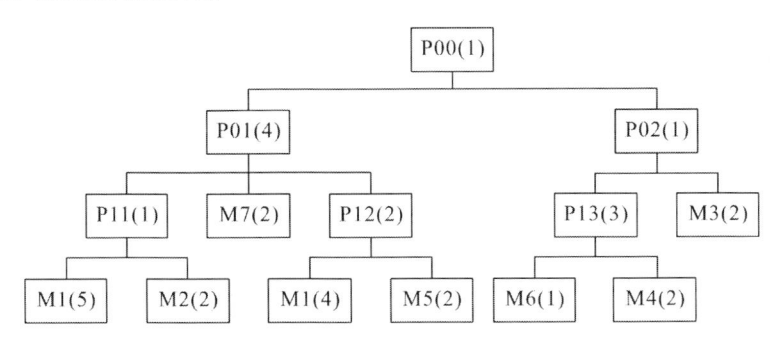

圖7.4 產品P00結構

表7.11　　　　　　　　P00所用材料相關數據

批次	間接費用	材料名	材料採購單價（元）	材料採購當批重量（千克）	材料採購當批數量（件）
1	2,100	M1	120	1,500	500
		M2	190	3,600	300
		M3	150	2,400	800

表7.11(續)

批次	間接費用	材料名	材料採購單價（元）	材料採購常批重量（千克）	材料採購常批數量（件）
2	3,600	M4	170	1,800	200
		M5	200	1,600	400
		M6	220	2,700	600
		M7	300	1,500	700
合計	5,700	-	-	15,100	3,500

表7.12　　　　　各工作中心加工費用與間接費用

工作中心	工作中心內部間接費	加工部件	加工人數	照明時間	人工費率（每件）
WC01	2,100	P11	8	55	5
		P12	6	76	7
WC02	1,500	P13	12	82	12
WC03	3,600	P01	7	36	8
		P02	9	72	6
WC04	3,200	P00	5	16	10
合計	10,400	-	47	337	48

7.2.3　作業成本計算

20世紀80年代後期，隨著MRP II為核心的管理信息系統的廣泛應用，以及人們對計算機集成製造系統（CIMS）的興趣，使得美國實業界普遍感到產品成本信息與現實脫節，成本扭曲普遍存在，且扭曲程度令人吃驚。經理們根據這些扭曲的成本信息做出決策時感到不安，甚至懷疑公司財務報表的真實性，這些問題嚴重影響到公司的盈利能力和戰略決策。美國芝加哥大學的青年學者羅賓·庫帕（Robin Cooper）和哈佛大學教授羅伯特·卡普蘭（Robert S.Kaplan）注意到這種情況，在對美國公司調查研究之後，發展了斯托布斯的思想，提出了以作業為基礎的成本計算，又稱作業基準成本法（Activity Based Consting，簡稱ABC法或「作業成本法」）。作業成本法以優先考慮顧客的滿意程度為目標，以顧客所關心的成本、質量、時間和創新為著眼點，通過對產品形成過程的價值鏈的分析，盡量消除對產品而言無附加價值的作業，達到降低浪費的目標。

7.2.3.1　作業成本法核算原理

作業基準成本法按照各項作業消耗資源的多少把成本費用分攤到作業，再按照各產品發生的作業多少把成本分攤到產品，通過這樣的微觀分析和詳細分配，使得計算

的成本更真實地反應產品的經濟特徵。具體來說，ABC法認為，作業會造成資源的消耗，產品的形成又會消耗一系列作業。也就是說，作業一旦發生，就會觸發相應資源的耗用，造成帳目上的成本發生；這些作業一一發生過後，才能歷經行銷、設計、生產、採購、倉儲、分銷從而滿足客戶的最終需要。

作業成本制實際是分批成本制的發展，它打破了傳統的分批成本制以單一的標準分配費用所造成的成本扭曲失真，以微觀分析的方式參與企業內部控制，它的成本對象是作業。作業成本法以價值鏈分析為基礎，選擇工作中心的作業成本項目，確定引起成本、費用項目發生的成本動因（Cost Driver），依據成本中心或作業成本集的成本率，在產品成本歸納模型的基礎上，計算產品標準成本。

作業成本法的特點主要體現在對間接費用的分配上，分配時遵循的原則是作業消耗資源，產品消耗作業（如圖7.5）。

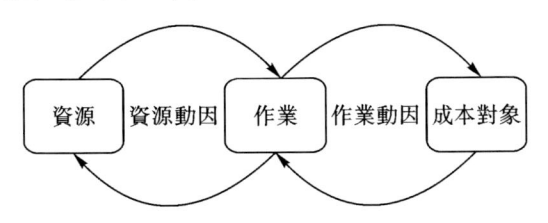

圖7.5 作業成本法的基本原理

作業成本法認為：產品的生產發到了作業的發生，作業導致了間接費用的發生。作業成本法最主要的創新就是引入了成本動因。因此，製造費用在作業成本法中被看作是一系列作業的結果，這些作業消耗資源並確定了製造費用的成本水準。

7.2.3.2 作業成本法的核算步驟

作業成本法是將間接成本按作業進行歸集，然後按不同作業的不同成本動因率將間接成本分配到產品或產品線（如圖7.6）。

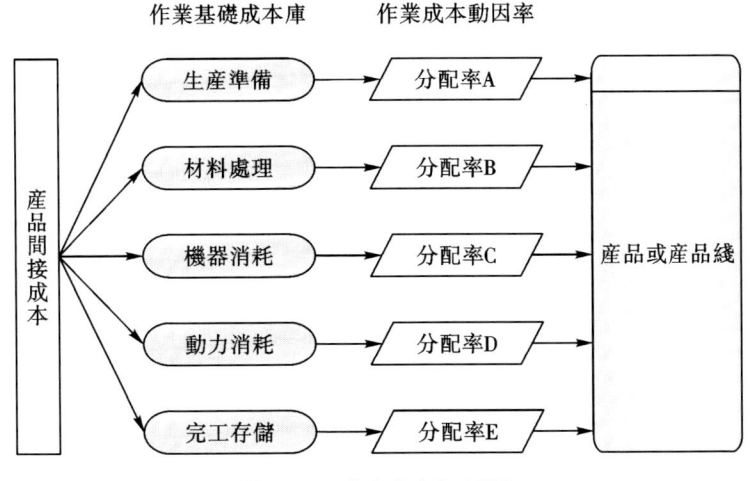

圖7.6 作業成本法分配過程

作業成本法主要包括以下4個步驟：

1. 定義用作業成本法計算的作業（工作中心）

比如定義一個工作中心A作為作業成本法計算的作業中心，那麼，在計算間接費用時，凡是在該工作中心加工的各個產品都會按作業成本法進行計算、歸集。

2. 定義工作中心對應的作業基礎成本庫元素

例如，有A、B兩產品經過工作中心A加工，如表7.13所示。

表7.13　　　　　　　　　　　作業基礎成本庫元素

作業基礎成本庫（作業成本元素）	成本金額（元）
生產準備	1,500
生產檢驗	2,300
設備消耗	5,000
動力消耗	2,350

3. 定義成本動因

例如，產品A、B有各自的成本動因，如表7.14所示。

表7.14　　　　　　　　　　　成本動因表

成本動因	產品A	產品B
生產準備時間（小時）	10	15
生產檢驗時間（小時）	12	20
單位產品設備（小時）	15	20

4. 計算成本動因率，並分配到產品

根據上述資料，可以計算出成本動因率（一旦算出成本動因率，將作為以後作業成本法計算的參數），並分配到產品中去，如表7.15所示。

表7.15　　　　　　　　　　　成本動因率及其成本分配表

作業成本元素	成本動因率（生產準備成本/準備時間）	產品A的間接成本	產品B的間接成本
生產準備	1,500÷（10+15）=60	60×10=600	60×15=900
生產檢驗	2,300÷（12+20）=71.875	71.875×12=862.5	71.875×20=1,437.5
設備消耗	5,000÷（15+20）=142.857	142.857×15=2,142.86	142.857×20=2,857.14
動力消耗	2,350÷（15+20）=67.143	67.143×15=1,007.14	67.143×20=1,342.86

7.2.3.3　作業成本法的核算舉例

【參考7.5】按傳統成本法和作業成本法進行產品成本核算。

天華電動自行車廠加工產品A和B，已知人工費工時費率為7，按工時單位製造費

用分配率為18，分別按傳統成本核算方法和作業成本法來核算。

（1）傳統成本核算方法。

根據已知條件，傳統成本核算過程如表7.16所示。

表7.16　　　　　　　　　　傳統成本法核算過程

核算項目	A產品	B產品	說明
直接人工工時	2.5	2	已知
直接人工費用	17.5	14	直接人工工時×工時費率
直接材料費用	36	30	已知
單位製造費用分配率	18	18	已知
單位製造費用	45	36	直接人工工時×單位製造費用分配率
單位成本	98.5	80	直接人工工時+直接材料費用+單位製造費用
產量	4,000	20,000	已知
製造費用	180,000	720,000	產量×單位製造費用
總成本	394,000	1,600,000	產量×單位成本

（2）作業成本法的核算。

按照作業成本法，按歷史計算的成本動因率，先進行各產品分配作業成本，如表7.17所示。

表7.17　　　　　　　　　　作業成本法費用核算過程

作業	作業成本	成本動因率	作業量=作業成本/成本率	A耗用作業量	A分配作業成本=A耗用作業量×成本率	B耗用作業量	B分配作業成本=B耗用作業量×成本率
設備維護	255,000	51	5,000	3,000	153,000	2,000	102,000
材料處理	81,000	135	600	200	27,000	400	54,000
生產加工	314,000	7.85	40,000	12,000	94,200	28,000	219,800
產品檢驗	160,000	20	8,000	5,000	100,000	3,000	60,000
產品儲運	90,000	120	750	150	18,000	600	72,000
合計	900,000	－	54,350	20,350	392,200	34,000	507,800
分配作業成本百分比	－	－	－	－	44%	－	56%

根據上述的核算過程，最終可以按作業成本法計算出各產品的總成本，如表7.18所示。

表 7.18　　　　　　　　　　　作業成本法成本核算結果

核算項目	A 產品	B 產品	說明
製造費用	392,200	507,800	計算得出
分配作業成本百分比	44%	56%	計算得出
產量	4,000	20,000	已知
單位製造費用	98.05	25.39	製造費用÷產量
直接人工費用	17.5	14	計算得出
直接材料費用	36	30	已知
單位成本	151.55	69.39	單位製造費用+直接人工費用+直接材料費用
總成本	606,200	1,387,800	產量×單位成本

（3）比較兩種算法的差異。

傳統成本法計算的 A、B 兩種產品生產成本分別是 394,000 和 1,600,000，合計為 1,994,000；作業成本法計算的 A、B 兩種產品生產成本分別是 606,200 和 1,797,800，合計仍為 1,994,000。從上面的例子可以看出，傳統方法由於忽略產品系列的多樣化和複雜性，對製造費用的分配採用單一的費率，分配費率一般基於工時，故工時大的產品成本被高估，造成產品之間在成本上的相互貼補，與實際成本產生較大偏差。所以它一般合適用於單一產品或產品差異性較小的企業。

而作業成本法則對製造費用進一步細分，按產品加工作業步驟分攤，這樣歸結核算出各產品的成本就較真實地反應了產品的實際耗費。由於作業成本法中歷史成本動因率需要參考大量的歷史數據才能獲得，因此作業成本法的維護成本及服務成本較高。

【實訓練習 7.3】作業成本法計算。

西亞電機廠加工產品 A 和 B，已知人工費工時費率為 5，按工時單位製造費用分配率為 18，分別按傳統成本核算方法和作業成本法來核算，並比較二者的結果差異。所需數據如表 7.19 和表 7.20 所示。

表 7.19　　　　　　　　　　　生產成本數據

核算項目	A 產品	B 產品
直接人工工時	2	1
直接材料費用	32	120
產量	5,000	7,000

表 7.20　　　　　　　　　　　作業成本統計數據

作業	作業成本	成本率	A 耗用作業量	B 耗用作業量
設備維護	1,3000	50	200	60
材料處理	81,000	135	200	400
生產加工	12,000	8	900	600
產品檢驗	11,0000	20	5,000	500
產品儲運	90,000	120	600	150

7.2.4 成本差異分析

成本差異分析就是以成本費用預算為依據，將實際成本同標準成本相比較，找出實際脫離計劃的，並對差異情況進行分析；以便找出原因，採取相應措施。

7.2.4.1 直接材料成本差異的計算

一般情況下，材料價格差異應該由採購部門負責，材料用量差異一般應由生產部門負責；不過，例外情況是由於生產急需材料，運輸方式改變引起的價格差異，應由生產部門負責。直接材料成本差異的計算公式為：

直接材料成本差異＝實際價格×實際數量－標準價格×標準數量

直接材料價格差異＝（實際價格－標準價格）×實際數量

直接材料數量差異＝（實際數量－標準數量）×標準價格

7.2.4.2 直接人工成本差異的計算

造成直接人工成本中價格逆差的原因，如派工不當，把高級工指派做低級工作；工人加班導致額外資金發放等。造成人工效率差異的原因有材料質量、工人操作方式、機器設備情況、管理水準等因素。直接人工成本差異的計算公式如下：

直接人工成本差異＝實際工資價格×實際工時－標準工資×標準工時

直接人工工資價格差異＝（實際工資價格－標準工資價格）×實際工時

直接人工效率差異＝（實際工時－標準工時）×標準工資價格

7.2.4.3 製造費用差異的計算

造成製造費用開支逆差的原因有兩個：一是各項費用項目的價格高於預計價格；二是各項費用的耗費量大於預計耗費量。製造費用差異的計算公式如下：

製造費用差異＝實際分配率×實際工時－標準分配率×標準工時

製造費用開支差異＝（實際分配率－標準分配率）×實際工時

製造費用效率差異＝（實際工時－標準工時）×標準分配率

7.3 實訓思考題

1. 企業的生產成本是如何組成的？
2. 如何通過滾動計算法計算產品成本？
3. 作業成本法相對於傳統成本法的現實意義何在？
4. 簡述作業成本法核算的基本原理。
5. 如何進行成本差異分析？

8 ERP 項目實施進程管理實訓

ERP 系統不僅是一套軟件系統,還代表著一種先進的管理思想和方法。為了讓 ERP 能夠真正有效地服務於企業,就必須在完成企業信息化規劃、系統需求分析、業務流程再造、軟件系統設計與實現(開發或購買)的基礎上,按規範化的實施步驟實施,並在實施後進行評價和改進,以保證 ERP 系統能夠不斷優化、與時俱進,實現 ERP 應用價值的最大化。

8.1 實訓要求

通過本章的實訓,在瞭解 ERP 實施基本過程的基礎上,深入實施進程管理工作,掌握實施中工作結構分解、進度計劃編製的具體方法,為正式導入到工作中打下基礎。

8.2 實訓內容

8.2.1 ERP 實施概述

企業實施 ERP,要有目的、有計劃、有組織,在正確的方法指導下分步實施。因此,嚴格按照 ERP 系統實施步驟,實現實施進程的有效管理,才有保障 ERP 系統正確、有效地實施。

8.2.1.1 ERP 系統實施步驟

1. 項目組織

ERP 實施需要成立項目實施小組、項目指導委員會。

2. 教育培訓

ERP 的實施和應用對大多數企業來說都是新生事物。使用一套全新的工具來管理和運作一個企業,必然伴隨著從企業高層領導到一般員工的思維方式和行為方式的改變。

引入 ERP 系統是對傳統管理方式的一種變革,不可避免地會改變原有的想法和做法。因而,培訓是貫穿項目始終的一項工作,也是改變人們傳統觀念的重要手段之一。現實世界中,教育和培訓往往是一項遭到輕視、預算不足、不被理解的工作;也因此使它也成為實施 ERP 系統過程上大多數問題的起因,許多實施中的問題表明企業內員工對 ERP 缺乏真正的理解。

因此，在一個實施 ERP 系統的企業中，最好能夠上 90% 以上的人受到教育和培訓。

ERP 的教育和培訓，有兩個重要的目的：一是增加人們的知識，二是改變人們的思維方式和行為方式。

3. 軟件選型

選擇適用的 ERP 軟件系統，是企業成功實施 ERP 的前提。通常，在資金允許的前提下，要注意盡量選擇技術先進、用戶成熟度高的軟件產品。為了增加 ERP 實施成功率，對軟件的造型通常注意這幾個方面：

（1）產品造型的基本思路。

軟件選擇的標準應當是針對本企業的實際情況個選擇最為適用的軟件產品，而不是經過若干年的全面考察，選擇一個「高、大、全」的軟件產品。從唯美的角度出發，人們總是傾向於選擇一個「最好」的軟件產品，但每個人的偏好不同、認識的水準不同、意見也會相左，無謂紛爭的後果是浪費了時間和精力，錯失機會。最後，無論哪一派意見獲勝，從全局來看，企業都是輸家。

不同的軟件產品有不同的功能、性能、可選特徵，企業必須綜合考慮。性能價格比是最好的評判指標。應著重瞭解 ERP 的功能是否體現了 ERP 的主要思想，是否涵蓋了企業的主要業務範圍，功能的強弱是相對的。有的 ERP 產品功能模塊很多，涵蓋的企業類型也很廣，但其中相當多的功能是本企業所用不上的，這樣就會造成資金和人力、時間的浪費。

（2）產品選型的基本原則。

一是技術先進，能夠支持當前和未來一段時間的發展。

二是符合 ERP 標準模式和相關規範。

三是系統集成度高，同時還能夠支持供應鏈上的企業合作。

四是滿足企業的實際管理需求。

五是能較大程度地支持用戶化自定義功能。

六是有較高的性價比。

七是最好選擇同行中有實施成功先例的產品。

八是良好的服務和支持。

九是友好的操作界面。

（3）兼顧軟件的功能和技術。

為了能夠更好地進行產品造型，這裡介紹「四區域技術功能矩陣」選擇法，如圖 8.1。

在選擇軟件產品時，既要考慮軟件的功能，又要考慮軟件的技術；既要考慮當前的需求，又要考慮未來的發展。

對於區域 I （保持優勢區域）：雖然技術先進性的功能都不錯，但價格必定很高，中小企業難於接受。

對於區域 II （有待加強區域）：雖然技術先進，但功能尚待加強和完善，是可供用戶選擇和考慮的重點對象。

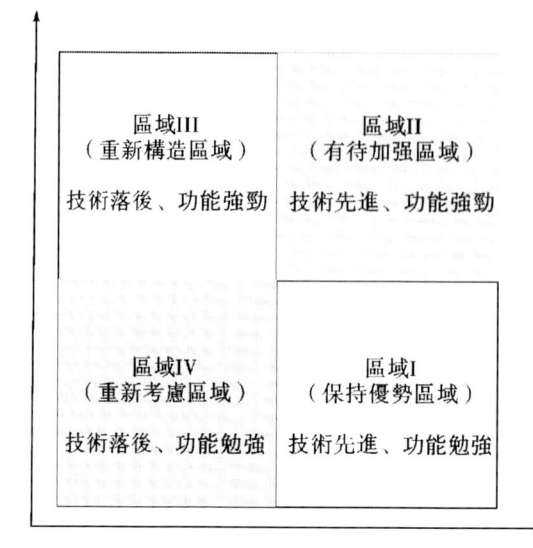

```
                功能強勁性
                    ↑
        ┌──────────────┬──────────────┐
        │   區域III     │   區域II      │
        │ (重新構造區域) │ (有待加強區域) │
        │技術落後、功能強勁│技術先進、功能強勁│
        ├──────────────┼──────────────┤
        │   區域IV      │   區域I       │
        │ (重新考慮區域) │ (保持優勢區域) │
        │技術落後、功能勉強│技術先進、功能勉強│
        └──────────────┴──────────────┘ → 技術先進性
```

圖 8.1　Gartner 公司四區域功能矩陣

對於區域III（重新構造區域）：雖然產品功能比較強，但從長遠看這些軟件沒有生命力的，盡量不要選擇。

對於區域IV（重新考慮區域）：這類軟件各方面都比較差，明智的用戶不會選擇這類軟件。

4. 項目進程管理

為了保證 ERP 實施成功，通常會設定一定的時間範圍、達到一定的實施標準、支付企業所能承受的成本（包括時間成本、經濟成本、機會成本等）。於是，項目進程管理成為重中之重，其他的管理工作都被切實地納入項目進程管理之中了。

5. 數據準備

經過 ERP 原理培訓後，可以開始準備相關數據，這個過程可以和 ERP 軟件選型同步進行。數據準備的工作包括數據收集、分析、整理和錄入等項工作。通常，我們把數據分為靜態數據和動態數據。靜態數據是指與企業日常生產活動關聯鬆散的數據，如物料清單、工藝路線、倉庫和貨位、會計科目等；動態數據是指與生產活動緊密相關的數據，如庫存記錄、客戶合同等，一旦建立，需要隨時維護。動態數據需要準備業務輸入數據和業務輸出數據，以便核對輸入系統後的計算結果與事先準備的輸出結果是否存在差異。

數據的準確性，決定著今後結果的正確性。數據準備的要求及時、準確、完整。庫存準確度必須高於95%，物料清單準確度必須高於98%，工藝路線的準確度要高於95%，產品提前期數據準確無誤。

6. 用戶化與二次開發

由於每個企業有自身的特點，ERP 軟件系統可能會有一定程度的用戶化和二次開

發的工作量。所謂用戶化，是指不用進行程序代碼改動，只進行系統內部的設置就可以了，比如自定義報表。所謂二次開發，是指需要進行程序代碼改動，涉及軟件額外開發工作量和系統整體安全性等問題。

二次開發會增加企業的實施成本和實施週期，並影響實施人員（服務方和應用方）的積極性。另外，二次開發的工作應該考慮與現有的業務流程實施並行操作和管理，減少實施週期。考慮二次開發需要慎重、臨時性、輸出效益不大、企業流程思想與 ERP 不符的需求通常不進行二次開發。

7. 建立工作點

工作點也就是 ERP 的業務處理點、電腦用戶端及網絡用戶端。ERP 的業務、管理思想就是通過這些工作點來實現的，但它不等價於實際的電腦終端。

例如，不同的業務處理、系統功能的採購訂單處理工作點與請購單處理工作點可以屬於兩個工作點，但可以在一個電腦終端。事實上，所有業務處理都可以在相同的電腦終端進行，只是系統使用權限不同，進行的業務操作不同。

建立工作點一般要考慮以下幾點：

（1）一般先考慮 ERP 的各個模塊的業務處理功能，如採購系統基礎數據、採購請購單錄入與維護及採購訂單處理等來劃分工作點。

（2）結合企業的硬件分佈，如電腦終端分佈、工作地點等。

（3）考慮企業的管理狀況，如人員配置、人員水準和管理方式等。

建立工作點後，要對各個工作點的作業規範做出規定，也即確定 ERP 的工作準則，形成企業的標準管理文檔，表格形式如表 8.1 所示。

表 8.1　　　　　　　　　　　ERP 工作點作業準則

工作點編號：	生效日期：	版本號：
工作點名稱：	制定人：	審核人：
目的：		
職責： (1) (2)		
相關資料： (1) (2)		
作業程序： (1) (2) (3)		

8. 新舊系統並行及系統切換

（1）系統並行。

新舊系統並行是指新的 ERP 系統與原有的手工系統或舊的計算機系統同步運行，保留兩個系統的帳目資料與輸出信息。新舊系統並行的主要目的是檢驗新舊系統的運

行結果是否一致。同時，ERP 系統實施後，有很多流程和工作方法與以前不盡相同，並行可以讓最終用戶有一段時間去熟悉各項功能的操作，達到平緩過度的目的。

並行期間，項目小組與最終用戶必須投入，有時必須利用週末或晚上沒有正常生產業務時進行集中加班錄入，以保證業務處理的連續和不受外界干擾，並強化熟練程度。同期，還要制訂詳細的業務規則、熟悉用戶手冊、制訂必要的制度確保按規定操作。

不過，並行階段用戶的工作量太大，時間不宜過長（一般為三個月）。企業在此階段要全力支持，做好資源調配工作，重點突擊。

（2）系統切換。

系統切換首先要是確定一個切換時間點（某個工作日，一般為某個月末或月初，或兩個會計期間的轉換點）。然後，在這個切換時間點進行動態數據準備，包括幾種：①庫存餘額、總帳餘額、車間在製品餘額、應收帳餘額、應付帳餘額等各類餘額。②庫存變動單據、會計憑證、未結銷售訂單等各類即時數據單據。

一般來說，真正要在一天之內完成系統切換是不現實的。通常的做法是確定某個切換時間點後，將這個時間點的餘額作為期初餘額錄入到系統中，若干天後餘額錄入完畢，再將切換時間點之後的所有發生額數據補充錄入到系統中。經過短期加班後，發生額將很快在幾天內錄入完畢，系統也可以在大約一個星期之內進行平滑切換。

切換完成之後，要停止原來的手工作業，完全轉入 ERP 系統中處理業務。切換期間，IT 公司要提供在線服務或駐廠服務，採取應急回應措施。

9. 系統評測與持續改進

ERP 實施一定程度之後，ERP 項目就進入尾聲。這時就需要對 ERP 的實施效果進行評測，並根據評測結果持續不斷地改進工作，使 ERP 系統越用越好。系統評測通常採用的工具是 ABCD 檢測表。

（1）ABCD 檢測表概述。

ABCD 檢測表（The Oliver Wight ABCD Checklist for Operational Excellence, Oliver Wight Publications, Inc., Fourth Edition, 1993），最早是由 MRPII 的先驅者奧利弗‧懷特（Oliver Wight）於 1977 年給出的。最初它是一份包括 20 個關於企業經營的問題的檢測表，後來不斷發展完善為今天的樣子。檢測者根據企業的實際情況，客觀地回答檢測表中的問題後，根據檢測表的評分規則，為企業打分，評估企業現狀，以清醒地認識企業所處的發展階段和 ERP 應用水準，確定未來的改善目標和步驟，促進 ERP 應用過程不斷完善，促進企業經營活動和效益的持續改善。

ABCD 檢測表最早共 20 個問題，這 20 個問題按技術、數據準確性和系統使用情況分成三組。每個問題均以「是」或「否」的形式來回答。

第二版的檢測表擴充為 25 個問題，且增加了一個分組內容：教育和培訓。第二版的 ABCD 檢測表流傳甚廣，使用也很方便。

在 1980 年，ABCD 檢測表得到了進一步的改進和擴充，推出了第三版。其覆蓋範圍已不限於 MRP II，還包括了企業的戰略規劃和不斷改進過程。但第三版的 ABCD 檢測表流傳不廣。

第四版的 ABCD 檢測表於 1993 年由奧利弗·懷特公司推出。這已經不是一個人甚至幾個人的工作了，而是集中了十幾年來數百家公司的研究和實施應用人員的經驗。這個檢測表也已不再是幾十個問題的表，而是按基本的企業功能劃分成以下五章：戰略規劃、人的因素和協作精神、全面質量管理和持續不斷的改進、新產品開發、計劃和控制過程。其中，只有第五章是關於 MRP/ERP 實施和應用的。ABCD 檢測表的這種變化，反應了各種管理思想相互融合的趨勢，見表 8.2。

表 8.2　　　　　　　　　ABCD 檢測表（第四版）內容簡介

章	定性特徵描述或綜合問題
第一章 戰略規劃	A 級：戰略規劃的制定和維護是一個持續不斷的過程，而且體現了客戶至上的觀點。戰略規劃驅動人們的決策和行為。各級員工都能清楚地表述企業的宗旨、遠景規劃和戰略方向。 B 級：戰略規劃的制定和維護是一個正規的過程，由高層和各級管理人員每年至少進行一次。企業的主要決定均根據戰略規劃做出，企業員工對於企業的宗旨和遠景規劃有基本的瞭解。 C 級：戰略規劃的制定和維護工作不是經常進行的，但仍能指示企業營運的方向。 D 級：沒有戰略規劃或者在企業營運的過程中根本沒有這項活動。
第二章 人的因素和協作精神	A 級：相互信任、相互尊重、相互協作、敞開心扉相互交流以及高度的工作安全感是員工和企業之間關係的顯著特點。員工對企業感到滿意並為作為其一員而感到驕傲。 B 級：員工們信任企業的高層管理人員，並認為該企業是一個工作的好地方。工作小組發揮著有效的作用。 C 級：主要採用傳統的雇傭關係。企業的管理人員認為人是一項重要的企業資源，但不認為是至關重要的資源。 D 級：員工和企業的關係至多是中性的，有時是消極的。
第三章 全面質量管理和持續不斷的改進	A 級：持續不斷地改進已成為企業員工、供應商和客戶的一種共同的生活方式。質量的改進、成本的降低以及辦事效率的提高加強了競爭的優勢。企業有明確的革新戰略。 B 級：企業的大多數部門參加了全面質量管理和持續不斷改進的過程；他們積極地與供應商和客戶配合工作。企業在許多領域取得了本質的改善。 C 級：全面質量管理和持續不斷改進的過程只在有限的領域中開展；某些部門的工作得到了改善。
第四章 新產品開發	A 級：企業的所有職能部門都積極參與和支持產品開發過程。產品需求來自客戶需求。產品開發的週期非常短。為了滿足需求，只要求極少的支持或不要求支持。 內部和外部的供應商積極參與產品開發的過程。所取得的收入和毛利潤滿足最初的經營計劃目標。 B 級：工程設計（或研發）以及企業其他職能部門參加了產品開發的過程。產品需求來自客戶需求。產品開發時間得到了減少。要求低層到中層的支持。為了滿足需求，需要進行一些設計改變。 C 級：產品開發主要是工程設計或研發部門的事情。產品開發按計劃進行，但是，在製造和市場方面存在某些傳統的問題。產品需要很大的支持才能滿足性能、質量或營運目標。生產過程中，內部或外部供應商的配合均不夠完善。但是，在縮短產品開發時間方面已經取得了某些成績。 D 級：產品開發總是不能滿足計劃日期、性能、成本、質量，或可靠性的目標。產品的開發需要高層的支持。幾乎沒有內部或外部的供應商參與這個過程。

表8.2(續)

章	定性特徵描述或綜合問題
	A級：在整個企業範圍內，自頂向下、有效地應用著計劃和控制系統，在客戶服務、生產率、庫存以及成本方面取得了重大的改善。 B級：計劃和控制過程在高層領導的支持下由中層管理人員使用，在企業內取得了顯著的改善。 C級：計劃和控制系統主要作為一種更好的訂貨方法來使用，對於庫存管理產生了比較好的效果。 D級：計劃和控制系統所提供的信息不準確，用戶也不理解，對於企業的營運幾乎沒有幫助。
第五章 計劃和控制過程	5-1 力爭達到優秀 在整個企業組織中，從高層領導到一般員工，對於使用有效的計劃和控制技術達成了共識並付諸實踐。這些有效的計劃和控制技術提供一組統一的數據供企業組織的所有成員使用。這些數據代表了有效的計劃和日程，人們相信它們，而且用來運行自己的企業。 5-2 銷售和生產規劃 有一個制定銷售和生產規劃的過程，用來維護有效的和當前的生產規劃，以便支持客戶需求和經營規劃。這個過程包括每月由總經理主持召開的正式會議，並覆蓋足夠長的計劃展望期，以便有效地做出資源計劃。 5-3 財務計劃、報告和度量檢查 企業的所有職能部門可以使用統一的數據作為財務計劃、報告和度量檢查的依據。 5-4「如果……將會……」模擬用來評價營運計劃的備選方案，並可用來建立例外情況下的應急方案。 5-5 負責的預測過程 有一個關於預期需求的預測過程，以足夠長的展望期提供足夠詳細的信息，用來支持經營規劃、銷售和生產規劃以及主生產計劃。對於預測的準確性要進行度量，以便使預測的過程得到不斷的改進。 5-6 銷售規劃 銷售部門負責制定、維護和執行銷售規劃，並協調銷售規劃和預測的不一致。 5-7 客戶訂單錄入和承諾的集成 把客戶訂單錄入和承諾過程與主生產計劃及庫存數據集成起來。 5-8 主生產計劃 主生產計劃的制定和維護是一個不間斷的過程，通過這個過程確保在生產穩定性和及時回應客戶需求之間取得平衡。主生產計劃要與從銷售和生產規劃導出的生產規劃保持一致。 5-9 物料計劃和控制 由一個物料計劃過程和一個物料控制過程，前者維護有效的計劃日程，後者通過生產計劃、派工單、供應商計劃、和/或「看板」方法傳遞優先級信息。 5-10 供應商計劃和控制 供應商計劃和調度過程對於關鍵的物料在足夠長的計劃展望期內提供明確的信息。 5-11 能力計劃和控制 能力計劃過程使用粗能力計劃，在適當的生產環境中也使用能力需求計劃，根據實際的產出，使得計劃能力與需求的能力相平衡。通過能力控制過程度量和管理工廠中的生產量和加工隊列。 5-12 客戶服務 建立了按時交貨的目標，取得了客戶的同意，並按照所建立的目標度量交貨業績。 5-13 銷售規劃績效 建立了關於銷售規劃績效的責任，確定了度量方法和目標。

表8.2(續)

章	定性特徵描述或綜合問題
第五章 計劃和控制過程	5-14 生產規劃績效 建立了關於生產規劃績效的責任，確定了度量方法和目標。除了經高層領導批准的情況之外，生產規劃與每月計劃的差異不超過2%。 5-15 主生產計劃績效 建立了關於主生產計劃績效的責任，確定了度量方法和目標。主生產計劃的實現率達到95%~100%。 5-16 生產計劃績效 建立了關於生產計劃績效的責任，確定了度量方法和目標。生產計劃的實現率達到95%~100%。 5-17 供應商交貨績效 建立了關於供應商交貨績效的責任，確定了度量方法和目標。供應商交貨計劃的實現率達到95%~100%。 5-18 物料清單結構和準確性 有一組結構良好、數據準確和集成的物料清單（公式，配方）及相關數據，用來支持計劃和控制過程。物料清單的準確度達到98%~100%。 5-19 庫存記錄準確性 有庫存控制的過程，可以提供關於倉庫、庫房以及在製品的準確的庫存數據。 在所有物料項目的庫存記錄中，至少有95%與實際盤點的結果在計數容限內相匹配。 5-20 工藝路線準確性 在工藝路線適用的生產環境中，有一個建立和維護工藝路線的過程，該過程提供準確的工藝路線信息。工藝路線的準確度達到95%~100%。 5-21 教育和培訓 經常和定期地面向全體員工進行教育和培訓，這些教育和培訓關注企業和客戶兩方面的問題及其改善，其目標包括持續不斷的改進、提高員工的工作和決策水準，工作的靈活性，雇傭關係的穩定性，以及如何滿足未來的需求。 5-22 分銷資源計劃（DRP） 在適用的營運環境中，分銷資源計劃用來管理分銷活動的後勤事務。DRP信息用於銷售和生產規劃、主生產計劃、供應商計劃、運輸計劃以及發貨計劃。

（2）ABCD檢測表的使用。

使用這份檢測表的最好方法是把它作為企業追求的目標，並且積極地、系統地、毫不鬆懈地去實現它。因此，正確地使用ABCD檢測表的過程構成企業業績不斷改善的過程。具體做法可以採取以下步驟：

①現狀評估。

使用ABCD檢測表改善企業業績的過程從評估企業現狀開始。許多企業選擇他們最關心的問題來開始這個評估過程。如果企業的計劃和控制系統存在問題最多，則可首先只關注這一個領域，而不必去回答全部五章的所有問題。當然，也可以選擇五章的所有問題，對企業進行一個全面的評估。應當注意的是，如果選擇了某一章，就應回答該章的所有問題，除非某些問題不適用於企業的情況。

許多企業把參加評估的人分成5~10人的小組來討論檢測表中的問題，通過討論、爭論和分析，對所關注的問題取得一致的意見。有一點很重要，就是應有不同層次的企業領導參加不同小組的討論。參加評估的人，應當具有豐富的知識，要瞭解檢測表

中所涉及的術語和技術，而且要充分理解企業為什麼應當按高標準來運行。另外，一定要注意避免先入為主的傾向或有意的曲解而使答案失真。

如前所述，檢測表的每一章均以簡明的定性描述開始，說明對於該章所考慮的問題，A、B、C、D四個等級的不同的定性特徵。然後列出一些綜合問題，每個綜合問題又被分解成若干明細問題。對綜合問題和明細問題的回答均和第二版的 ABCD 檢測表不同，不再只是回答「是」或「否」，而是按五個等級從 4 分到 0 分計分。分值計算如下：

優秀（4 分）：從完成該項活動得到了所希望的最好結果。

良好（3 分）：全部地完成了該項活動並達到了預期目標。

一般（2 分）：大部分的過程和工具已經準備就緒，但尚未得到充分的利用，或者尚未得到所期望的結果。

差（1 分）：人員、過程、數據和系統尚未達到規定的最低水準，如果有效益，也是極低的。

無（0 分）：該項活動是必須做的，但目前沒有做。

採取這種計分方法的原因在於，在許多情況下，雖然企業尚未達到「優秀」，但畢竟做了某些工作，因此，應當指出所達到的水準以及還應做多少工作才能達到 A 級水準。從而，提供了不斷提高的機會和手段。事實上，一個企業即使達到了 A 級水準，也仍然有可改進之處。

對每一章的評估，首先應從回答明細問題開始，然後，根據明細問題的答案來回答綜合問題。但是，應當強調，綜合問題的計分並非相應的明細問題計分的平均值。回答這些明細問題的目的在於幫助確定綜合問題的計分，而這些明細問題並不具有相同的重要性。

一旦完成了綜合問題的計分，則可根據所有綜合問題的平均值來確定一章所討論的問題的 A、B、C、D 等級，標準如下：

平均值大於 3.5 分為 A 級，平均值在 2.5 分和 3.49 分之間為 B 級，平均值在 1.5 分和 2.49 分之間為 C 級，平均值低於 1.5 分為 D 級。

企業的評估必須以至少三個月的業績數據為基礎。這是因為有時短時間看來，可能每件事情都不錯，但是，這並不意味著企業已經有了有效的工具，而且已經學會有效地使用它們進行管理。因此，短時間的觀察不足以得出可靠的結論。

②確立目標。

下一個重要的步驟是根據評估的結果建立企業的目標，確定企業要在哪些領域得到改善，應當達到什麼樣的標準，要完成哪些任務，誰來負責以及計劃何時完成，等等。

一般來說，企業總是選擇問題最多的領域進行改善。因此，為了防止企業的業績在取得好的評估結果的領域中下滑，還應當有人負責維護這些領域中的每項工作，至少保持當前水準，不要下滑。

③根據公司最緊迫的需要剪裁檢測表。

有些企業同時進行多個領域中的改進工作，有些企業則採取一步一步進行的方式。

通常的做法是從某一項企業功能開始，例如，提高質量。一旦在這方面取得顯著成績，再開始另一項企業功能的改進，例如，計劃和控制過程。在競爭壓力如此之大的今天，不少企業不能夠按部就班地使用這些工具。所以，可以採取裁剪的做法，例如，計劃和控制，全面質量管理以及不斷改進的過程。當然，這樣做對於企業管理變化的能力以及企業的資源均是一個挑戰。

新的 ABCD 檢測表對於同時實現一項或多項企業功能改進的做法都予以支持。ABCD 檢測表的分章結構可以使企業選擇其中的一章或幾章包括在自己當前的實施計劃中。完成之後，再開始新領域的工作。

④ 制訂行動計劃。

在建立了目標、確定了所要完成的工作和有關人員的職責之後，則應制定實施計劃，指明如何達到目標，如何改善回答這些問題的能力，完成任務或實現改善的日期，等等。

⑤ 度量所取得的成績。

根據所制訂的實施計劃記錄所取得的成績。某些問題可以進行定量的描述，例如，物料清單的準確性，另外有些問題的回答可能會有更多的主觀因素，但是仍然可以度量。

⑥ 高層領導每月進行檢查。

企業高層領導每月應進行一次檢查。經驗表明，這是非常重要的。目的在於檢查項目的進展情況、所取得的成績以及存在的問題。在高層領導進行檢查時，以下問題都是應當考慮的：

・是否已達到了預定的目標？
・如果尚未達到預定目標，那麼原因是什麼？
・應當做哪些工作才能使實施過程回到計劃的軌道？
・必須排除哪些障礙或解決哪些問題才能繼續取得進步？

8.2.1.2 ERP 實施成功的注意事項

1. 企業實施 ERP 不成功的原因

根據前例的原因，以及歷年來多位 ERP 專家的總結，可以將 ERP 不成功的原因總結為以下七點：

(1) 基礎數據不準確。
(2) 企業的廣大員工對 ERP 系統缺乏主人翁的精神和感情。
(3) 缺乏切實可行的實施計劃。
(4) 關鍵崗位人員不穩定。
(5) 員工不願放棄傳統的工作方式。
(6) 教育和培訓不足。
(7) 領導不重視。

2. 實施 ERP 的十大忠告

(1) 人的因素怎樣強調都不過分。

・領導全面支持，始終如一。

・樹立全員參與意識。

（2）高度重視數據的準確性。

「進去的是垃圾，出來的必然也是垃圾！」，只有高度重視數據準確性，才能保證 ERP 成功的實施。

（3）教育與培訓是貫徹始終的一項工作。

・培訓不能圖熱鬧、走過場，內容必須充實、重點突出，每次培訓詳略得當。

・統一認識：培訓費用要比忽視培訓將要付出的代價小得多。

・必須始終如一，不能「三天打魚，兩天曬網」。

（4）確定系統的目標，並對照衡量系統的性能。

（5）不要將沒有經驗的人放到關鍵崗位上。

（6）有效的項目管理。

（7）尋求專家的幫助，減少犯錯的概率。

（8）不要把手工系統的工作方式照搬到計算機系統中。

（9）既要從容，又要緊迫。

（10）正確認識 ERP 的管理幅度，ERP 不能包治百病。

3. 對成功實施 ERP 的總結

三分技術、七分管理、十二分數據、二十分應用、一百分領導重視。

8.2.2　ERP 實施進程管理

8.2.2.1　工作結構分解

1. 工作結構分解概述

為了能夠有效地進行 ERP 實施相關工作，以實現在既定的時間內完成項目進程，首先，需要將所有的項目列出並細化，這個過程就是工作結構分解。

分解技術就是為了管理和控制的方便，而對項目進行細分和再細分的過程。在項目管理過程中，把項目一下子分解到最細緻和具體的工作是困難甚至是不可能的，也是不可取的，應該分層次進行分解，每深入一層詳細程度會更具體一些。一般需要從項目頂層工作開始分解，再分解到一個個中間層，然後再確定需要做哪些工作才能夠實現這些中層，此即為項目的工作分解結構（WBS）。

項目的工作分解結構就是把項目整體分解成較小的、易於管理和控制和若干子項目或工作單元的過程，直到可交付成果定義得足夠詳細，足以支持項目將來的活動，如資源需求、工期估計、成本估計、人員安排、跟蹤控制等。通過工作分解，更加詳細和具體地確定了項目的全部範圍，也標示了項目管理活動的努力方向。

工作分解結構（Work Breakdown Structure，WBS），是面向可交付成果的分組，是項目團隊在項目期間要完成的最終細目的等級樹，所有這些細目的完成或產出構成了整個項目的工作範圍。進行工作分解是非常重要的工作，它給予人們解決複雜問題的清晰思路。

工作分解在很大程度上決定項目是否成功。如果項目工作分解得不好，在實施過程中難免要進行修改，可能會打亂項目的進程，造成返工、延誤工期、增加費用等。

（1）工作分解的意義。

·提前展示所有工作，以免遺漏重要事情。

·便於事先明確具體的任務及其關聯關係。

·容易對每項分解出的活動估計所需時間、成本、技術、人力等資源，便於制訂完善的項目計劃。

·容易界定職責和權限，便於各方面的溝通。

·便於跟蹤、控制和反饋。

（2）WBS 層次劃分步驟。

具體分解過程參考表 8.3 所列的五個步驟，對於建立正確的 WBS 將非常有幫助。

表 8.3　　　　　　　　　　　WBS 層次劃分步驟

順序	方法	解析
1	明確總目標	如果是需要打掃房間，這就是要做的項目。
2	明確完成此目標所需完成任務	需要清掃地板、收拾家具、擦窗戶、清理垃圾。這些都是打掃房間這個項目需要完成的主要任務。注意，從這裡就要開始檢查不要漏掉了某些任務。如果打掃房間還必須將損壞的家具修理好，別忘了將修理家具加到任務中
3	明確每項任務如何做	用墩布擦地板、用清潔劑清潔家具、用肥皂水清洗窗戶，這些是完成任務的活動
4	每項任務可以進一步細化為哪些子任務	用墩布擦地板時需要取墩布、濕潤墩布、擦地板、洗墩布等一系列的子活動，它們實際上就是用墩布擦地板這項活動的工作包
5	明確這些分解是否完整、正確、合理？	這樣分解是否正確和完整？有沒有遺漏的任務？每項任務是否可以很容易地分配責任和角色？每項任務需要的資源是否很容易確定？每項任務的工期是否很容易估計？每期任務完成的衡量標準是否十分清楚？如果答案否定的，就需要進一步地修改和分解

像打掃房間這樣的簡單項目，分解到 3~4 層就足夠了，如果是複雜的項目，可能需要進行更詳細的分解。

> ★小提示：WBS 層次劃分注意事項
>
> ·分解出的工作包應是一項項的行動，而不能用名詞來表達。
>
> ·不要把工作分解結構變成物品清單，這是很多人在使用工作分解結構時的誤區。例如，在編碼準備的任務下有：物料類別、物料數量、物料代碼、工作任務代碼，實際就成了一個名詞庫，這樣來定義活動並不合適。實際上，應當對於這些活動用一個「動賓結構」的短語來描述。如統計物料類別、統計各類物料數量、編製各級物料代碼、編製各工作任務代碼。
>
> ·不要考慮活動之間的先後順序，工作分解結構的目的是清楚地界定實現項目目標所需執行的具體活動，並不關心究竟先做哪個、後做哪個。活動之間的先後順序需要等到確定關鍵路徑時再考慮，這樣有助於盡早確定具體工作內容。
>
> ·分解後的每項工作應該是可管理的，可定量檢查、可分配任務的。

2. 工作結構分解案例

【參考8.1】工作結構分解案例。

天華電動自行車廠研發部決定進行一系列新產品研發工作，經過市場調研和與意向客戶接觸，決定研發一種新產品。為了保證研發工作在合理的工期範圍內完成，決定採取項目管理方式進行。

首先，第一步是反覆思考和分析，得出了如表8.4所示的工作結構分解表。

表8.4　　　　　　　　　　　　工作結構分解表

WBS 編碼	活動名稱
111	獲取項目授權書
1121	成立項目小組
1122	確定項目目標
1123	編製項目計劃書
1124	評審項目計劃書
113	報批項目計劃書
1211	走訪客戶
1212	確認需求
1221	設計形狀參數
1222	設計功能特徵
1231	設計工裝模具
1232	設計工藝流程
124	評審設計方案
125	認可設計方案
1311	採購零件
1312	採購工裝模具
1313	採購測試設備
1321	制定作業指導書
1322	制定質量要求
1323	組裝樣件
1411	確定測試標準
1412	準備測試文件
1413	確定測試現場
142	進行產品測試
143	認可測試結果
144	提交樣件

表8.4(續)

WBS 編碼	活動名稱
145	認可樣件
151	項目移交評審
152	合同收尾
153	行政收尾

然後，編製 WBS 辭典。對於項目、特別是較大的項目來說，編成一個項目工作分解結構辭典更能包含詳細的工作包描述以及計劃編製信息，如進度計劃、成本預算和人員安排，以便於在需要時隨時查閱，這種工作通常也叫作編製工作分解結構辭典（WBS dictionary）。

簡單講，工作分解結構辭典是一套工作分解結構（WBS）的單元說明書和手冊，通常包括：項目的 WBS 單元編碼體系說明；按照順序列出的單元的標示；定義目標；說明單元計劃發生的費用和完成的工作量；摘要敘述要完成的工作以及該單元與其他單元的關係。根據分析和研究，研發部門最後做出了相關 WBS 辭典（如表8.5）。

表 8.5　　　　　　輕越野休閒山地車系列研發項目 WBS 辭典

項目名稱	輕越野休閒山地車系列研發		客戶名稱	雲海運動器械銷售總公司	
項目經理	趙明		編製人	林峰	
項目發起人	劉總		編製日期	2015.3.6	
WBS 編碼	活動名稱	歷時估計	成本估計	前導活動	責任人
111	獲取項目授權書	1	1,200		李悅
1121	成立項目小組	2	2,400	111	李悅
1122	確定項目目標	1	1,200	1121	李悅
1123	編製項目計劃書	10	12,000	1122	李悅
1124	評審項目計劃書	2	2,400	1122、1123	李悅
113	報批項目計劃書	1	1,200	1124	李悅
1211	走訪客戶	1	1,200		李悅
1212	確認需求	2	2,400	1211	李悅
1221	設計形狀參數	30	24,000	1124、1212	申鳴
1222	設計功能特徵	20	16,000	1221	申鳴
1231	設計工裝模具	30	24,000	1222	趙明
1232	設計工藝流程	30	24,000	1231	趙明
124	評審設計方案	2	2,400	122、123	李悅

表8.5(續)

項目名稱	輕越野休閒山地車系列研發		客戶名稱		雲海運動器械銷售總公司
項目經理	趙明		編製人		林峰
項目發起人	劉總		編製日期		2015.3.6
WBS 編碼	活動名稱	歷時估計	成本估計	前導活動	責任人
125	認可設計方案	2	2,400	124	李悅
1311	採購零件	30	30,800	125	張松
1312	採購工裝模具	20	21,600	1311	張松
1313	採購測試設備	20	51,600	1312	張松
1321	制定作業指導書	5	4,000	1313	吳海明
1322	制定質量要求	5	4,000	1322	吳海明
1323	組裝樣件	10	6,400	1321、1322	吳海明
1411	確定測試標準	3	2,400	1241、1323	張勇
1412	準備測試文件	5	4,000	1411	張勇
1413	確定測試現場	1	1,200	1412	李悅
142	進行產品測試	8	6,400	1323、1413	張勇
143	認可測試結果	3	2,400	142	申鳴
144	提交樣件	5	6,000	143	李悅
145	認可樣件	2	2,400	144	李悅
151	項目移交評審	5	6,000	145	李悅
152	合同收尾	3	3,600	151	李悅
153	行政收尾	5	6,000	152	李悅

最後，明確了工作結構分解辭典的基礎上，需要進一步明確相關責任人，決定採用組織分解結構責任圖。組織分解結構（Organization Breakdown Structure，OBS）是項目組織結構圖的一種特殊形式，描述負責每個項目活動的具體組織單元，WBS 是實現組織結構分解的依據。對於項目最底層的工作通常都要非常具體，而且要完整無缺地分配給項目內外的不同個人或者是組織，以便於明確各個工作塊之間的界面，並保證各工作塊的負責人都能夠明確自己的具體任務、努力的目標和所承擔的責任。同時，工作如果劃分得具體，也便於項目管理人員對項目的執行情況進行監督和業績考核。

實際上，進行逐層分解項目或其主要的可交付成果的過程，也就是給項目的組織人員分派各自角色和任務的過程。工作分解結構一旦完成，就必須用工作分解結構來落實分配責任人，這就構成了責任圖，或者稱為責任矩陣（如表 8.6）。

表 8.6　　　　　　　　　輕越野休閒山地車系列研發項目責任矩陣

WBS 編碼	活動名稱	相關責任人					
		項目經理	審核部	開發組	測試組	實施組	客戶
111	獲取項目授權書	▲	★				
1121	成立項目小組	▲	○				
1122	確定項目目標	▲	○				
1123	編製項目計劃書	▲					
1124	評審項目計劃書	▲					
113	報批項目計劃書	▲					
1211	走訪客戶	▲					○
1212	確認需求	▲					○
1221	設計形狀參數			▲	○		
1222	設計功能特徵			▲	○		
1231	設計工裝模具			▲	○		
1232	設計工藝流程			▲	○		
124	評審設計方案		★	○	○	○	
125	認可設計方案		★	○	○	○	○
1311	採購零件					▲	
1312	採購工裝模具					▲	
1313	採購測試設備					▲	
1321	制定作業指導書			▲	○		○
1322	制定質量要求			▲	○	○	
1323	組裝樣件			▲	○		
1411	確定測試標準			○	▲		
1412	準備測試文件			○	▲		
1413	確定測試現場			○	▲		
142	進行產品測試			○	▲		
143	認可測試結果		★	○	○	○	○
144	提交樣件			▲			
145	認可樣件		★	○	○	○	○
151	項目移交評審		★	○	○	○	○
152	合同收尾	▲	○				○
153	行政收尾	▲	○				○

註：▲負責；○參與；★批准。

責任圖將所分解的工作落實到有關部門或個人，並明確表示出各有關部門或個人

對組織工作的關係、責任、地位等，同時責任圖還能夠系統地闡述項目組織內組織與組織之間、個人與個人之間的相互關係，以及組織或個人在整個系統中的地位和職責，由此組織或個人就能夠充分認識到在與他人配合當中應承擔的責任，從而能夠充分、全面地認識到自己的全部責任。總之，責任圖是以表格的形式表示完成工作分解結構中工作單元的個人責任的方法。

用來表示工作任務參與性的符號有多種形式，如數字、字母、幾何圖形等，用字母通常有 8 種角色和責任代碼：

X：執行工作。

D：單獨或決定性決策。

P：部分或參與決策。

S：控制進度。

T：需要培訓工作。

C：必須諮詢。

I：必須通報。

A：可以提議。

在製作責任圖的過程中應結合實際需要來確定。責任圖有助於人們瞭解自己的職責，並且使得自己在整個項目組織中的地位有一個全面的瞭解。所以說，責任圖是一個非常有用的工具。

【實訓練習 8.1】工作結構分解練習。

根據你熟悉的領域中某一較複雜項目的情況（甚至要複雜到其中很多任務是多重並行任務的情況），編製相關的工作結構分解表、工作結構分解辭典、責任矩陣。

8.2.2.2　進度計劃編製

在確定好工作結構分解表、特別是工作結構分解辭典之後，各活動之間的前後關係昭然若揭。為了能夠更好地進行計劃管理，需要進行相應的進度計劃編製工作。以下介紹項目管理方法中比較實用的單代號網絡圖法和關鍵路徑法。

1. 單代號網絡圖法

（1）單代號網絡圖法概述。

單代號網絡圖法（Precedence Diagramming Method，PDM），又名「前導圖法」，先後關係圖法，這是一種利用方框（節點）代表活動，並利用表示依賴關係的箭線將節點聯繫起來的繪製單代號網絡圖的方法（如圖 8.2 所示）。

詳盡的單代號網絡圖中可包括活動名稱（NO）、活動歷時（D）、最早開始時間（ES）、最晚開始時間（LS）、最早結束時間（EF）、最晚結束時間（LF）等多個事項；簡單的單代號網絡圖中僅有一個活動名稱。按照繪製的原則，可以先確定活動名稱與活動的先後順序關係，再補充上活動歷時，最後考慮最早開始時間（ES）、最晚開始時間（LS）、最早結束時間（EF）、最晚結束時間（LF）。

```
         D
┌────┬──────┬────┐              ┌ ES  最早開始時間
│ ES │      │ EF │              │
│    │活動名稱│    │   構成說明 ┤ LS  最晚開始時間
│ LS │      │ LF │              │
└────┴──────┴────┘              │ EF  最早結束時間
                                │
                                │ LF  最晚結束時間
                                │
                                └ D   活動歷時
```

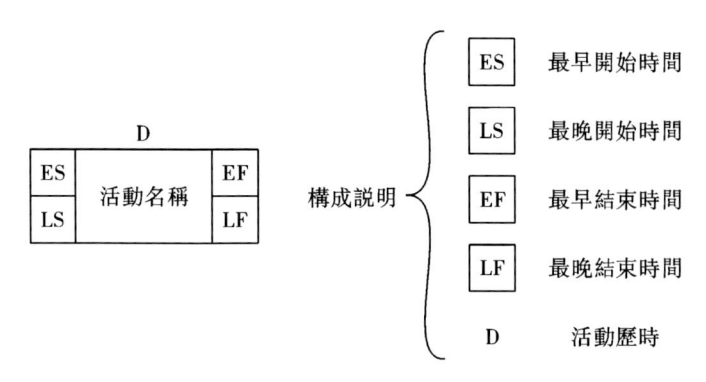

圖 8.2　單代號網絡圖法圖例說明

★ 小提示：單代號網絡圖法的繪製規則約束

・單代號網絡圖中，嚴禁出現循環回路。
・單代號網絡圖中，嚴禁出現雙向箭頭或者無箭頭的連線。
・單代號網絡圖中，嚴禁出現沒有箭尾節點和沒有箭頭節點的箭線。
・單代號網絡圖中，只能有一個起點節點和一個終點節點。

（2）單代號網絡圖法編製案例。

【參考8.2】天華電動自行車廠 ERP 實施單代號網絡圖法編製案例。

天華電動自行車廠計劃實施 ERP，其工作結構分解圖及相關緊前、緊後活動、活動歷時情況分析，如表 8.7。

表 8.7　　天華電動自行車廠 ERP 實施工作結構分解資料

WBS 編碼	活動名稱	緊前活動	緊後活動	歷時
11	項目啟動及安排			5
111	組建項目團隊		112	1
112	編製項目計劃	111	113	3
113	項目計劃評審	112	121	1
12	數據準備工作			6
121	數據分類分析	118	122	2
122	數據類目統計	121	123、124	1
123	產品結構定義	122	131	1
124	數據準備審核	122	131	2
13	並行			22
131	靜態數據錄入	123、124	132	2
132	靜態數據審核	131	133、134	13
133	動態數據錄入	132	141、142、143	5

表8.7(續)

WBS 編碼	活動名稱	緊前活動	緊後活動	歷時
134	運行結果對比	132	141、142、143	2
14	上線			7
141	放棄手工數據準備	133、134	151	4
142	運行結果審核	133、134	151	1
143	反饋應急機制建立	133、134	151	2
15	項目結束			2
151	項目收尾	141、142、143		2
合計	–	–	–	42

根據上述資料，可以畫出最基本的框圖，填寫任務、歷時、最早開始時間、最早結束時間。其中，最早結束時間=最早開始時間+活動歷時。

①從第一個活動開始順序往後推，最早開始時間為0，最早結束=最早開始時間+活動歷時，後一任務的最早開始時間=前一任務的最早結束時間。

②當遇到前一工作任務有兩個以上並行任務時（如圖8.3中「靜態數據錄入」「放棄手工數據準備」「運行結果審核」「反饋應急機制建立」「項目收尾」），該任務的最早開始時間=前面並行任務中最早結束時間較大者。

針對單代號網絡圖：最晚開始時間=最晚結束時間-活動歷時，最終繪第一步。如圖8.3所示。

③倒推求出最晚開始時間和最晚結束時間。

·從最後一個活動開始倒序往前推，最晚結束時間為全部任務合計時間（本例合計歷時為42），最晚開始時間=最晚結束時間-活動歷時，前一任務的最晚結束時間=後一任務的最晚開始時間。

·當遇到後一工作任務有兩個以上並行任務時（如圖8.4中，「數據類目統計」「靜態數據審核」「動態數據錄入」「運行結果對比」），該任務的最晚結束時間=後面並行任務中最晚開始時間較小者，最終繪第二步，如圖8.4所示。

8 ERP項目實施進程管理實訓

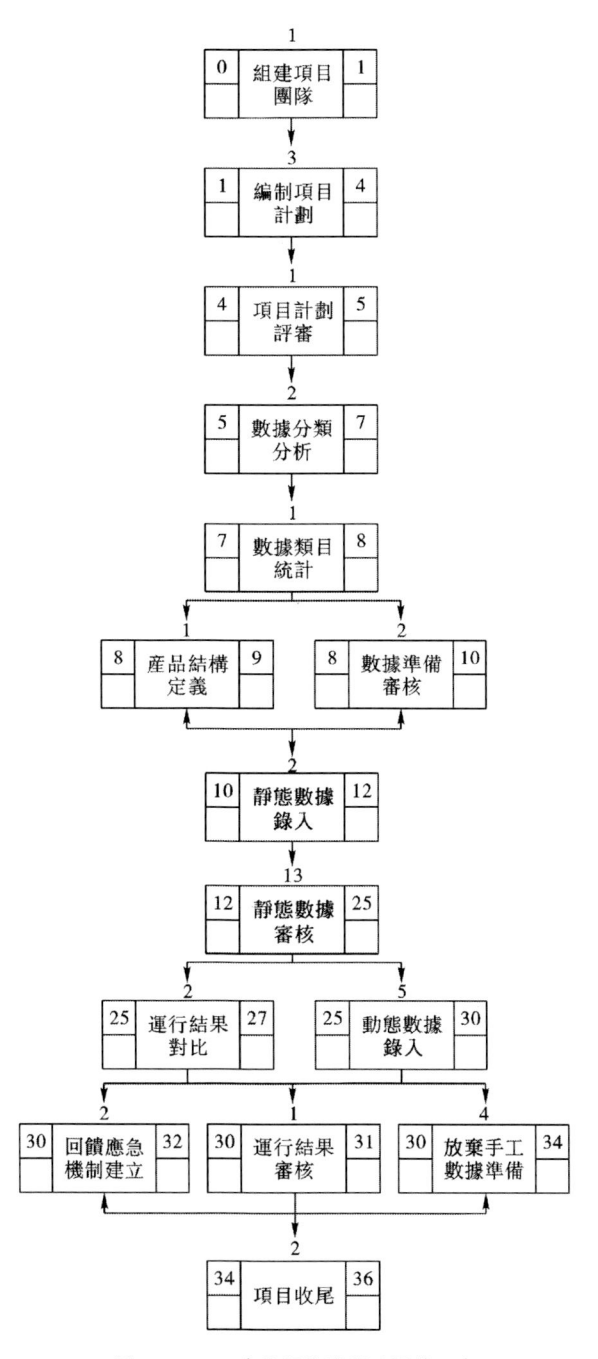

```
         1
    ┌───┬─────┬───┐
    │ 0 │組建項目│ 1 │
    │   │ 團隊 │   │
    └───┴─────┴───┘
         │
         ▼ 3
    ┌───┬─────┬───┐
    │ 1 │編制項目│ 4 │
    │   │ 計劃 │   │
    └───┴─────┴───┘
         │
         ▼ 1
    ┌───┬─────┬───┐
    │ 4 │項目計劃│ 5 │
    │   │ 評審 │   │
    └───┴─────┴───┘
         │
         ▼ 2
    ┌───┬─────┬───┐
    │ 5 │數據分類│ 7 │
    │   │ 分析 │   │
    └───┴─────┴───┘
         │
         ▼ 1
    ┌───┬─────┬───┐
    │ 7 │數據類目│ 8 │
    │   │ 統計 │   │
    └───┴─────┴───┘
       1 │  │ 2
    ┌────┘  └────┐
    ▼            ▼
┌───┬─────┬───┐ ┌───┬─────┬───┐
│ 8 │產品結構│ 9 │ │ 8 │數據準備│10 │
│   │ 定義 │   │ │   │ 審核 │   │
└───┴─────┴───┘ └───┴─────┴───┘
         │
         ▼ 2
    ┌───┬─────┬───┐
    │10 │靜態數據│12 │
    │   │ 錄入 │   │
    └───┴─────┴───┘
         │
         ▼ 13
    ┌───┬─────┬───┐
    │12 │靜態數據│25 │
    │   │ 審核 │   │
    └───┴─────┴───┘
       2 │  │ 5
    ┌────┘  └────┐
    ▼            ▼
┌───┬─────┬───┐ ┌───┬─────┬───┐
│25 │運行結果│27 │ │25 │動態數據│30 │
│   │ 對比 │   │ │   │ 錄入 │   │
└───┴─────┴───┘ └───┴─────┴───┘
    2 │    1 │     4 │
    ▼      ▼       ▼
┌───┬─────┬───┐┌───┬─────┬───┐┌───┬─────┬───┐
│30 │回饋應急│32 ││30 │運行結果│31 ││30 │放棄手工│34 │
│   │機制建立│   ││   │ 審核 │   ││   │數據準備│   │
└───┴─────┴───┘└───┴─────┴───┘└───┴─────┴───┘
              │
              ▼ 2
         ┌───┬─────┬───┐
         │34 │項目收尾│36 │
         │   │      │   │
         └───┴─────┴───┘
```

圖 8.3 ERP 實施單代號網路圖第一步

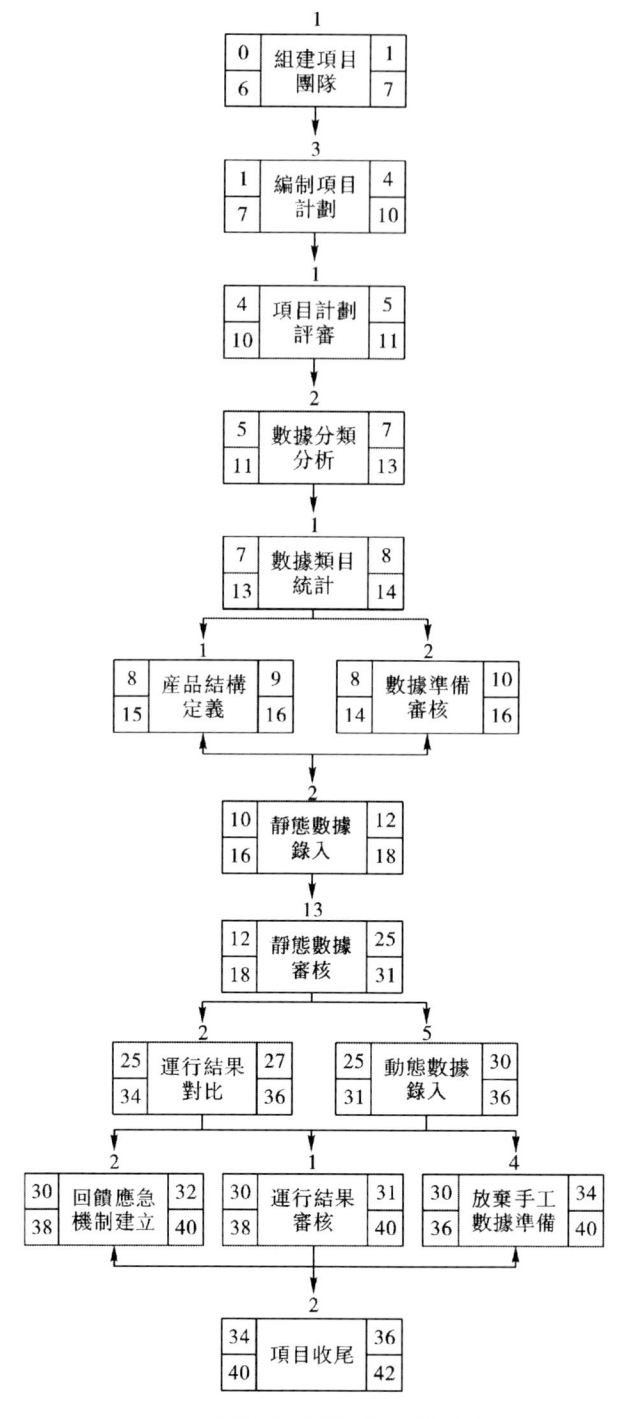

圖 8.4　ERP 實施單代號網路圖第二步

節點資訊（每個節點四角數字，格式：左上 / 右上 / 左下 / 右下，中間為活動名稱，上方數字為工期）：

- 工期 1：`0 | 組建項目團隊 | 1` / `6 | | 7`
- 工期 3：`1 | 編制項目計劃 | 4` / `7 | | 10`
- 工期 1：`4 | 項目計劃評審 | 5` / `10 | | 11`
- 工期 2：`5 | 數據分類分析 | 7` / `11 | | 13`
- 工期 1：`7 | 數據類目統計 | 8` / `13 | | 14`
- 工期 1：`8 | 產品結構定義 | 9` / `15 | | 16`
- 工期 2：`8 | 數據準備審核 | 10` / `14 | | 16`
- 工期 2：`10 | 靜態數據錄入 | 12` / `16 | | 18`
- 工期 13：`12 | 靜態數據審核 | 25` / `18 | | 31`
- 工期 2：`25 | 運行結果對比 | 27` / `34 | | 36`
- 工期 5：`25 | 動態數據錄入 | 30` / `31 | | 36`
- 工期 2：`30 | 回饋應急機制建立 | 32` / `38 | | 40`
- 工期 1：`30 | 運行結果審核 | 31` / `38 | | 40`
- 工期 4：`30 | 放棄手工數據準備 | 34` / `36 | | 40`
- 工期 2：`34 | 項目收尾 | 36` / `40 | | 42`

圖 8.4　ERP 實施單代號網路圖第二步

到此為止，工作結構分解表就完全演化成了單代號網絡圖，可以清晰地看出各個項目之間的並行關係、最早最晚開工完工情況、各任務歷時情況、最終完成時間，以便於合理監控實施進程的執行。

【實訓練習 8.2】單代號網絡圖法練習。

根據前一個實訓練習中的工作結構分解表，分析並繪製單代號網絡圖。

2. 關鍵路徑法

（1）關鍵路徑法概述。

關鍵路線法（Critical Path Method，CPM）是 20 世紀 50 年代後期出現的計劃方法。這種方法產生的背景是，在當時出現了許多龐大而複雜的科研和工程項目，這些項目常常需要動用大量的人力、物力和財力，因此如何合理而有效地對這些項目進行組織，在有限資源下，以最短時間和最低的費用最好地完成整個項目就成為一個突出的問題，CPM 應運而生並獨立發展起來。

對於一個項目而言，只有單代號網絡圖中的最長的或耗時最多的活動路線完成之後，項目才能結束，這條最長的活動路線就叫作關鍵路線（Critical Path）。關鍵路線法的主要目的就是確定項目中的關鍵工作，以保證實施過程中能重點關照，保證項目的按期完成。相對於單代號網絡圖法，關鍵路徑法更加強調尋找關鍵路線，並在單代號網絡圖法基礎上，提出了浮動時間的概念，使項目進程管理者安排上有一定的靈活性。

★小提示：關鍵路徑法特點

- 關鍵路線上的活動的持續時間決定項目的工期，關鍵路線上所有活動的持續時間加起來就是項目的工期。
- 關鍵路線上任何一個活動都是關鍵活動，其中任何一個活動的延遲都會導致整個項目完成時間的延遲。
- 關鍵路線是從始點到終點的項目路線中耗時最長的路線，因此要想縮短項目的工期，必須在關鍵路線上想辦法；反之，若關鍵路線耗時延長，則整個項目的完工期就會延長。
- 關鍵路線的耗時是可以完成項目的最短的時間量。
- 關鍵路線上的活動是總時差最小的活動。

關鍵路線法是一種通過分析哪個活動序列（哪條路線）進度安排的靈活性（總時差）最少來預測項目工期的網絡分析技術。關鍵路徑法是在單代號網絡圖的基礎上，根據活動的歷時而確定出來的每個活動的最早開始、最早結束、最晚開始、最晚結束的時間或日期，從而判斷出項目關鍵路徑上的工期和非關鍵路徑上的時差，以及那些可以靈活安排進度和不能靈活安排進度的活動，關鍵路徑法圖例如圖 8.5 所示。

具體而言，該方法依賴於單代號網絡圖和活動持續時間估計，通過正推法計算活動的最早時間，通過逆推法計算活動的最遲時間，在此基礎上確定關鍵路線，並對關鍵路線進行調整和優化，從而使項目工期最短，使項目進度計劃最優。

如果一項活動所用的時間長於其估計的持續時間，也就是如果該活動占用了總時差，相應路徑上其他活動的可用時差就會減少。然而，有時候某些活動有另一種時差，活動對該種時差的使用不會對其後續活動產生任何影響，這種時差就是自由時差。

自由時差（Free Slack），也叫浮動時間（Free Float），是指某項活動在不推遲其任

```
| ES | D | EF |
|----|---|----|
| 活動名稱 |||
| LS | F | LF |
```

構成說明：
- D　活動歷時
- F　浮動時間
- ES　最早開始時間
- LS　最晚開始時間
- EF　最早結束時間
- LF　最晚結束時間

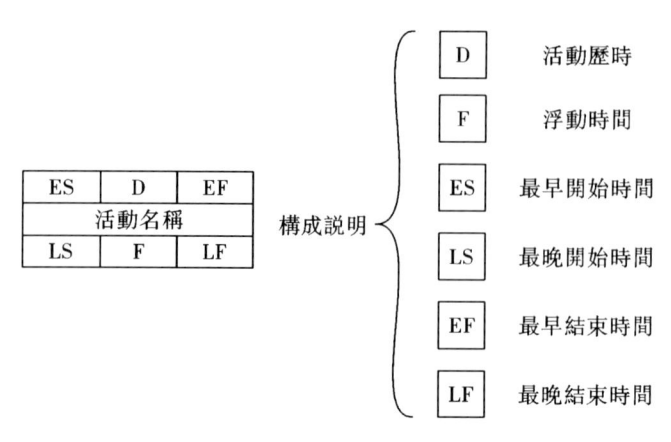

圖 8.5　關鍵路徑法圖例

何緊後活動的最早開始時間的情況下可以延遲的時間量。

根據自由時差的含義，其計算可採用如下公式：

自由時差＝活動的最晚結束時間－活動的最早結束時間＝活動的最晚開始－活動的最早開始時間

（2）關鍵路線法計算步驟。

關鍵路線法的關鍵是確定單代號網絡圖的關鍵路線，這一工作需要依賴於活動清單、單代號網絡圖及活動持續時間估計等，如果這些文檔已具備，則可以借助於項目管理軟件自動計算出關鍵路線。計算步驟如下：

① 把所有的項目活動及活動的持續時間估計反應到一張工作表中。

② 計算每項活動的最早開始時間和最早結束時間，計算公式為 EF＝ES＋活動持續時間估計。

③ 計算每期活動的最遲結束時間和最遲開始時間，計算公式為 LS＝LF－活動持續時間估計。

④ 計算每項活動的自由時差（浮動時間），計算公式為 F＝LS－ES＝LF－EF。

⑤ 找出所有並行活動中總時差（總浮動時間）最小的活動，這些活動所經過的路線就構成了關鍵路線。

最後需要說明的是，以上有關關鍵路線法的討論中隱含著一個前提，就是項目活動的持續時間具有單一的估計值，這一估計值是依據歷史數據確定的，採用的是活動持續時間的最可能值。因此關鍵路線法主要適用於項目大多數活動同以往執行過多次的其他活動的類似、活動持續時間估計有歷史數據可供參考的項目。

（3）關鍵路徑法案例。

【參考 8.3】天華電動自行車廠 ERP 實施關鍵路徑法編製案例

已知數據為前一案例中的工作結構分解表 8.7，以下為關鍵路徑法案例編製過程：

① 順推法計算最早結束時間。

所謂順推法，是從項目的開始往結束的方向推導，來計算網絡圖中每項活動的最早開始時間和最早結束時間。具體來說，分為下面兩步：

首先，從網絡圖的左邊開始，最早開始時間加上活動歷時，就得到最早結束時間；然後，在不同路徑的交會點，應取它前面較大的那個時間數值，作為後面活動的最早開始時間。

當順推法完成後，期初你會發現與單代號網絡圖法第一步編製的方法基本相同（如圖 8.6）。

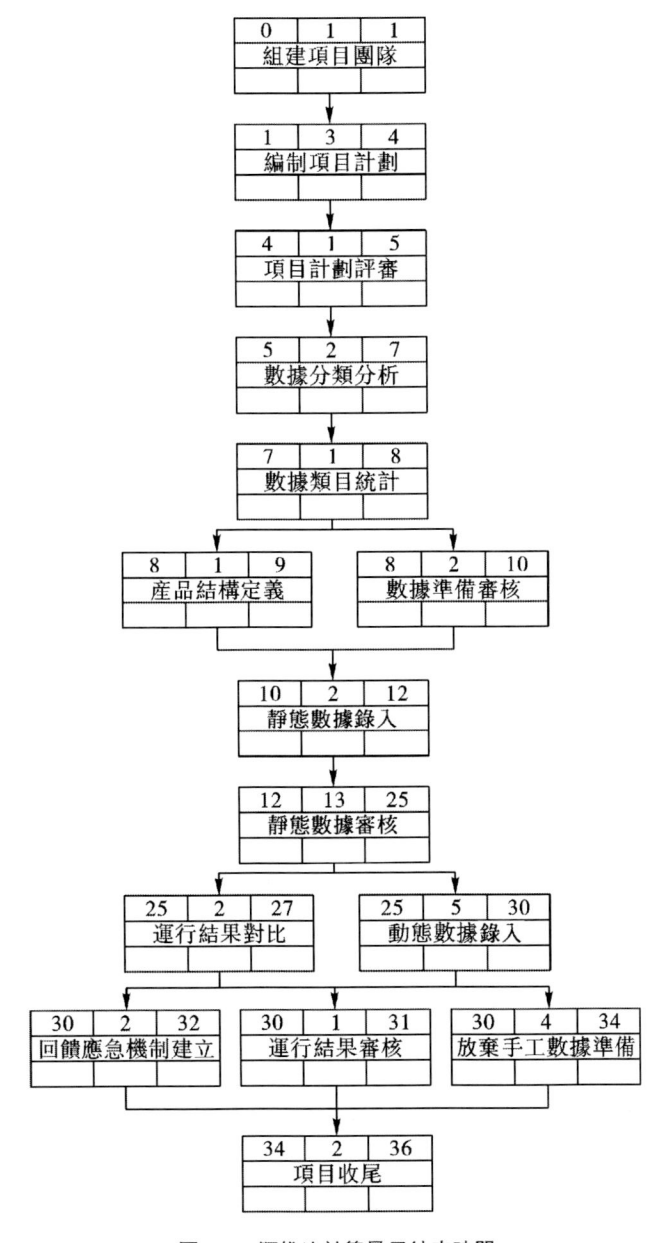

0	1	1
組建項目團隊		

1	3	4
編制項目計劃		

4	1	5
項目計劃評審		

5	2	7
數據分類分析		

7	1	8
數據類目統計		

8	1	9		8	2	10
產品結構定義				數據準備審核		

10	2	12
靜態數據錄入		

12	13	25
靜態數據審核		

25	2	27		25	5	30
運行結果對比				動態數據錄入		

30	2	32		30	1	31		30	4	34
回饋應急機制建立				運行結果審核				放棄手工數據準備		

34	2	36
項目收尾		

圖 8.6　順推法計算最早結束時間

②逆推法求最晚開始時間、並求出浮動時間和關鍵路徑。

逆推法，是從項目提交結果的最後期限算起，看看每項活動最晚什麼時間結束，或者最晚必須什麼時間開始的方法。具體來說，分為如下兩步：

首先，從最後一個活動開始，最晚結束時間（這裡讓最後一個活動的最晚結束時間等於其最早結束時間，這裡與單代號網絡圖法第二步不同，需要注意一下）減去歷時，就得到早晚開始時間；然後，在不同路徑的交會點，應取它後面較小的那個時間數值，作為前面活動的最晚結束時間。

用活動的最晚結束時間（LF）減去最早結束時間（EF），或者用最晚開始時間（LS）減去最早開始時間（ES），所得之差稱為浮動時間，又稱時差或機動時間。如果浮動時間大於零，則表示該任務可以在浮動時間內推遲，並且不影響整個項目的完成時間。浮動時間為零的活動稱為關鍵活動，包含這些關鍵活動的路徑稱為關鍵路徑（加粗線表示，如圖8.7）。

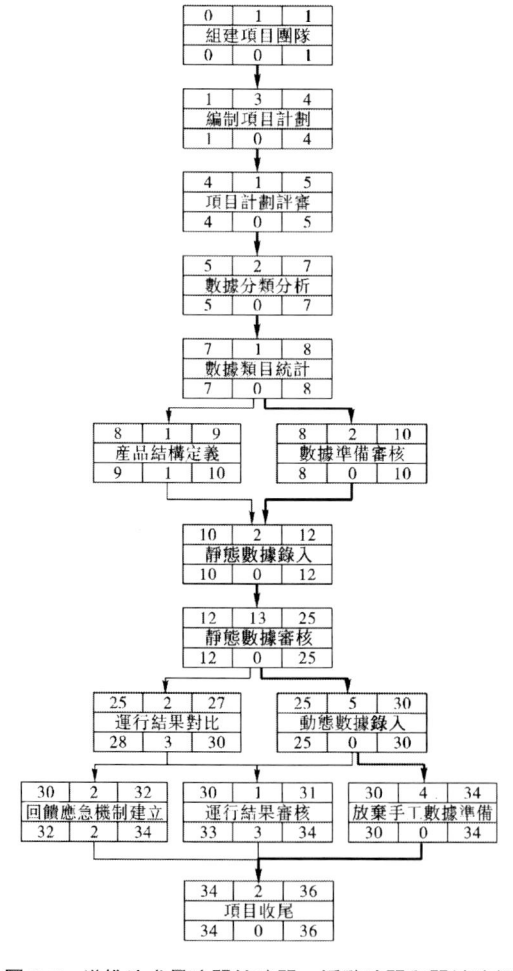

圖 8.7　逆推法求最晚開始時間、浮動時間和關鍵路徑

【實訓練習 8.3】 關鍵路徑法練習。

根據前一個實訓練習中的工作結構分解表，分析並繪製關鍵路徑圖。

【實訓練習 8.4】 單代號網絡圖法與關鍵路徑法綜合練習。

流星科技公司針對目前的電子商務行情，決定推出一款電子商務產品，為此制定了相應的工作任務，詳見工作結構分解表（見表 8.8），請按本章中的方法分別用單代號網絡圖法和關鍵路徑法繪製不同的項目進程圖。

表 8.8　　　　流星科技公司擬上線電子商務產品工作結構分解表

WBS 編碼	活動名稱	緊前活動	緊後活動	活動歷時
1,000	需求識別	----	----	----
1100	系統規劃		2,100	8
2000	系統調研	----	----	----
2100	在線設計系統調研問卷	1,100	2,200 4,100	2
2200	在線搜集問卷結果	2,100	2,300	4
2300	在線統計分析問卷結果	2,200	2,400 3,100	6
2400	形成需求規格	2,300	3,200	2
3000	風格定位	----	----	----
3100	參考相關風格定位資料	2,300	3,200	3
3200	制定系統風格	2,400 3,100	5,100	10
4000	調查問卷分析軟件開發	----	----	----
4100	軟件需求分析	2,100	4,200	7
4200	軟件概要設計	4,100	4,300	9
4300	軟件詳細設計	4,200	4,400 4,500	17
4400	軟件代碼開發	4,300	4,600	12
4500	設計軟件測試數據	4,300	4,600	5
4600	測試軟件	4,500 4,400	5,100	4
5000	系統上線	----	----	----
5100	網絡試運行	4,600 3,200	5,200	3
5200	收集反饋意見	5,100	5,300	7
5300	修訂系統	5,200		3

8.3 實訓思考題

1. 如何進行 ERP 實施效果檢測？
2. 為什麼不能輕易做出二次開發的舉措？
3. 教育培訓對於實施 ERP 的重要性體現在哪些方面？
4. 數據準備有哪些？精度要求如何？
5. 為什麼要新舊系統並行一段時間再切換？
6. 如何在 ERP 實施中進行工作結構分解的相關工作？
7. 單代號網絡圖法與關鍵路徑法分別適用於什麼情況？
8. 單代號網絡圖法與關鍵路徑法在編製時有什麼明顯的不同？

國家圖書館出版品預行編目（CIP）資料

物料管理及ERP應用實訓（第二版）/ 王江濤 編著. -- 第二版.
-- 臺北市：崧博出版：崧燁文化發行, 2019.05
　　面；　公分
POD版

ISBN 978-957-735-779-3(平裝)

1.物料管理 2.管理資訊系統

494.57　　　　　　　　　　　　　　　　108005443

書　　名：物料管理及ERP應用實訓（第二版）
作　　者：王江濤 編著
發 行 人：黃振庭
出 版 者：崧博出版事業有限公司
發 行 者：崧燁文化事業有限公司
E-mail：sonbookservice@gmail.com
粉 絲 頁：　　　　　　　網　址：
地　　址：台北市中正區重慶南路一段六十一號八樓 815 室
8F.-815, No.61, Sec. 1, Chongqing S. Rd., Zhongzheng Dist., Taipei City 100, Taiwan (R.O.C.)
電　　話：(02)2370-3310　傳　真：(02) 2370-3210
總 經 銷：紅螞蟻圖書有限公司
地　　址: 台北市內湖區舊宗路二段 121 巷 19 號
電　　話:02-2795-3656　傳真 :02-2795-4100　　網址：
印　　刷：京崟彩色印刷有限公司（京峰數位）
　　本書版權為西南財經大學出版社所有授權崧博出版事業股份有限公司獨家發行電子書及繁體書繁體字版。若有其他相關權利及授權需求請與本公司聯繫。

定　　價：450 元
發行日期：2019 年 05 月第二版
◎ 本書以 POD 印製發行